煤型关键金属矿床丛书

Coal-hosted Ore Deposits of Critical Metals

煤和煤系中蚀变火山灰

Altered Volcanic Ash in Coal and Coal-bearing Sequences

代世峰　赵　蕾　王西勃　周义平
杨　潘　周铭轩　任德贻　宋晓林　著

科 学 出 版 社

北　京

内 容 简 介

“煤型关键金属矿床丛书”向人们展现了煤炭除了燃烧和作为重要化工原料外，还可以作为关键金属的重要来源。本书是“煤型关键金属矿床丛书”的第五部。全书共分为五章，包括煤和煤系中火山灰的赋存状态，世界煤中火山灰的时空分布，煤和煤系中火山灰的识别及其矿物和元素组成，煤和煤系中火山灰的来源判定，蚀变火山灰的矿物学和地球化学特征及其对煤的元素地球化学和矿物学的影响，火山灰在煤层对比、定年、推断火山口位置、对人体健康的影响、生物大灭绝事件、为成煤植物提供营养物质、关键金属矿床成矿机理等方面研究中的应用等。

本书可供从事煤地质学、矿床学、地球化学、矿物学、冶金学等相关专业领域的科研人员、工程技术人员及相关专业的大专院校师生参考。

图书在版编目(CIP)数据

煤和煤系中蚀变火山灰=Altered Volcanic Ash in Coal and Coal-bearing Sequences / 代世峰等著．—北京：科学出版社，2024.3

(煤型关键金属矿床丛书=Coal-hosted Ore Deposits of Critical Metals)

ISBN 978-7-03-074185-1

Ⅰ. ①煤… Ⅱ. ①代… Ⅲ. ①蚀变–火山灰–研究 Ⅳ. ①P619.26

中国版本图书馆 CIP 数据核字(2022)第 235889 号

责任编辑：李 雪 崔元春 / 责任校对：王萌萌

责任印制：师艳茹 / 封面设计：无极书装

科学出版社出版

北京东黄城根北街 16 号

邮政编码：100717

http://www.sciencep.com

河北鑫玉鸿程印刷有限公司印刷

科学出版社发行 各地新华书店经销

*

2024 年 3 月第 一 版 开本：787×1092 1/16

2024 年 3 月第一次印刷 印张：12 3/4

字数：301 000

定价：198.00 元

从 书 序

镓、铌(钽)、稀土元素、锆(铪)、铀、锂、钒、钼、锗、铼、铝等是重要的战略物资，对保障国民经济发展和国家安全具有重要的战略意义。特别是自 20 世纪 80 年代以来，全球关键金属矿产资源日趋紧缺，并且大部分不同类型的关键金属被少数国家控制。各国在面临经济发展带来的金属矿产资源短缺的巨大压力下，对这些关键金属的勘探、开发和安全储备均高度重视。以资源贫乏的锗为例，根据美国地质调查局的数据，全球已探明的锗储量仅为 8600t，并且其在全球分布非常集中，主要分布在美国和中国，分别占全球储量的 45%和 41%，另外俄罗斯占 10%；但是，中国精锗的年产量却占到世界总年产量(165t)的 73%，并且其大部分来源于褐煤。

煤是一种有机岩，也是一种特殊的沉积矿产，其资源量和产量巨大，分布面积广阔。煤由于特有的还原障和吸附障性能，在特定的地质条件下，可以富集镓、铌(钽)、稀土元素、锆(铪)、铀、锂、钒、钼、锗、铼、铝等关键元素，并且这些元素可达到可资利用的程度和规模(其品位与传统关键金属矿床相当或更高)，形成煤型关键金属矿床。国内外已经发现了一些煤系中的关键金属矿床，如煤型锗矿床、煤型镓铝矿床、煤型铀矿床、煤型铌-锆-稀土-镓矿床，它们均属于超大型矿床。煤系中关键金属矿床的勘探和开发研究，是近年来煤地质学、矿床学和冶金学研究的前沿问题。从煤及含煤岩系中寻找金属矿床，已成为矿产资源勘探的新领域和重要方向。传统关键金属矿产资源日益减少，发现难度不断增加，煤系中关键金属矿床将成为其新的重要来源之一。

长期以来，煤炭工业快速发展对国民经济和社会发展起到了重要的促进作用，但与此同时，燃煤排入大气的 SO_2、氮氧化物、有害微量元素和烟尘造成了较严重的环境污染。我国煤炭入洗率低、能源利用效率偏低，使环境污染问题更加突出，因此，应该高度重视煤炭的高效和洁净化利用，以及发展煤炭的循环经济和有序地利用资源。因此，加强对煤型关键金属矿床的研究，对充分合理地规划和利用煤炭资源以及高效地开发利用粉煤灰，实现煤炭经济循环发展、减少煤炭利用过程中所带来的环境污染问题具有重要的现实意义。

与常规沉积岩相比，煤对所经受的各种地质作用更为敏感，通过煤系中关键金属矿床中有机岩石学、矿物学和元素地球化学记录，可揭示蚀源区及区域地质历史演化。煤型关键金属矿床的形成和物质来源，是在复杂的地质构造环境和重要的地球动力学过程中进行和完成的，深刻体现了中国大陆的地质特性、自然优势和资源特色，可从新的视角、更广阔的领域丰富和发展中国区域地质和矿床学理论，从而形成国家重大需求与前沿科学问题密切结合的重要命题。

近二十多年来，煤型关键金属矿床的研究在国内外都取得了较快的发展。作者在国家重点研发计划（编号：2021YFC290200）、国家自然科学基金重大研究计划项目（编号：91962220）、国家自然科学基金重点国际（地区）合作研究项目（编号：41420104001）、国家自然科学基金重点项目（编号：40930420）、国家杰出青年科学基金项目（编号：40725008）、国家自然科学基金面上项目和青年科学基金项目（编号：40472083、40672102、41272182、41672151、41672152、41202121、41302128）、"煤型稀有金属矿床"高等学校学科创新引智计划（111 计划）基地（编号：B17042）、教育部"创新团队发展计划"（编号：IRT_17R104）、国家重点基础研究发展计划（国家 973 计划，编号：2014CB238900）、全国百篇优秀博士学位论文作者专项资金（编号：2004055）、教育部科学技术研究重点项目（编号：105020）、霍英东教育基金会高等院校青年教师基金（编号：101016）及中国矿业大学（北京）"越崎学者计划"等的支持下，进行了煤中关键金属元素的赋存状态、分布特征、富集成因与开发利用等方面的研究，积累了不少重要的基础资料，发现了一些有意义的现象和规律，提出了一些新的观点，以此作为"煤型关键金属矿床丛书"编写的基础。

"煤型关键金属矿床丛书"包括《煤型镓铝矿床》《煤型锗矿床》《煤型铀矿床》《煤型稀土矿床》《煤和煤系中蚀变火山灰》共 5 部专著。《煤型镓铝矿床》以内蒙古准格尔煤田和大青山煤田为实例进行了剖析，这两个煤田是目前世界上仅有的煤型镓铝矿床。《煤型锗矿床》以我国正在开采的内蒙古乌兰图嘎矿床和云南临沧矿床为实例进行了研究，并和俄罗斯远东地区 Pavlovka 煤型锗矿床进行了对比研究；对世界上正在开采的 3 个煤型锗矿床燃煤产物的物相组成、关键金属锗和稀土元素、有害元素砷和汞等也进行了深入分析。《煤型铀矿床》以新疆伊犁、贵州贵定，以及广西合山、扶绥、宜州和云南砚山等地矿床为典型实例，对煤中铀及其共伴生富集的硒、钒、铬、铼等的赋存状态、富集成因，以及煤中的矿物组成进行了讨论。《煤型稀土矿床》以国际通用的"Seredin-Dai"分类和"Seredin-Dai"标准为基础，论述了煤中稀土元素的成因、富集类型和影响因素，以及稀土元素异常的原因与判识方法；以西南地区晚二叠世煤和华北聚煤盆地（特别是鄂尔多斯盆地东缘）晚古生代煤为主要研究对象，揭示了稀土元素富集的火山灰、热液流体和地下水的成因机制，并对其开发利用的可能性进行了评价。煤中火山灰蚀变黏土岩夹矸在煤层对比、定年、反映区域地质历史演化、煤炭质量影响等方面具有重要的理论和现实意义。《煤和煤系中蚀变火山灰》以中国西南地区晚二叠世煤及火山灰成因的夹矸为主要研究对象，与华北地区及世界其他地区火山灰成因的夹矸进行对比研究，论述了夹矸的分布特征、矿物和地球化学组成及其理论和实际应用意义。

本丛书的主要内容来自作者在国际学术期刊上发表过的学术论文及作者课题组成员的博士和硕士学位论文，并在此基础上进行了系统总结和凝练。作者对 Elsevier、Springer、MDPI、Taylor & Francis、美国化学会等予以授权使用这些发表的论文表示由衷的感谢，作者在本丛书的相关位置进行了授权使用标注。

国际著名学者，包括澳大利亚的 Colin R. Ward、David French、Ian Graham，美国的 James C. Hower、Robert B. Finkelman、Chen-Lin Chou、Lesile F. Ruppert，俄罗斯的 Vladimir

V. Seredin、Igor Chekryzhov、Victor Nechaev，加拿大的 Hamed Sanei，英国的 Baruch Spiro 等教授专家给予了作者热情的指导，在此深表感谢。

在本丛书的撰写过程中，得到了国家自然科学基金委员会、教育部、科技部、中国矿业大学(北京)等单位的各级领导和众多同志的关怀，以及周义平、刘池阳、唐跃刚等教授的鼓励和指导。

撰写本丛书的过程，也是作者与国内外学者不断交流和学习的过程。煤型关键金属矿床涉及领域广泛、内容丰富。由于作者水平所限，对一些问题的探讨或尚显不足，在理论上有待深化，书中不足和欠妥之处，敬请读者批评指正。

作者谨识
2018 年 9 月

前　言

火山灰蚀变黏土岩夹矸(又称蚀变火山灰层)广泛分布于世界范围内各个地质历史时期的含煤地层中。煤系中此类岩石厚度为1～20cm，大部分在2～6cm，其大都与上下的煤分层具有清晰的接触界线。煤中这类岩石通常被称为tonstein，根据其黏土矿物组成的不同，有时被称为斑脱岩(bentonite)或者钾质斑脱岩(K-bentonite)。因为其在煤层中分布稳定和易于识别，经常被用作等时标志层，作为区域地层对比的重要依据；其中的原生矿物还可以提供绝对年龄信息；碱性火山灰层具有找矿指示意义；煤中火山灰蚀变黏土岩夹矸中化学性质相对稳定的元素可以用来推断原始火山灰的组成，提供原始岩浆成分以及区域地质历史演化方面的信息。

“煤型关键金属矿床丛书”包括《煤型镓铝矿床》《煤型锗矿床》《煤型铀矿床》《煤型稀土矿床》《煤和煤系中蚀变火山灰》5部。本书以研究团队先前发表的关于tonstein的学术论文为基础，由代世峰、赵蕾、王西勃、周义平、杨潘、周铭轩、任德贻、宋晓林共同执笔完成。本书以中国西南地区晚二叠世煤中的tonstein为主要研究对象，并和华北地区、东北地区及世界其他地区不同层位煤中的火山灰进行对比研究，系统论述煤和煤系中火山灰的来源、赋存状态、矿物学和地球化学特征，揭示不同类型tonstein的野外和室内鉴别、时空分布以及火山灰对煤层煤质、元素地球化学和矿物学的影响。本书亦对火山灰在煤层对比、定年、推断火山口位置、对人体健康的影响、生物大灭绝事件、为成煤植物提供营养物质、关键金属矿床成矿等方面的应用进行了讨论。

作者对资助单位和资助项目在丛书序中进行了致谢。同时，本书也得到了国家自然科学基金项目的资助(编号：42022015、U1810202和41672151)。国际著名学者，包括澳大利亚的Colin R. Ward、David French和Ian Graham，美国的James C. Hower和Robert B. Finkelman，俄罗斯的Vladimir V. Seredin、Igor Chekryzhov和Victor Nechaev等教授专家给予了热情的指导和帮助，作者深表感谢；特别感谢澳大利亚的Colin R. Ward和俄罗斯的Vladimir V. Seredin教授，对他们的离世深表哀悼，并以此丛书表达对他们的深切怀念。

本书所使用的团队发表的国际期刊论文，均获得了爱思唯尔(Elsevier)、斯普林格(Springer)、泰勒-弗朗西斯(Taylor & Francis)、美国化学会(American Chemical Society)等出版公司的使用授权，在此对其表示由衷的感谢。

作者谨识

2022年8月

前言

目　　录

第一章　煤和煤系中火山灰的赋存状态

广义上的煤中矿物质包括晶体矿物、结晶程度差的似矿物(mineraloid)和非矿物态的元素(不包括以有机态存在的C、H、O、N和S)，其中非矿物态的元素以溶解于煤中的孔隙水或其他某种方式存在于煤的有机质中(Ward，2002，2016；Dai et al.，2020)。矿物质与有机质都是煤的重要组成部分。无论是从理论还是实际应用方面来说，煤中矿物质的研究具有重要意义。从理论方面来看，煤中的矿物质是在复杂的地质构造条件和重要的地球动力学过程中形成的，具体到含煤盆地，它们是泥炭堆积、煤级演化及后生地质过程的产物(Ward，2002，2016)，因此煤中矿物质可以为煤层及含煤岩系(简称煤系)的沉积环境和区域构造演化的研究提供重要的信息(Dai et al.，2015a)。从实际应用的角度来看，矿物质在煤炭燃烧过程中会发生反应而形成灰渣，并在大多数情况下释放挥发性成分(Creelman et al.，2013；Ward，2016)。在煤炭加工和利用过程中，可能会造成煤中矿物的磨损和烧结，它们也可能在冶金过程中产生大量的炉渣并腐蚀锅炉，造成环境污染以及对人类健康造成危害。同时，煤中的矿物是关键金属(如铝、镓和稀土元素)的主要载体，而高度富集这些元素的煤则具有作为工业化利用原材料的潜力(Seredin and Finkelman，2008；Seredin and Dai，2012；Dai et al.，2012a，2012b，2012c，2016a；Franus et al.，2015；Hower et al.，2015a)。

煤中的矿物质是不同地质过程的产物(Davis et al.，1984；Ward，2016)，包括沉积源区供给(Ren et al.，2004；Wang et al.，2012；Dai et al.，2016a)、火山灰的沉降与蚀变(Triplehorn，1990；Ruppert et al.，1991)、生物成因组分的聚集(Raymond and Andrejeko，1983)、热液或地下水的矿化作用(Cobb，1985；Brockway and Borsaru，1985)等。前三种作用大多发生在泥炭堆积阶段和成岩作用阶段，而第四种作用则可以发生在泥炭堆积阶段、煤级演化或后生阶段。

火山灰的沉降与蚀变是造成煤中矿物质富集的主要因素之一，在全世界许多煤矿床的煤层中都发现了火山碎屑(Bohor and Triplehorn，1993)。煤中的火山灰主要以层间夹矸、煤层的围岩(顶板和底板)、煤中有机质形成混合物的形式存在或者在煤系中赋存在远离煤层的层位中产出。煤中火山灰层通常以横向上连续的薄层状产出，它们形成的地质年代范围与聚煤期一致(从泥盆纪到全新世)。无论是理论还是应用方面的研究，对煤系中火山灰的成分、产状和来源的研究均具有重要的意义：①煤系中蚀变火山灰的层位可以作为年代地层学的标志层进行煤层对比；②蚀变火山灰中含有适合放射性定年分析的矿物，有助于地层年代的精准分析；③碱性火山灰层富含关键金属元素，是关键金属回收的重要原材料；④蚀变火山灰输入会提高煤中矿物质的含量，从而影响煤质的质量；⑤蚀变火山灰中的矿物质可以为煤系沉积环境、地质历史和区域构造演化的研究提供重要的信息；⑥蚀变火山灰还可以为地质历史上生物大灭绝事件的研究提供有用的证据；⑦在某些地区，蚀变火山灰能够直接用作耐火材料。

第一节　煤中薄层火山灰

在煤层中横向上连续稳定分布、以高岭石为主要矿物成分的薄层状火山灰层，被称为tonstein（Loughnan，1971a，1971b，1978；Burger et al.，1990；Bohor and Triplehorn，1993；Spears and Lyons，1995；Hower et al.，1999；Spears，2012）。在少数情况下，火山灰中蒙脱石含量较高时，被称为斑脱岩。有时火山灰也可能以不含黏土矿物的夹矸形式在煤层中产出（Bohor and Triplehorn，1993；Spears，2012）。并非所有在煤中连续分布的薄层状岩石都是火山灰成因，如Ward（1991）报道的泰国湄莫（Mae Moh）盆地煤层中富含贝壳碎片的钙质薄层可能是在泥炭堆积时期保存于洪泛面之上的生物碎屑层。

一、火山灰蚀变黏土岩

“tonstein”源于一个德语词汇，字面意思为“黏土岩”。它最初被用于描述具有贝壳状和燧石状断面的物质，并且不指示任何成因（Bischof，1863）。迄今为止，这个术语最常用来指示煤中由同沉积火山灰蚀变形成的以高岭石为主要成分并在横向上连续分布的薄层状夹层（周义平等，1988；赵蕾等，2016；Dai et al.，2017a）。

tonstein的成分并不完全是火山灰碎屑来源，在某些情况下，tonstein中也含有陆源碎屑和植物碎屑物质（Dai et al.，2014a；Ward，2016）。例如，tonstein中陆源碎屑成因的石英可以通过阴极射线发光和晶体习性特征鉴别出来（Lyons et al.，1994）。Dai等（2014a）在云南东部宣威的C_2煤层中发现了两层由火山灰碎屑和陆源碎屑物质混合而成的夹矸。当tonstein的岩石学特性和传统的凝灰岩分类（Pettijohn，1975）不完全相符时，Schuller（1951）的分类似乎更合理。有时，煤层并非直接覆盖在tonstein之上。例如，内蒙古大青山煤田宾夕法尼亚世（晚石炭世）煤层tonstein上覆的是富含黏土矿物的正常沉积岩，表明在火山灰降落之后陆源碎屑物质被输入成煤环境中（Dai et al.，2015b）。

除了依据地球化学组成和矿物学组成对火山灰进行分类外（如下所述），tonstein也可根据其自身的岩石结构进行分类。根据高岭石的赋存状态（如呈集合体、单晶和细粒状），Schuller（1951）与Schuller和Hoehne（1956）将tonstein分为球粒状（graupen）、晶体状（kristall）和致密状（dichte）三类。虽然该分类方法仅基于对tonstein结构特征的描述，但由于其具有成因上的指示意义，被一些研究者所应用（Spears，2012）。graupen-tonstein中主要含有球粒状的细粒高岭石集合体，kristall-tonstein中主要含结晶程度较高的板状或蠕虫状高岭石集合体（图1.1，图1.2），而dichte-tonstein则主要由致密的细粒高岭石组成。Bouroz等（1983）与Bohor和Triplehorn（1993）根据tonstein中玻璃质和晶体矿物的相对含量，进一步优化了Schuller的分类。Spears（2012）指出，“假晶tonstein”（pseudomorphosen tonstein）也应属于此种分类，因为该类型火山灰中含硅酸盐矿物（长石和云母）假晶。例如，Diessel（1985）的研究表明，graupen-tonstein中某些颗粒（如高度蚀变的黑云母）由原始片状形态转变为筒状。并非所有的蠕虫状高岭石均代表火山灰成因，如kristall-tonstein中的蠕虫状结构高岭石集合体不一定是火山灰成因，而是由化学或生物化学作用在原地沉淀形成的（Moore，1968；Ward，2002，2016；Fiore et al.，2011；Dai et al.，2014a）。

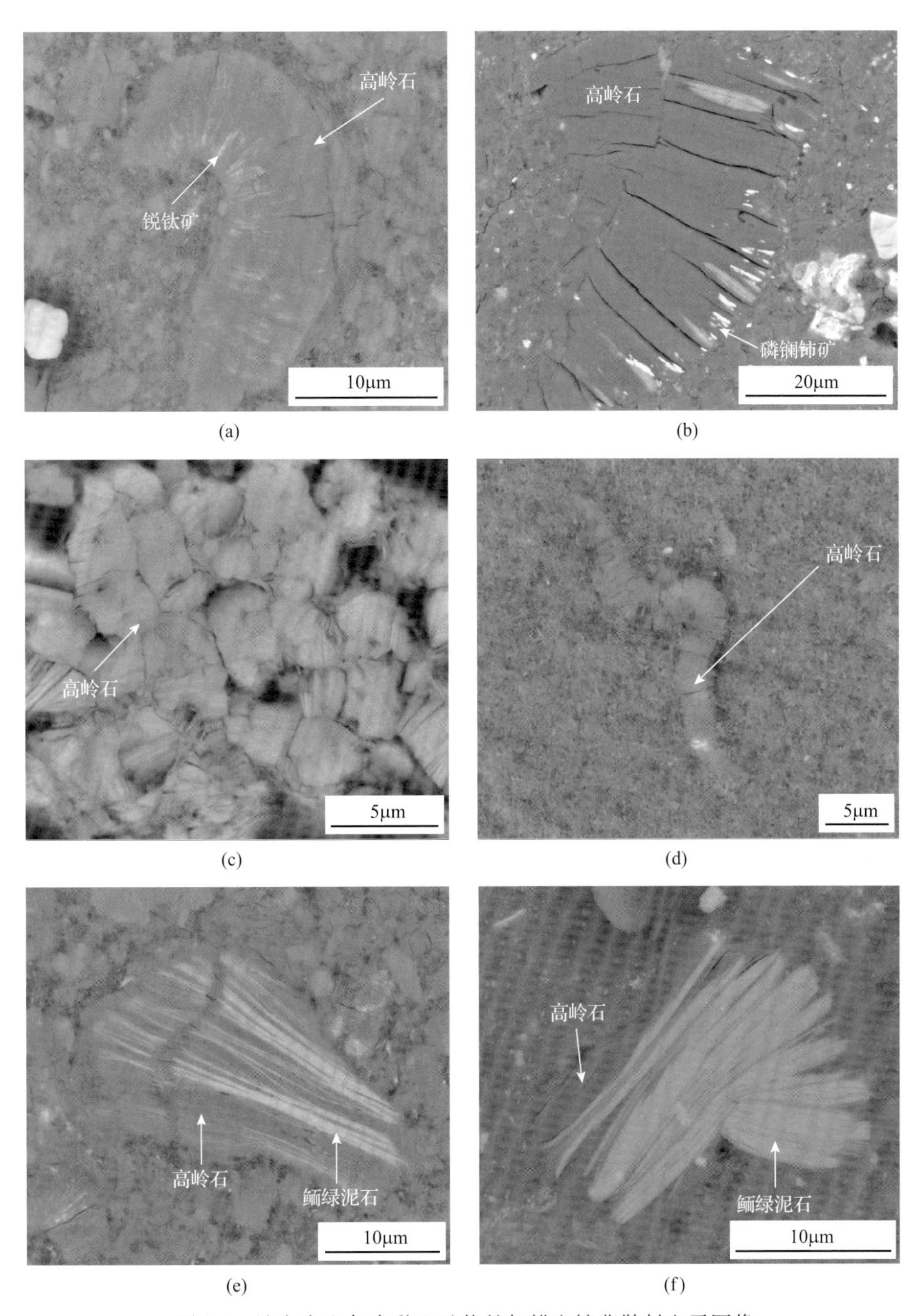

图 1.1　蚀变火山灰中黏土矿物的扫描电镜背散射电子图像

(a)云南东部新德煤矿 tonstein 中的蠕虫状高岭石和锐钛矿，引自 Dai 等(2014a)；(b)云南东部乐平世(晚二叠世)煤系泥质凝灰岩中的蠕虫状高岭石和磷镧铈矿；(c)吉林珲春煤田古近系煤层 tonstein 中的蠕虫状高岭石；(d)云南东部乐平世(晚二叠世)煤系泥质凝灰岩中的蠕虫状高岭石，引自 Dai 等(2014a)；(e)云南东部新德煤矿 tonstein 中高岭石化及绿泥石化的“扫帚状”黑云母；(f)云南东部乐平世(晚二叠世)煤系泥质凝灰岩中的绿泥石化黑云母

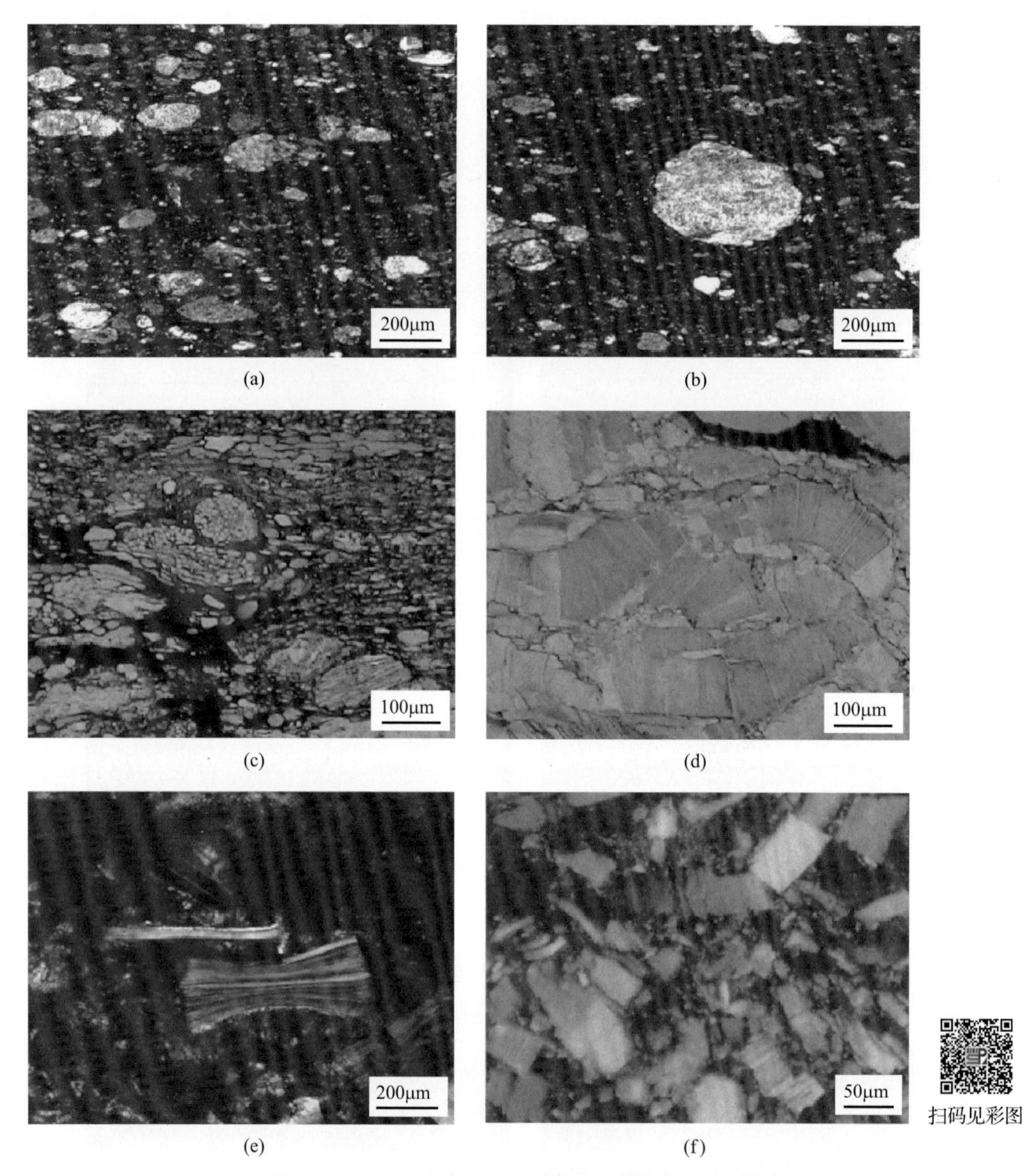

图 1.2　tonstein 中高岭石的光学显微镜图像(单偏光)

(a)、(b)澳大利亚鲍恩(Bowen)盆地南沃克里克(South Walker Creek)区域高阶煤中球粒状黏土岩条带(薄片)，细晶质球粒分布在富有机质的细粒基质中[图像宽度 1.0mm；引自 Permana 等(2013)]；(c)澳大利亚鲍恩(Bowen)盆地 tonstein 中的植物交代现象(图像宽度 1.4mm；Colin Ward 提供)；(d)澳大利亚鲍恩(Bowen)盆地 tonstein 中的蠕虫状高岭石集合体[图像宽度 1.4mm；引自 Ward(2002)]；(e)云南东部新德煤矿乐平世(晚二叠世)煤层内 tonstein 中的“束状”黑云母假晶，引自 Dai 等(2014a)；(f)云南恩洪煤矿乐平世(晚二叠世)煤层内 tonstein 中的柱状高岭石(图像宽度 0.47 mm；周义平拍摄)

目前已经报道了很多关于 tonstein(高岭石为主要成分)和斑脱岩或钾质斑脱岩[主要成分为蒙脱石或伊蒙混层(I/S)]的研究(Spears，2012)。Fisher 和 Schmincke(1984)认为所有分布广泛的薄层状、富含黏土矿物的火山灰成因夹层都应该被称作斑脱岩。由于斑脱岩是地质行业及非金属矿物产业中一个根深蒂固的概念，它代表一种以蒙脱石为主要成分的岩石(Gillson，1960；Grim，1962)，Bohor 和 Triplehorn(1993)根据优先性和适用性的原则，从根本上不认同 Fisher 和 Schmincke 提出的定义。因为斑脱岩这种物质主要为海相成因，所以 Bohor 和 Triplehorn（1993）将 tonstein 这个词限定为：一般沉积在非海相环境、在煤层中比较常见的、主要成分为高岭石的蚀变火山灰层。它还被扩展到包括赋存于非海相环境的和一般含煤环境中的蒙脱石火山灰层，但这种定义认为海相环境中的高岭石火山灰层不能被称为 tonstein。

伊利石 tonstein（illite tonstein）这个词是由 Burger 等（1990）提出的，依据的是在中国西南地区乐平世（晚二叠世）煤中发现的富含伊利石的火山灰蚀变黏土岩夹矸。然而，Spears（2012）根据"tonstein 的主要成分为高岭石"这个长久以来所建立的概念，对上述定义提出了异议。例如，Spears（2012）指出，在高度蚀变的情况下，伊利石也可以成为煤层中蚀变火山灰夹矸的主要黏土矿物，认为将其定义为伊利石-斑脱岩更合适。Lyons 等（1994）和 Spears（2012）指出，无须考虑其沉积环境是海相或非海相，只要当火山碎屑成因的黏土岩中高岭石（图 1.1，图 1.2）、蒙脱石或伊蒙混层的含量超过黏土矿物总量的50%时，就可分别将其称作 tonstein、斑脱岩或钾质斑脱岩。随着成岩作用的蚀变或变质作用的加强，tonstein 中可能会出现伊利石-绿泥石的黏土矿物组合（Kisch，1966，1968；Permana et al.，2013），此时的 tonstein 被称作变 tonstein（meta-tonstein；Spears，2012）。

二、斑脱岩和钾质斑脱岩

除了 tonstein，火山灰蚀变成因的斑脱岩和钾质斑脱岩在煤层中也很常见（Ward，1989；Burger et al.，1990；Zhao et al.，2012）。尤其是当相关离子足够富集时，火山灰蚀变成因的斑脱岩在中生代海相沉积物中可频繁出现。斑脱岩在澳大利亚悉尼盆地北部地区广泛分布（Holmes，1983），很可能是由于同时期火山活动强烈，火山喷发造成了火山碎屑物质堆积。此外，在这个区域内的部分煤层中还发育有薄层状蒙脱石黏土岩（Ward，1989；Diessel，1992；Zhao et al.，2012）。Zhao 等（2013）根据 Spears 分类方法（Spears，2012）将重庆松藻煤田的一层较厚的富钠黏土岩鉴定为钾质斑脱岩而不是 tonstein，该黏土岩中伊蒙混层的含量占黏土矿物总量的 50%，伊利石含量占黏土矿物总量的 28%，高岭石含量占黏土矿物总量的 22%。这种富钠钾质斑脱岩中的钠可能来自煤中以非矿物态无机组分形式存在的钠，在煤级演化过程（尤其是烟煤无烟化过程）中由有机质释放而来（Zhao et al.，2013）。

在海相环境下形成的典型钾质斑脱岩中，伊蒙混层矿物中富含钾离子，这是由于伊蒙混层矿物形成过程中可能结合了海水中的阳离子。另外，钾质斑脱岩中相对含量较高的钾不仅反映了海水的影响，还可能指示了原始岩浆的化学成分（Huff and Türkmenoglu，1981）。Altaner 等（1984）的研究表明，钾质斑脱岩中的伊蒙混层矿物是由最初形成的斑脱岩中的蒙脱石与孔隙流体中的 K^+反应形成，而 K^+来自母岩中含钾矿物（如钾长石和云母等）的分解。然而，钾质斑脱岩中的伊蒙混层矿物更有可能是煤级演化过程中蒙脱石向伊利石转化的中间产物（Spears，2012）。虽然也有关于无序伊蒙混层矿物的报道（Huff et al.，1998），但钾质斑脱岩中典型的伊蒙混层矿物是有序间层结构，其中伊利石层和蒙脱石层的比例变化不一（Spears，1971；Pevear et al.，1980；Altaner et al.，1984）。

伊利石的形成机制包括早期形成的高岭石和蒙脱石的伊利石化，如 Susilawati 和

Ward(2006)在高阶热变质煤层中发现了早期形成的高岭石的伊利石化现象。Burger 等(1990)描述了 meta-tonstein(原文称为伊利石 tonstein)的黏土矿物学特征，发现在低挥发分煤(即高煤级煤)中的 tonstein 或 meta-tonstein 中的伊利石含量较高，并且当挥发分＜8%时，有绿泥石化现象。伊利石化作用中 K^+的引入，使得早期形成的蒙脱石随着埋藏成岩作用的进行而逐渐向伊蒙混层及伊利石转化，并最终形成钾质斑脱岩(Spears，2012)。

形成斑脱岩和钾质斑脱岩的原始岩浆成分可以是流纹质、英安质或玄武质。根据 Winchester 和 Floyd(1977)提出的岩浆岩判别图中 Zr/TiO_2 和 Nb/Y 之间的关系，Zhao 等(2013)推断重庆松藻煤田煤中斑脱岩的原始岩浆为流纹质至英安质的成分。澳大利亚悉尼盆地乐平世(晚二叠世)煤层(Rivas et al.，1989)及英国石炭系煤层(Spears and Lyons，1995)中的斑脱岩也有类似的原始岩浆成分。根据高含量的 V、Cr、Co、Ni 及稀土元素的配分模式特征，Dai 等(2011)在西南地区松藻煤田上二叠统煤层中发现了一层镁铁质的斑脱岩。

第二节 煤中不含黏土矿物的火山灰

在少数情况下，含煤盆地煤层中的夹矸不含黏土矿物，其主要矿物成分包含分散的石英、长石和其他抗风化的火山成因矿物，如美国怀俄明州保德河(Powder River)盆地、科罗拉多州丹佛(Denver)盆地、阿拉斯加州库克(Cook)湾和尼纳纳(Nenana)盆地(Triplehorn et al.，1991；Bohor and Triplehorn，1993)。形成这种不含黏土矿物的夹矸的主要原因是原始的火山玻璃和不稳定相被溶解，并随后从体系中迁移出去，而不是蚀变为黏土矿物(Bohor and Triplehorn，1993)，这种情况的煤层夹矸在研究中很容易被忽视。尽管不含黏土矿物的夹矸是火山灰成因，但由于黏土矿物的缺失，不能将其命名为 tonstein。黏土矿物的缺失意味着强烈的淋溶作用以及体系中含 Si 和 Al 的溶液发生了运移，这可能与泥炭堆积时沼泽的抬升有关(McCabe，1984；Warwick and Stanton，1988；Li et al.，2001)。

第三节 与有机质混合存在的火山灰

煤中同沉积的火山灰并不都是以横向上连续分布的薄层状 tonstein 的形式存在(Dai et al.，2008a)。火山碎屑也可以与泥炭紧密混合，成为煤中固有矿物质的一部分(Crowley et al.，1993；Dewison，1989；Ward，2002，2016；Dai et al.，2003，2008a，2014a；Mardon and Hower，2004)。这些火山灰可能极大地影响煤的地球化学和矿物学组成，而有些地球化学与矿物学的特征则是研究火山灰的间接指示剂。但是，在野外工作过程中很难鉴别出和有机质紧密结合的火山碎屑，因此其通常需要在实验室中进行地球化学和矿物学的分析才能够确定。

例如，根据高温石英和透长石的赋存状态(图 1.3)，在云南砚山煤田上二叠统 M9 煤层中发现有机质中混有长英质火山灰，研究认为这是火山灰在泥炭堆积期降落在成煤环境中的结果(Dai et al.，2008b)。火山碎屑的直径一般＜10μm，并且均匀地分布在有机质

(a)　(b)

图 1.3　煤中主要火山矿物的扫描电镜背散射电子图像

(a)云南砚山煤田上二叠统煤中的透长石，引自 Dai 等(2008a)；(b)云南宣威新德煤矿上二叠统煤中高温自形石英晶体，引自 Dai 等(2014a)

中，这表明火山口与泥炭沼泽的距离较远，火山灰的输入量远不足以在煤层中形成肉眼可见的火山灰层 tonstein(Dai et al.，2008b)。Ward 和 Roberts(1990)发现澳大利亚悉尼盆地的煤中存在着球状埃洛石集合体，其特征表明它们是远距离喷发的细粒火山灰在原地蚀变形成的。

Dai 等(2007)指出，虽然重庆松藻煤田上二叠统 11 号煤层中没有明显的 tonstein 层，但该煤层高度富集部分微量元素，如 Be(9.14μg/g)、Nb(169μg/g)、Zr(1304μg/g)、Hf(32.7μg/g)和 REY(510μg/g)。这些元素的高度富集是在泥炭堆积时与有机质紧密结合的同沉积碱性火山灰输入的结果(Dai et al.，2007)。Goodarzi 等(2006)也将伊朗北部煤中 Eu 的负异常归因于同沉积火山灰的输入。此外，在云南新德煤矿的煤分层样品 C3-4c 中，轻稀土元素相对于重稀土元素富集，Eu 呈现负异常[经过上地壳(upper continental crust，UCC)标准化后]，这是长英质火山灰输入造成的(Dai et al.，2014a)。如果是以镁铁质岩为主的沉积源区陆源物质的输入，煤中的 Eu 应该为正异常。火山碎屑输入的证据包括黑云母假晶和自形的 β 石英晶体[图 1.3(b)]。Brownfield 等(2005a)的研究表明，美国富兰克林(Franklin)煤田[华盛顿州金县(King County)John Henry No.1 矿]煤中高含量的 Ba、F、P、Sr 和 Zr 也是来源于泥炭沼泽中的火山灰。在煤中发现的纤磷钙铝石族矿物(Brownfield et al.，1987；Brownfield and Affolter，1988；Affolter et al.，1992)和 β 石英(Wang et al.，2012)是火山灰输入的关键证据。

此外，Hower 等(2018)研究了美国肯塔基州诺克斯(Knox)县迪恩(Dean)煤层[耐火黏土(fire clay)]中含稀土元素的矿物。该煤中不包含肉眼可见的火山灰 tonstein 层。与 fire clay tonstein 一样，煤层中低灰分段也富集稀土元素(稀土元素含量>2400μg/g，灰基)。除了在成岩作用过程中由火山玻璃形成的高岭石外，运用透射电子显微镜(TEM)还发现了煤中含有原生高岭石，也有 La-Ce-Nd-Th 独居石，偶含钡铌酸盐、自然金和 Fe-Ni-Cr 尖晶石。煤中矿物的组合特征，特别是高岭石-独居石组合与肯塔基州东部煤中的 tonstein 相似，表明该煤受到了富含稀土元素的空降火山灰的影响，但是显然这种矿物组合比 tonstein 中的稀土元素含量低。

Hower 等(2018)的研究所采用样品来自美国肯塔基州诺克斯(Knox)县的露天矿，该矿同样被用于 Mardon 和 Hower(2004)的研究(图 1.4)，其样品信息和地球化学特征见表 1.1。Dean 煤为高挥发分 A 型烟煤(与 fire clay 相关)，其缺乏肉眼可见的 tonstein，但在部分煤层却富集 REY(Mardon and Hower，2004)。该煤层 6 个煤分层中的第 3 号分层样品(煤层自上而下的第三个分层，样品号为 5501)具有 2.41%的灰分产率(干燥基)，其 REY 含量为 2428 μg/g (灰基)。REY 富集和轻稀土/重稀土(LREE/HREE)高值的地球化学特征与肯塔基州东部各县地层中所发现的 tonstein 相似：不含 tonstein 层段的 LREE/HREE 为 8.76，煤田其他含 Tonstein 层段的 LREE/HREE 为 7.89，煤层底板 LREE/HREE 为 6.47、顶板 LREE/ HREE 为 4.10(Mardon and Hower，2004；Hower et al.，2016a)，但却没有发现 tonstein 夹矸。Seredin 和 Dai(2012)认为该煤层是研究煤中凝灰质 REY 富集的最佳实例。但是，如果没有发现肉眼可见的 tonstein，这种观点是否合理? Hower 等(2018)应用电子显微镜观察样品 5501 的微观结构，以确定煤中 REY 的赋存状态并更好地评估了高含量 REY 的来源。

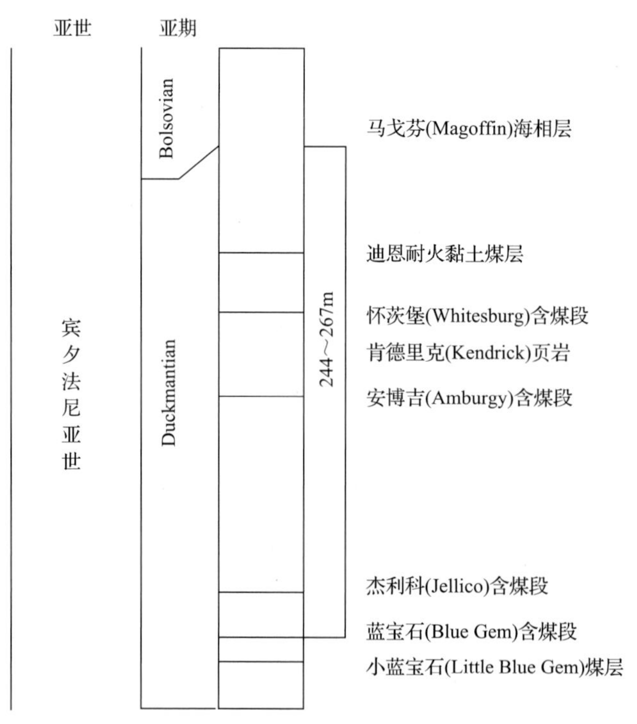

图 1.4　肯塔基州 Frakes quadrangle 含 fire clay(Dean)煤层(段)的简化地层剖面图(Newell，1975)

图中地名和亚期名未找到准确译名，为了更准确表达，此处保留了外文地名

带能谱的扫描电镜(SEM-EDS)分析可用来鉴定一些含稀土元素的晶粒，如图 1.5 所示。含 REE 矿物的直径为亚微米至 1～2μm，似乎均为含 Ce-La-Nd 的磷酸盐，在某些晶粒中还发现了微量的 Th(如图 1.5 中的点 114)。图 1.5 中的点 115 表明，含 REE 磷酸盐的周边区域具有类似黏土且含有少量 K 的 Al-Si 矿物。EDS 能谱中也出现了 C 和 S，其可能来自周围的煤。在图 1.6 中，点 109(在 EDS 能谱中显示)、点 110 和点 111 均为含

表 1.1　肯塔基州诺克斯(Knox)县 Dean(fire clay)煤层的样品信息及其地球化学特征(Mardon and Hower，2004)

CARE no.	USGS no.	分层	厚度/cm	A_{sh}	Mois	VM	FC	C/%	H/%	N/%	S/%	S_{py}/%
5498	201630	w.c.	113	9.83	3.19	33.96	53.02	71.92	5.3	1.72	3.11	1.94
5499	201631	1/6(t)	17.1	19.78	2.39	33.45	44.38	64.45	4.88	1.52	4.94	3.15
5500	201632	2/6	19.9	4.55	3.42	36.18	55.85	76.48	5.56	1.85	2.21	1.36
5501	201633	3/6	23	2.41	4.32	35.28	57.99	78.77	5.63	1.85	0.74	0.08
5502	201634	4/6	16	5.67	3.12	37.44	53.77	75.8	5.62	2.05	0.73	0.05
5503	201635	5/6	17	10.35	3.29	34.08	52.28	72.17	5.27	1.8	0.84	0.09
5504	201636	6/6(b)	19.5	11.48	3.87	32.98	51.67	70.55	5.18	1.62	1.04	0.19

CAER no.	USGS no.	分层	SiO_2/%	Al_2O_3/%	Fe_2O_3/%	CaO/%	MgO/%	Na_2O/%	K_2O/%	P_2O_5/%	TiO_2/%	SO_3/%
5498	201630	w.c.	41.2	19.73	28.7	1.3	0.61	0.31	1.56	0.11	1.33	0.88
5499	201631	1/6(t)	39.19	18.76	27.94	0.66	0.7	0.21	3.07	0.08	1.2	0.34
5500	201632	2/6	24.14	19.55	42.9	2.84	0.66	0.5	0.63	0.08	0.66	1.78
5501	201633	3/6	37.8	34.49	9.76	4.36	1.37	2.18	0.82	0.25	1.11	2.64
5502	201634	4/6	53.72	30.44	4.14	2.31	0.79	0.51	0.53	0.17	1.69	1.23
5503	201635	5/6	62.44	27.16	3.01	0.89	0.48	0.3	1.02	0.19	2.29	0.27
5504	201636	6/6(b)	55.07	29.66	4.19	0.61	0.5	0.13	1.21	0.17	1.92	0.13

CAER no.	USGS no.	分层	ICP-MS/(μg/g)									
			Ag	As	Au	Bi	Cd	Cs	Ga	Ge	Mo	Nb
5498	201630	w.c.	<2	365	<10	1	0.74	4.2	41.1	15.5	11.6	17.6
5499	201631	1/6(t)	<2	252	<10	1	0.71	10	68.3	40	10.3	17.8
5500	201632	2/6	<2	512	<10	1.7	1.2	1.6	33.7	8	20	9.2
5501	201633	3/6	2.5	58.8	<10	2.5	0.98	2.2	55	22.3	20.5	24.6
5502	201634	4/6	2.6	18.2	<10	1.6	0.43	1.4	41.6	10.3	10.8	28.3
5503	201635	5/6	2.8	15	<10	1.4	0.44	3.3	44.5	7.5	6.4	31.4
5504	201636	6/6(b)	5	17.9	<10	1.4	0.56	11	100	32.1	8	50.6

续表

CAER no.	USGS no.	分层	ICP-AES/(μg/g)									
			Be	Co	Cr	Cu	Li	Mn	Ni	Sc	Sr	Th
5498	201630	w.c.	27.4	56.4	95.9	116	85	133	102	30.3	642	48.4
5499	201631	1/6(t)	42.9	68.3	132	133	70.8	103	132	34	411	23.4
5500	201632	2/6	54.5	74.8	70.2	141	142	103	119	28.2	1770	30.2
5501	201633	3/6	30.7	80.2	102	198	193	134	218	52	3400	135
5502	201634	4/6	31	62.7	101	186	174	57	165	48.2	1370	108
5503	201635	5/6	27.4	59.1	139	173	104	34.4	92.1	54.5	601	119
5504	201636	6/6(b)	30.8	69.8	122	127	97.6	83	98	51	381	166

CAER no.	USGS no.	分层	ICP-MS/(μg/g)									
			La	Ce	Pr	Nd	Sm	Eu	LREE	Gd	Tb	Dy
5498	201630	w.c.	167	344	38.2	146	30.6	3.3	729	24.7	4.1	27.8
5499	201631	1/6(t)	80.7	148	17	63	13.1	2.4	324	10.1	1.8	12.4
5500	201632	2/6	114	256	31.8	129	32.3	4.3	567	25.7	4.5	30.2
5501	201633	3/6	499	1020	121	449	90.3	7.6	2187	65.8	11.2	70.6
5502	201634	4/6	407	851	101	375	76.8	6.8	1818	60	10.4	67.3
5503	201635	5/6	399	822	94.6	349	71.3	6	1742	52.4	9	58.7
5504	201636	6/6(b)	366	755	89.8	323	67.1	5.4	1606	50.1	9	59.1

CAER no.	S_{sulf}/%	S_{org}/%	O/%	HHV	Hg/(μg/g)
5498	0.07	1.1	8.12	29.85	0.24
5499	0.06	1.73	4.43	27.17	0.43
5500	0.03	0.82	9.35	31.82	0.12
5501	0.01	0.65	10.6	32.42	0.01
5502	0.01	0.67	10.13	31.32	0.01
5503	0.02	0.73	9.57	29.75	0.02
5504	0.03	0.82	10.13	29.24	0.1

续表

CAER no.	ICP-MS/(μg/g)										
	Pb	Rb	Sb	Sn	Te	Tl	U	Hf	Ta	W	Se
5498	60.7	64.8	2.9	19	0.52	19.2	16.2	14.6	<1	5.9	6.7
5499	70.8	147	4.8	17	0.61	20.2	13.6	9	<1	3.5	10.3
5500	58.7	27.7	3.6	41.2	0.9	30.3	11.7	7.8	<1	10.6	4.9
5501	101	37.2	2.4	61.5	1	3.4	25.9	13.7	4.3	20.8	1.5
5502	90.8	26.3	2	24.9	0.48	1.2	23.5	14.1	7.7	8.2	3
5503	84.2	51.1	1.8	50.1	0.61	1.2	24.9	17.4	10.6	6.2	4.3
5504	109	115	3.4	64.9	0.44	2.8	55.9	50.3	11.8	8.4	3.3

CAER no.	ICP-AES/(μg/g)						B/Be
	V	Y	Zn	B	Ba	Zr	
5498	171	115	89.4	412	669	443	15.04
5499	268	56.1	111	372	638	240	8.67
5500	154	143	120	1110	1150	223	20.37
5501	239	351	87.4	1480	2940	581	48.21
5502	194	328	63.7	480	1320	491	15.48
5503	251	232	113	206	702	562	7.52
5504	215	208	99.3	197	549	1740	6.4

CAER no.	LREE/Ho	Er	Tm	Yb	HREE	Y+REE	HREE
5498	5.5	15.4	3.6	13.8	94.9	824	7.68
5499	2.6	7.5	1.8	7	43.2	367.4	7.5
5500	6.1	16.6	3.8	13.9	101	668.2	5.63
5501	13.3	37.9	8.9	33.4	241	2428	9.07
5502	13	37.1	8.8	31.9	229	2046.1	7.95
5503	11	31.9	7.4	27.3	198	1939.6	8.81
5504	11.5	34.2	8.2	31.6	204	1810	7.89

注：GAER 表示应用能源研究中心(肯塔基大学)；USGS 表示美国地质勘查局；A_{sh}表示灰分；Mois 表示水分；VM 表示挥发分；FC 表示固定碳；(t)表示顶；(b)表示底；S_{py}表示黄铁矿硫；ICP-MS 表示电感耦合等离子体质谱；ICP-AES 表示电感耦合等离子体-发射光谱；S_{sulf}表示硫酸盐硫；S_{org}表示有机硫；w.c.表示全煤；HHV 表示总热值。

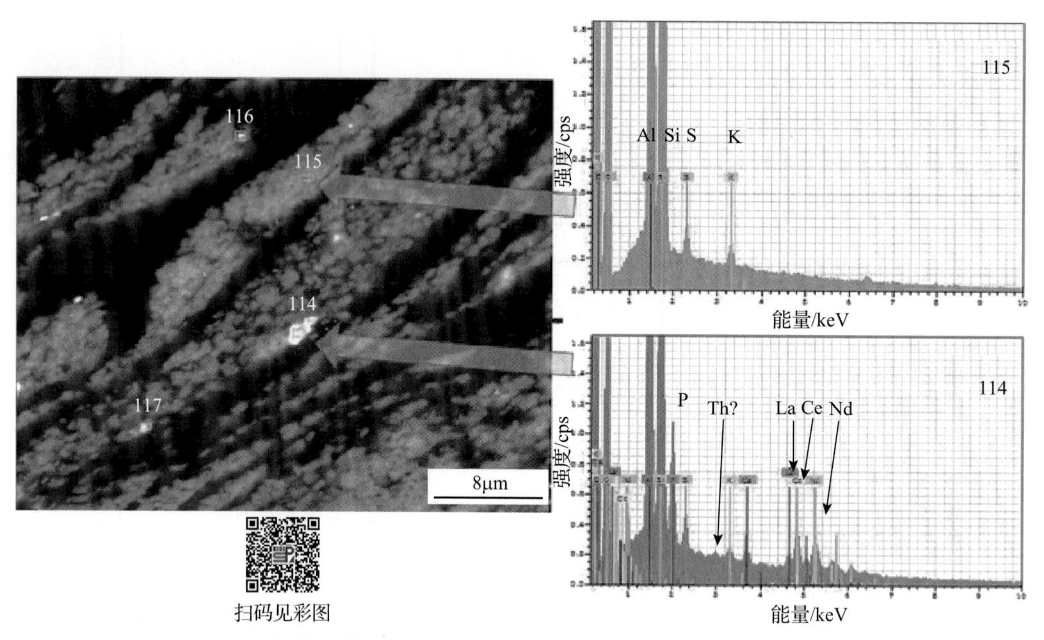

图 1.5　扫描电镜背散射区域图像以及点 114 和点 115 的能谱分析

点 114 具有含 La-Ce-Nd 的磷酸盐，可能为独居石，其能谱还含有一个 Th 的次峰以及 Al-Si 相，可能为高岭石

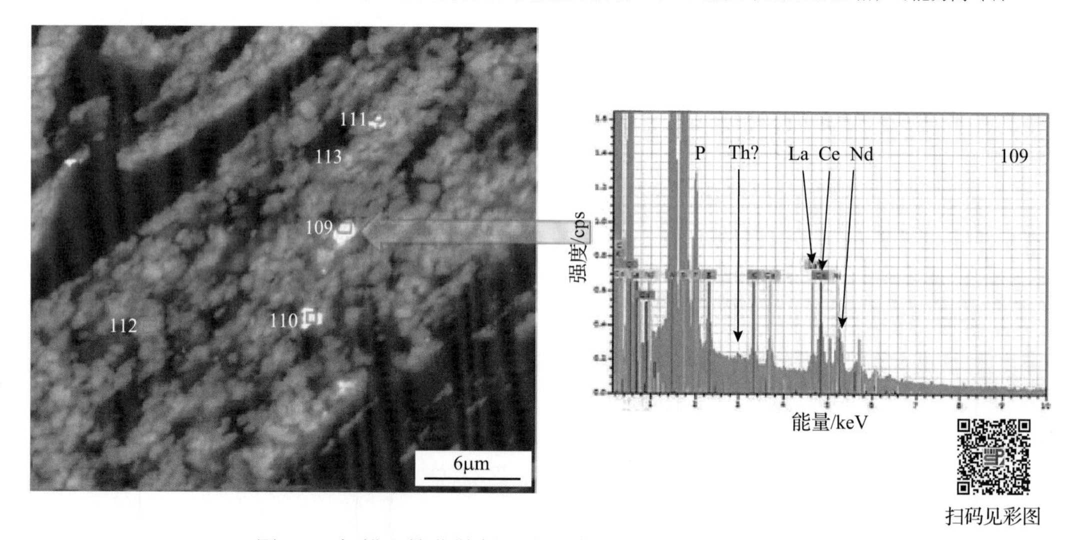

图 1.6　扫描电镜背散射区域图像以及点 109 的能谱分析

点 109 具有含 La-Ce-Nd 的磷酸盐，可能为独居石，其能谱还含有一个 Th 的次峰；点 111 和点 112 的能谱分析与点 109 相似；点 112 的能谱分析与图 1.5 中的点 115 相似

La-Ce-Nd 的磷酸盐，其中点 109 可能还含有 Th。点 112 的 EDS 能谱类似于上述的点 115。点 113 具有一个 Fe 的峰，因此其可能为黄铁矿和含 K-Al-Si 矿物的混合物。

利用透射电子显微镜和选择性区域电子衍射(SAED)对 SEM-EDS 的分析结果进行进一步的鉴定。图 1.7 显示了晶粒在聚焦离子束(FIB)中的位置，图 1.8～图 1.10 展示了由与高岭石共生的含 La-Ce-Nd-Th 独居石组成的混合晶粒。这种模式表现在 Si 和 Al 与 Ce 的替换中(Ce 是独居石中的一种富集元素，在独居石中可被 La、Nd 和 Th 所替换；

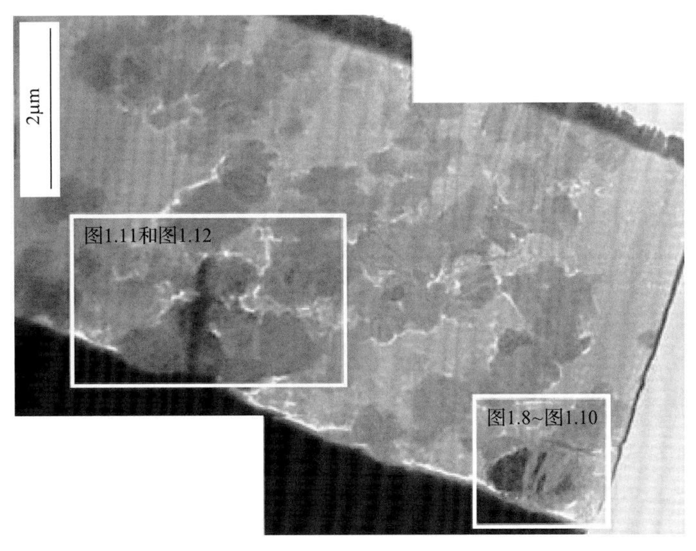

图 1.7　图 1.8～图 1.12 中薄片聚焦离子束分析的位置

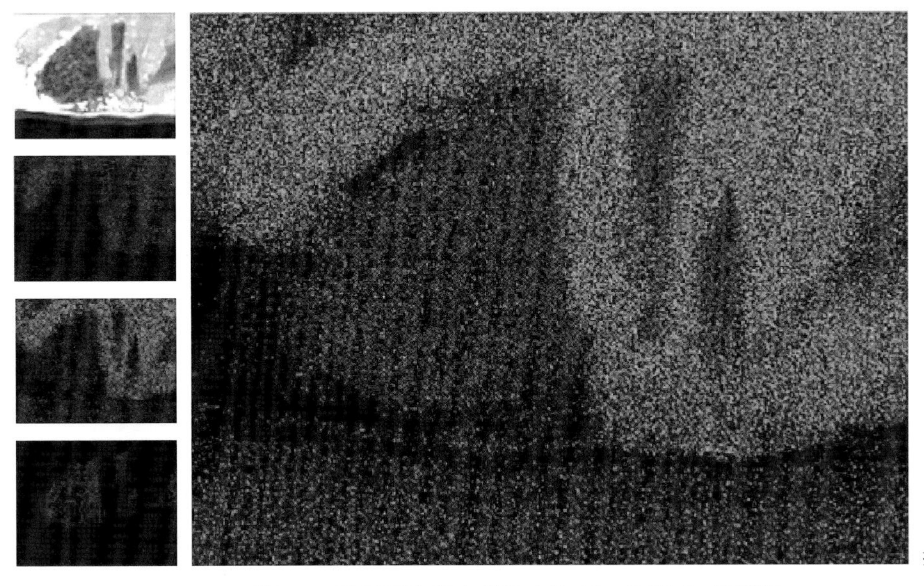

图 1.8　独居石和黏土矿物中的 Al、Si 和 Ce 元素图

Al、Si 和 Ce 的重叠元素图表明独居石和黏土矿物的嵌入；Ce 替换了 La、Nd 和 Th 的位置

图 1.9 为更完整的元素示意图)。图 1.10 所示的 SAED 标定区域和高分辨率图像进一步表明了其矿物学特征。在图 1.10(a)中，通过晶格条纹的晶格间距和对称性确定了具有斑驳外观的暗色晶粒为独居石。图 1.10(b)显示了晶格条纹的高分辨率 TEM 显微照片。虽然很难从显微照片中直接观察到晶格条纹，但是在经过图像的快速傅里叶变换(FFT)计算后它们变得显而易见。在 FFT 中，如图 1.10(c)所示，晶格面产生的光斑半径与晶格间距成反比，类似于衍射图谱。图 1.10(d)所示的衍射图谱为图 1.10(a)所标记的 SAED 圆形区域，该图谱主要显示了一组高岭石和其他一些不太清晰的斑点以及其间的晶格间距，那些不太清晰的斑点可能来自独居石。矿物的这种并列现象可能是由 Al-Si 质玻璃

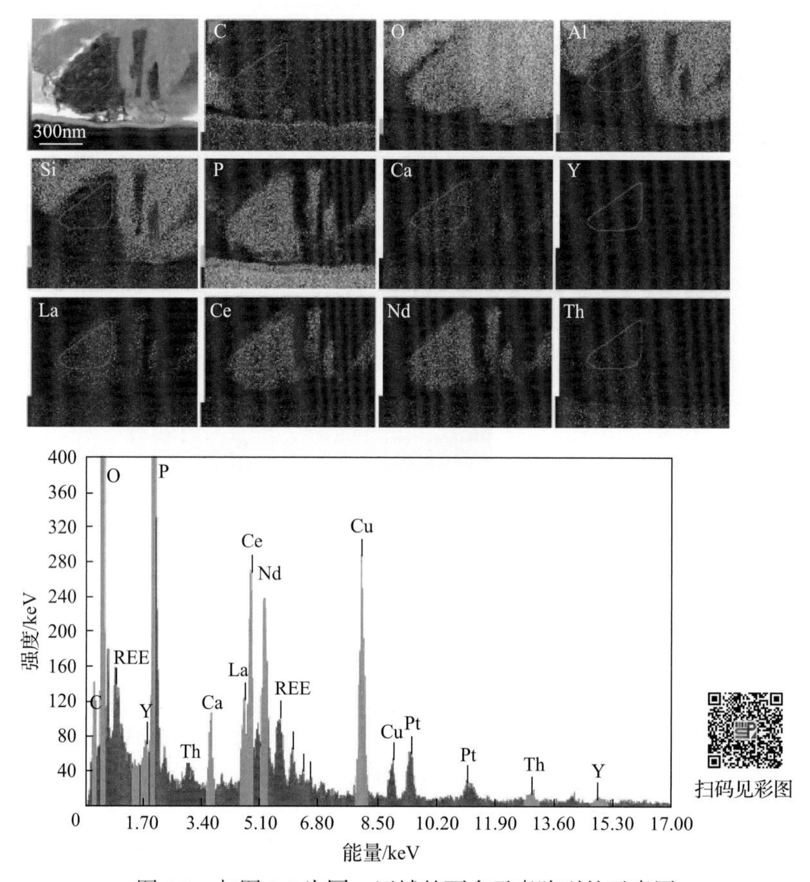

图 1.9　与图 1.8 为同一区域的更多元素阵列的元素图

元素图中的红色部分为 EDS 能谱。对于每个元素，选择最强且不与其他元素重叠的能量峰重建 EDS 图，并在 EDS 能谱中显示绿色。注意，Cu 和 Pt 分别来自 TEM 栅格和保护层

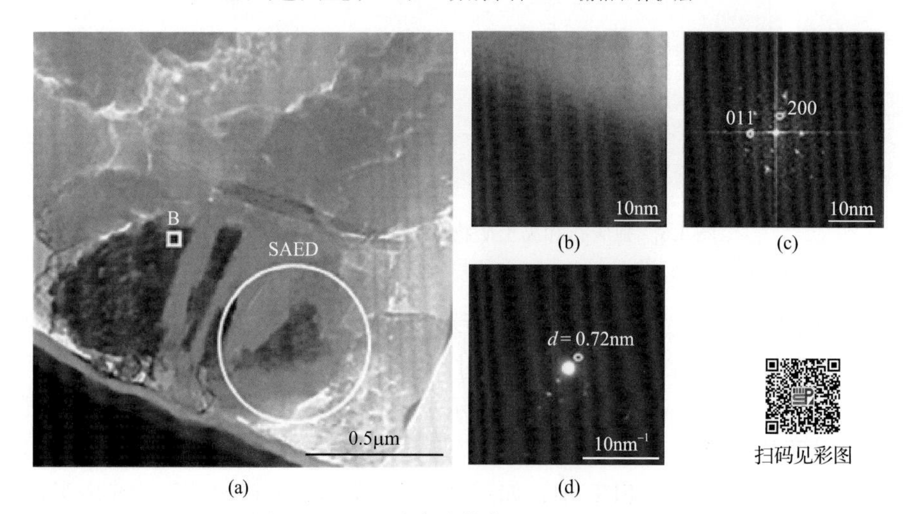

图 1.10　B 区域高分辨率 TEM 显微照片

虽然在显微图中很难看到条纹，但图像 B 显示了经过 FFT 转换后与独居石[011]带轴图案相匹配的对称图案；标记点的间距为 0.468nm(对应 011 面)和 0.68nm(对应于 100 面)；(a)中所标记的 SAED 区域所选区域的电子衍射图(d)显示了晶格间距 d 为 0.72 nm 的点很可能为高岭石，也可观察到其他斑点和环状物

的原始混合物以及与火山灰有关的矿物蚀变造成的。在这种情况下，玻璃转化为高岭石，或多或少地保留了混合组合中独居石的原始比例。

在图 1.11 中可以看到一个相对较大的独居石晶粒，大约 1μm×0.6μm，但它的一部分似乎被周围的高岭石所覆盖。该区域的SAED（图1.12）表明来自独居石(120)面和(121)面的衍射点证实了这一推断。图 1.13 中的元素叠加图和 EDS 光谱来自图 1.11 的一个部分，其表明 Y 存在于分析区域内（Y K-alpha 峰值约为 15keV）。Cu 的峰与聚焦离子束的固定架构有关，Pt 和 Ga 则主要来源于离子测射仪在样品表面镀覆的金属导电薄膜；在所有的 EDS 能谱中，这些元素的峰均应被忽略，因为样品本身的元素信号不能与分析过程中所引入的元素信号区分开来。

图 1.11　Al、Si 和 Ce 叠加的合成图像

Ce 替换了 La、Nd 和 Th

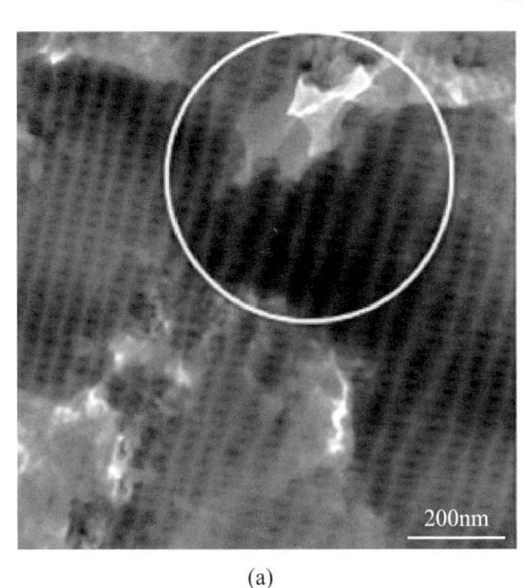

(a)

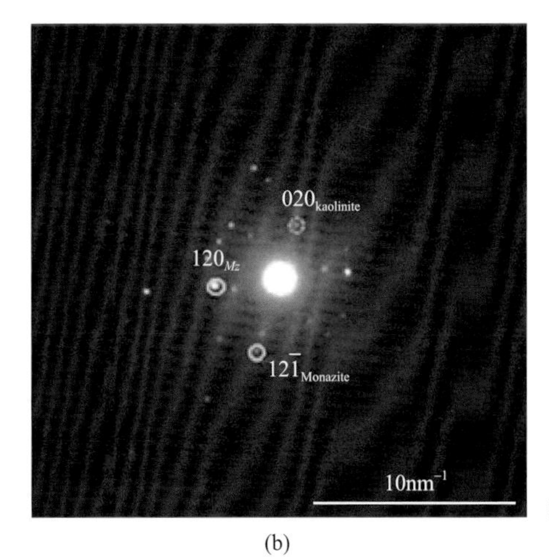

(b)

图 1.12　图(b)为图(a)中所选择的白色圆圈标记区域的衍射图

(b)中的衍射图显示了高岭石和独居石的重叠点，虽然整体格局复杂，但最靠近中心的点呈现出高岭石的特征性晶格间距，图中标记的点对应高岭石的 020 面；更强烈的衍射点与独居石的 120 面和 121 面相匹配，这表明存在一个[214]带轴，这些点可能来自不同的晶体，并由多个晶体共同组成了衍射图像。kaolinite-高岭石；Monazite-独居石

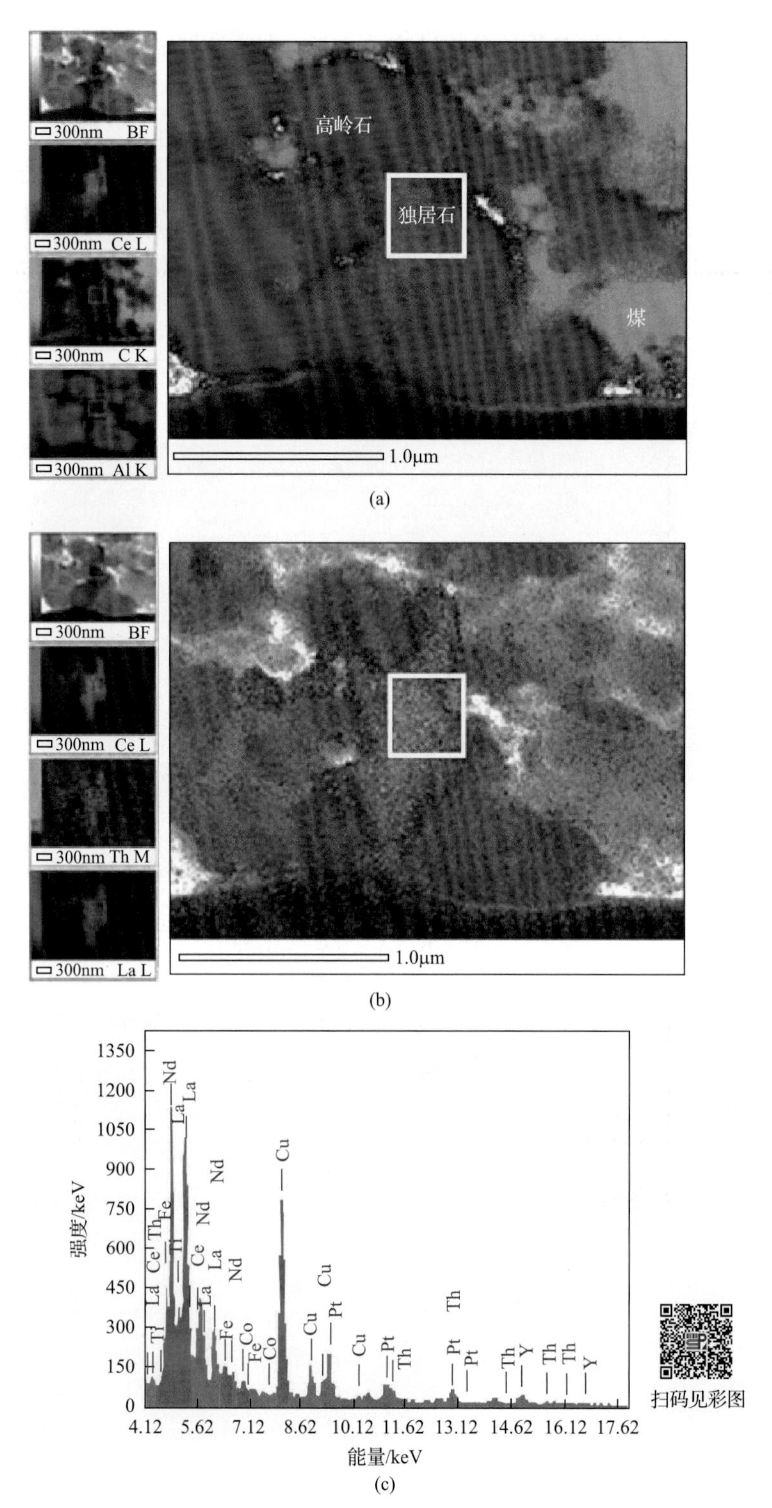

图 1.13　Ce、C 和 Al 与 Ce、Th 和 La 的元素叠加图以及白框区域的 EDS 光谱图

确定了独居石、高岭石和煤的分布；用于构建元素图的峰在 EDS 光谱中用绿色标记；EDS 光谱中可见的 Cu 和 Pt 的峰分别来自 TEM 栅格和铂导电层

图 1.14 显示了独居石颗粒部分被周围黏土矿物所覆盖的现象。如上所述，独居石含有 La-Ce-Nd-Th 等不同种类的元素。一般情况下，所提到的 REE（和 Th）不应被视为可能不存在其他稀土元素，其只是在现有的仪器设置下无法被检测到。独居石左上方的黏土颗粒可能是含伊利石条带的高岭石（图 1.15）。

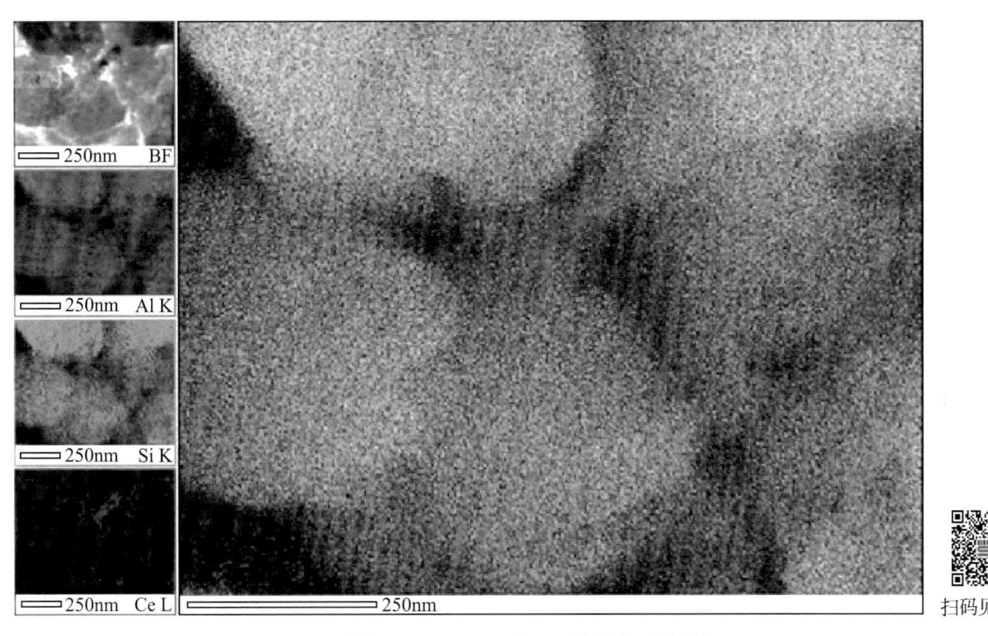

图 1.14 Al、Si 和 Ce 的叠加元素图

Ce 替换了 La、Nd 和 Th

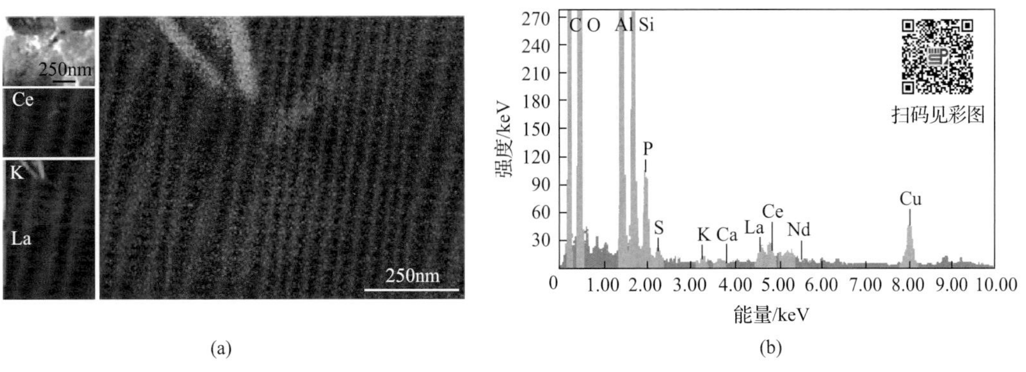

图 1.15 Ce、K 和 La 元素叠加图以及覆盖区域的 EDS 能谱

用于构建元素图的峰在 EDS 能谱中标记为绿色；EDS 能谱中 Cu 的峰来自 TEM 栅格

鉴定出的高岭石为片状晶体（晶面间距 d_1=0.717nm，晶面间距 d_2=0.434nm）[图 1.16（b）]。值得注意的是，该高岭石晶体的结晶形状要比聚焦离子束脱模切片的其他视图中常见的“蓬松状”黏土更清晰，这可能表明了该晶粒的斑晶来源或者它是另一种矿物（可能是云母）的后生假晶。相反，“蓬松状”高岭石可能是原生火山玻璃的成岩/去晶化衍生物。如上所述，Robl 和 Bland（1977）在 fire clay 煤层的 tonstein 中发现了与高岭石有关的火山衍

生矿物的假晶。在后一种高岭石的右侧存在两个清晰的 Ce 和 P 峰[图 1.17(a)、(b)]以及 Ce、P 和 Y 峰的晶粒[图 1.17(c)]。

(a)　　(b)

图 1.16　两种高岭石组合

注意高岭石下部的弯曲或扭结带(Spry, 1969)，可能是薄切片断裂的结果；图 1.17 中讨论区域的位置由黑框表示，图 1.18～图 1.21 的位置由左下角的白框表示

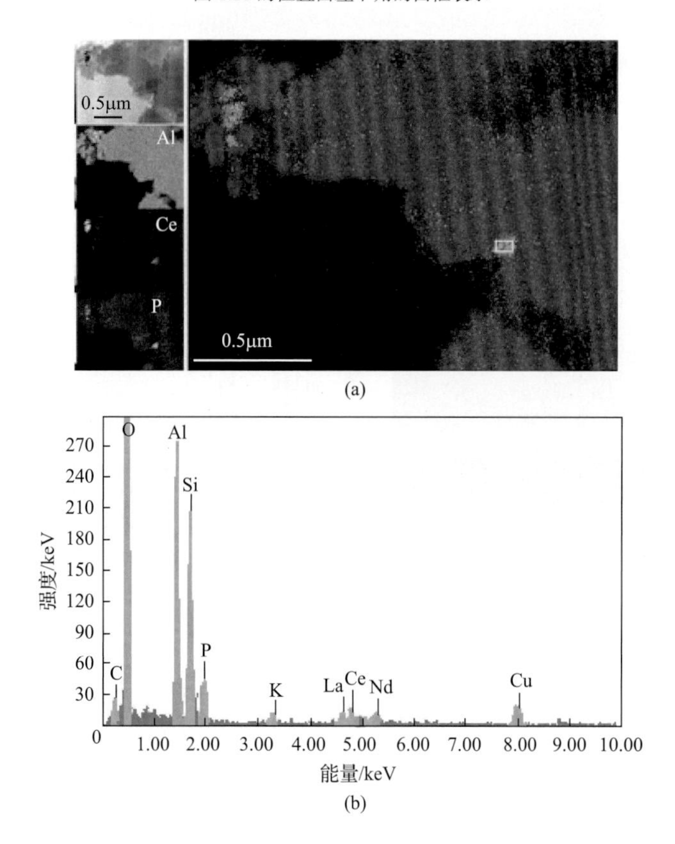

(a)

(b)

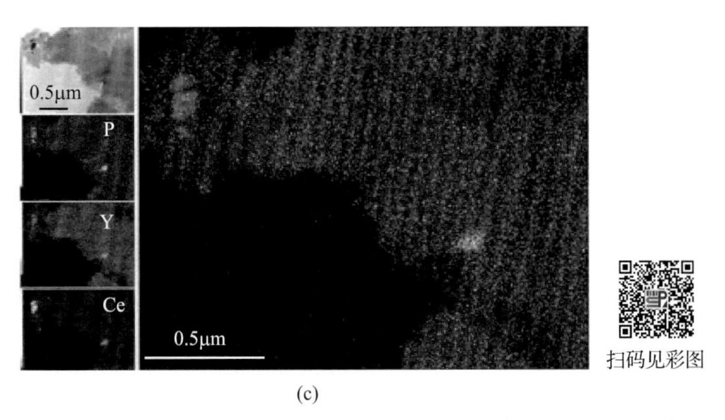

(c)

图 1.17　包含 Ce、P 和 Al 的元素叠加图以及伴随的 EDS 光谱，显示除 Ce 外还存在 La 和 Nd

(a)和(b)为 Ce、P 和 Al 叠加的元素图及其 EDS 能谱(显示除 Ce 外还存在 La 和 Nd)；(c)为 P、Y 和 Ce 叠加的元素图(最强的 Y 信号出现在与 EDS 扫描相同的区域，但需要注意的是，在 EDS 能谱中 Y 峰没有出现)；用于构建元素图的峰在 EDS 能谱中用绿色标记；EDS 能谱中 Cu 的峰来自 TEM 栅格

图 1.18～图 1.21 是图 1.16 中的标记区域，其含有多种矿物质。图 1.19(a)显示了具有钙钛矿结构的铌酸钡，理想的铌酸钡为 $BaNbO_3$(International Centre for Diffraction Data，2016)，具有结构缺陷的铌酸钡包括 $Ba_5Nb_4O_{15}$ 等(Perejon and Hayward，2015)。众所周知，含铌钙钛矿与碳酸盐岩岩浆有关(Fryklund et al.，1954；Erikson et al.，1963；Williams，1891)，但此类岩浆不太可能为 fire clay 火山灰的来源。

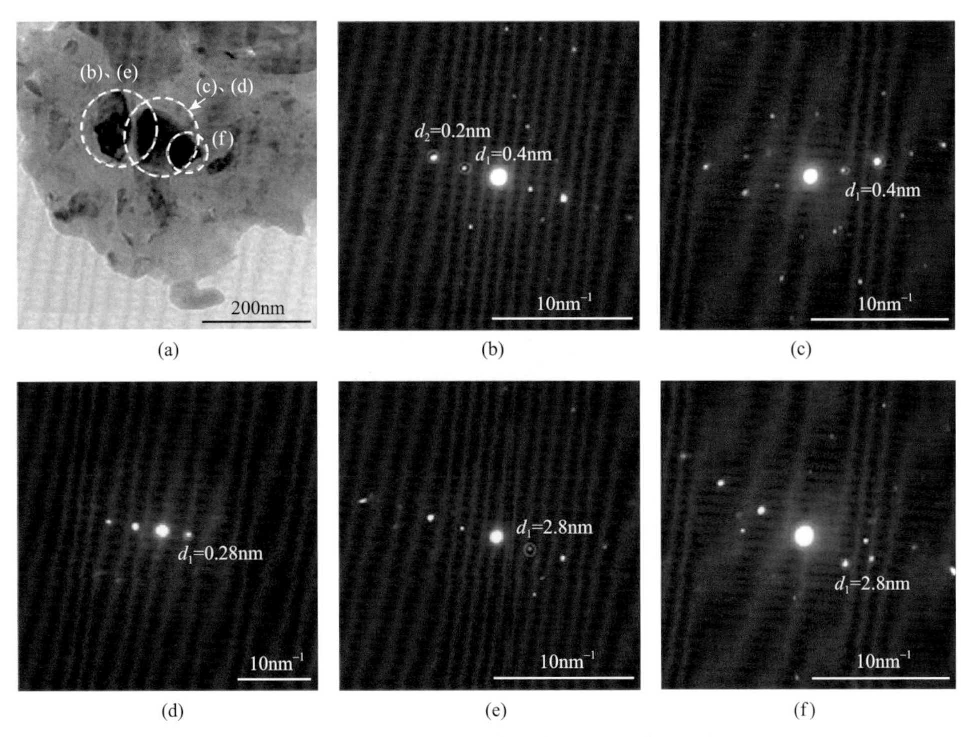

(a)　(b)　(c)

(d)　(e)　(f)

图 1.18　图 1.16 中左下角白框所示区域的矿物

SAED 图中的矿物将与后面的图表一起讨论

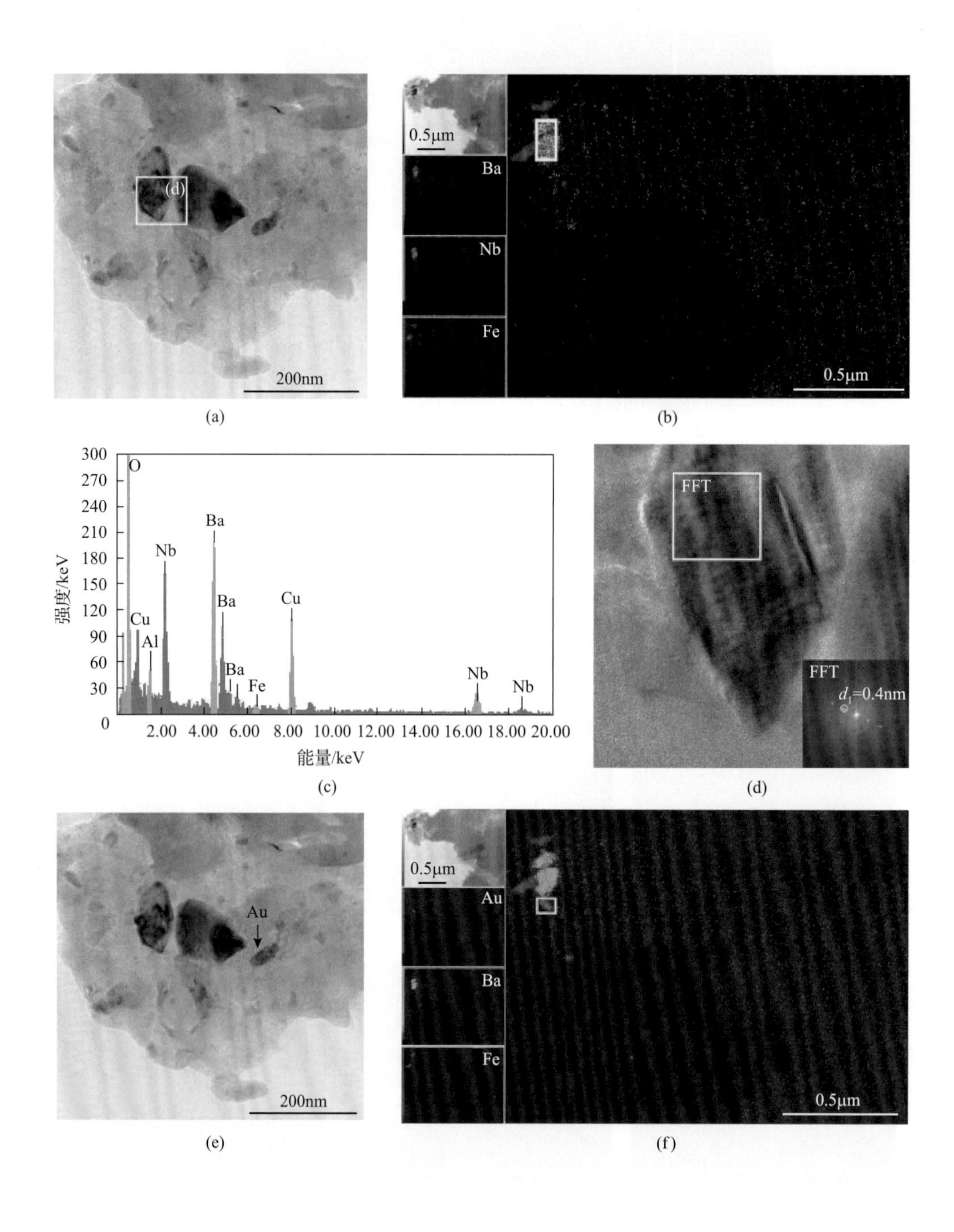

(d)
200nm
0.5μm
Ba
Nb
Fe
0.5μm
(a)
(b)
300
270
240
210
180
150
120
90
60
30
0
强度/keV
O
Cu
Al
Nb
Ba
Ba
Ba
Fe
Cu
Nb
Nb
2.00 4.00 6.00 8.00 10.00 12.00 14.00 16.00 18.00 20.00
能量/keV
FFT
FFT
d_1=0.4nm
(c)
(d)
Au
200nm
0.5μm
Au
Ba
Fe
0.5μm
(e)
(f)

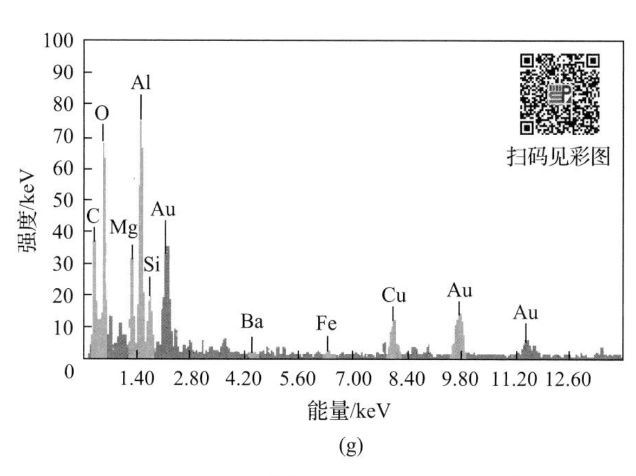

(g)

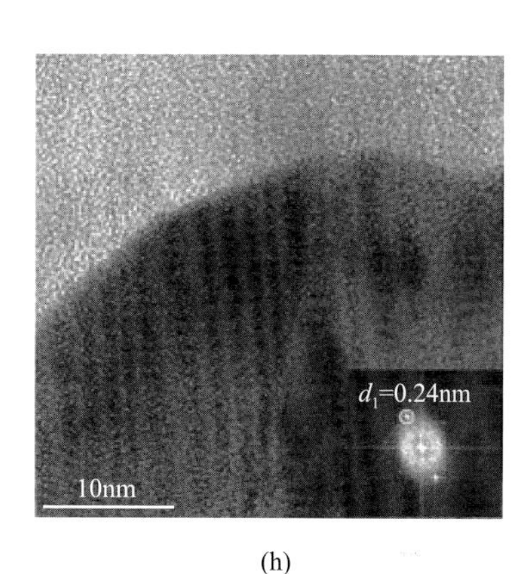

(h)

图 1.19　EDS 图谱下的铌酸钡颗粒和自然金颗粒

(a)一组包括 Fe、Nb、Ba 和 Au 等纳米颗粒的 TEM 显微照片；(b)Ba、Nb 和 Fe 的 EDS 图与图(a)中颗粒区域的叠加图，并且图(b)中的白框区域显示了铌酸钡的位置；(c)图(b)中白色矩形区域的 EDS 能谱(Ba 具有三个典型的特征峰，Nb 的 K 线不与其他元素的 K 线重叠，但是，Nb 的 K 线在 2.16 keV 处更加强烈，EDS 能谱无标准定量分析的结果显示，这些颗粒中 Nb 与 Ba 的比值约为 1)；(d)更高分辨率下拍摄的 TEM 显微照片显示 d_1=0.4 nm 的晶格条纹与铌酸钡相一致(用于构建元素图的峰值在 EDS 能谱中以绿色标记；EDS 能谱中的 Cu 峰来自 TEM 栅格)；(e)TEM 显微图中自然 Au 颗粒的位置；(f)Au、Ba 和 Fe 的叠加图显示了 Au 相对于铌酸钡的位置；(g)图(f)中白框标记区域的 EDS 能谱[Au 是根据它的 L 能量线(绿色)来识别的，它不与其他元素的线重叠。然而，在 2.12keV 和 2.2keV 处的 Au 的 M 线更加明显且强度更大。在该区域未检测到 Ba 和 Fe]；(h)在高分辨率下可以看到晶格条纹(经相应的 FFT 测定，d_1=0.24nm 的晶格条纹与 Au 相一致。用于构建元素图的峰在 EDS 光谱中以绿色标记。EDS 谱中 Cu 的峰来自 TEM 栅格)

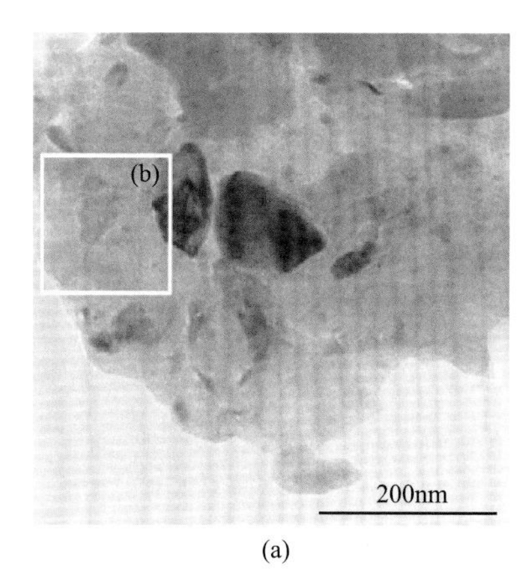

(a)

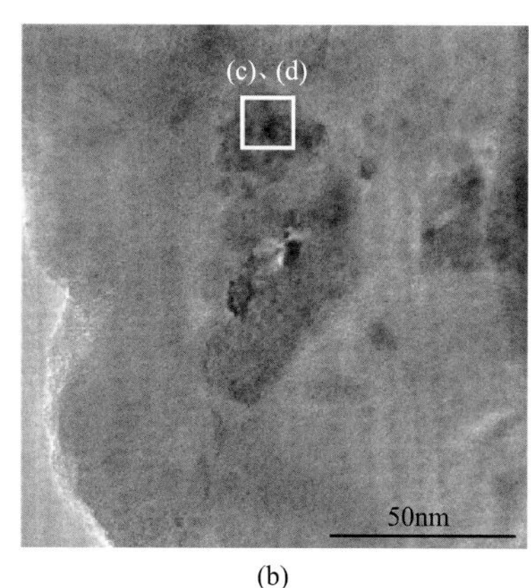

(b)

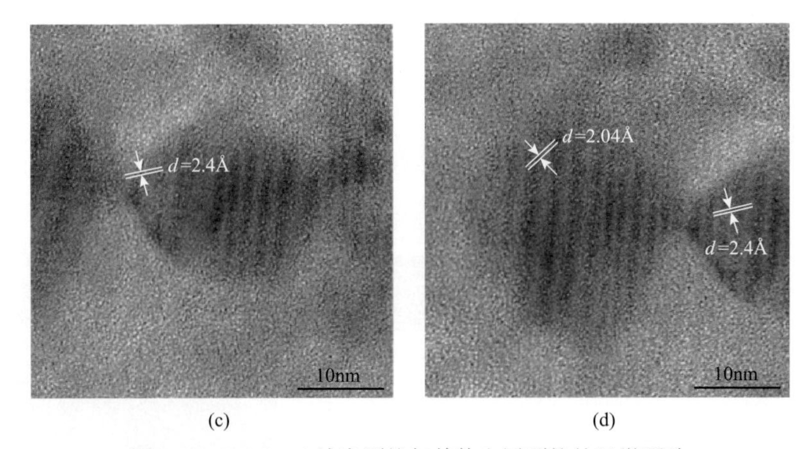

(c)　　(d)

图 1.20　Fe-Cr-Ni 纳米颗粒与其他金属颗粒的显微照片

(a) Fe-Cr-Ni 的纳米颗粒相对于其他金属的位置；(b) 在高倍镜下，金属纳米颗粒显示较暗的对比度；(c)、(d) 图 (b) 中标记为 (c)、(d) 白框内纳米颗粒的高分辨率 TEM 显微照片；高分辨率 TEM 显示了粒径约为 10nm 的晶体纳米颗粒，纳米颗粒中可见晶格条纹的 d 间距约为 0.24nm，与尖晶石相一致；1Å=10^{-10}m

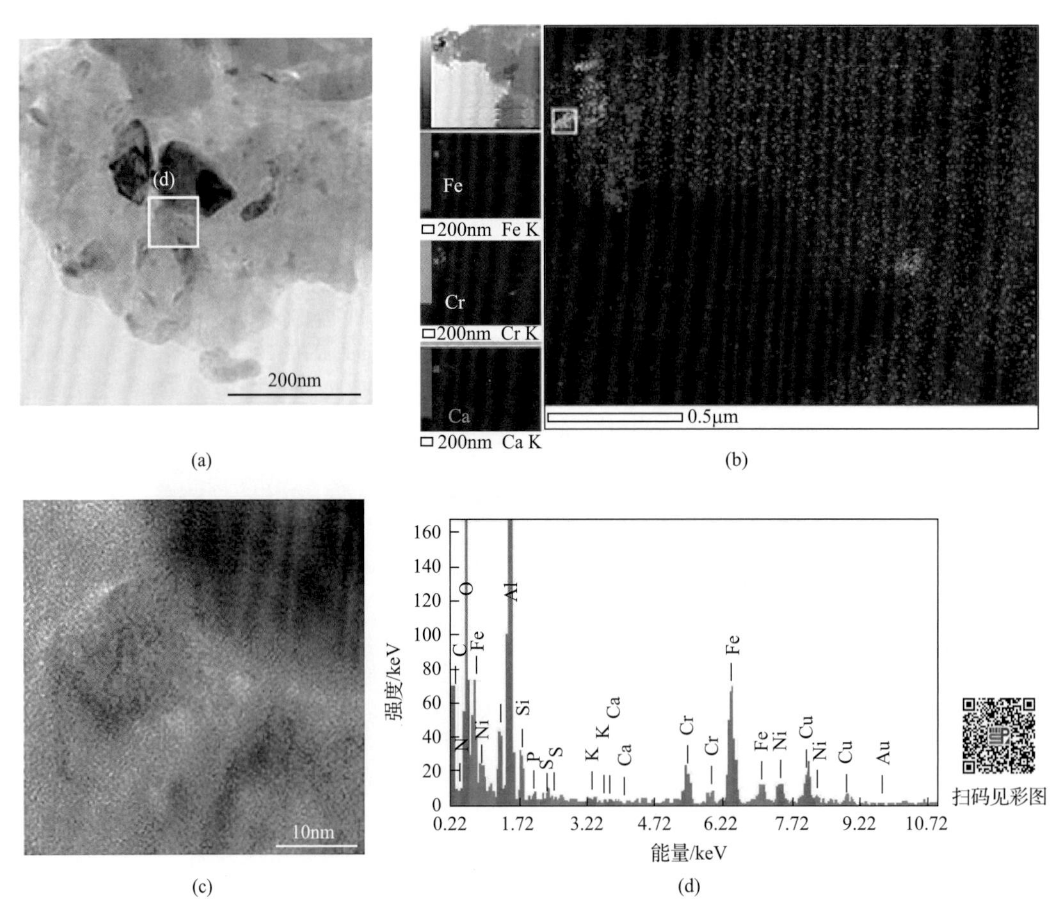

图 1.21　Fe、Cr 和 Ca 叠加的元素图及晶体纳米颗粒的 EDS 能谱

(a) 白框显示了 (c) 中高分辨率 TEM 的位置；(b) Fe、Cr 和 Ca 叠加的元素图；(c) 晶体纳米颗粒，晶格条纹可见但不清晰；(d) 图 (a) 中方框内的颗粒的 EDS 能谱 (绿色标记的峰值用于构建元素图。Cu 信号来自 TEM 栅格)

图 1.19(b)中的矿物为 Au；地球化学鉴定的依据是 Au 的 L-alpha 峰，该峰与其他元素的峰不重叠。Au 的两个最明显的峰(M-alpha 和 M-beta)非常显著并且清晰可见。高分辨率 TEM 图像(左侧)的快速傅里叶变换被用于测量 *d* 间距(d_1=0.24nm、d_2=0.21nm)，其 *d* 间距与 Au 011 相一致。Seredin(1997，2004a，2007)、Dai 等(2012d，2014b，2016a)与 Seredin 和 Dai(2014)对煤中金的赋存状态进行了综述。尽管将在所研究的类似于 tonstein 的物质中发现的天然金归为火山碎屑成因可能不太准确，特别是基于 Seredin(2007)的综述，但确实可能存在着几种沉积模式，包括冲积(陆源的和离子的)、周围沉积物的渗透、热液喷出和火山灰的沉降。考虑到该地区已知的热液影响，包括异常的煤级(Sakulpitakphon et al., 2004)以及高浓度的 Cl(Hower et al., 1991)和微量元素(如 Hg 和 As；Collins，1993；Sakulpitakphon et al.，2004)，我们不能排除 Au 不是空降火山灰的一部分的可能性。例如，低 S 氯化物热液是可溶解态 Au 的载体，可溶解态 Au 与有机物接触后会还原为天然 Au(Seredin，2007)，其与已知的肯塔基州东部煤的地球化学机理相一致。其他的一些研究(Seredin and Dai，2014)也表明，煤中 Au 浓度的升高与热液流体有关。

图 1.20 显示了 Fe-Cr-Ni 纳米颗粒的集合。EDS 能谱图(图 1.21)显示了 *d* 间距为 0.24nm 和 0.22nm 的纳米颗粒富 Fe-Cr-Ni 的化学结构，由图 1.21 可知其可能为尖晶石(铁镍矿为 Ni-Fe 尖晶石，铬铁矿为 Fe-Cr 尖晶石)。

对于低灰分煤的 REY 化学性质，无论是在灰基下 REY 的相对丰度，还是 LREE/HREE，都与其他煤田中火山灰成因的 tonstein 中具有相似性，这表明了原生矿物(和火山玻璃)组合的火山成因；矿物的 TEM 分析证实了散布在煤中的许多矿物的 tonstein 起源。样品 5501 经上地壳(UCC)标准化处理后的 REE 配分模式(图 1.22；Taylor and McLennan，1985)与从研究区域到东部的 tonstein 的 REE 配分模式相似(Hower et al.,

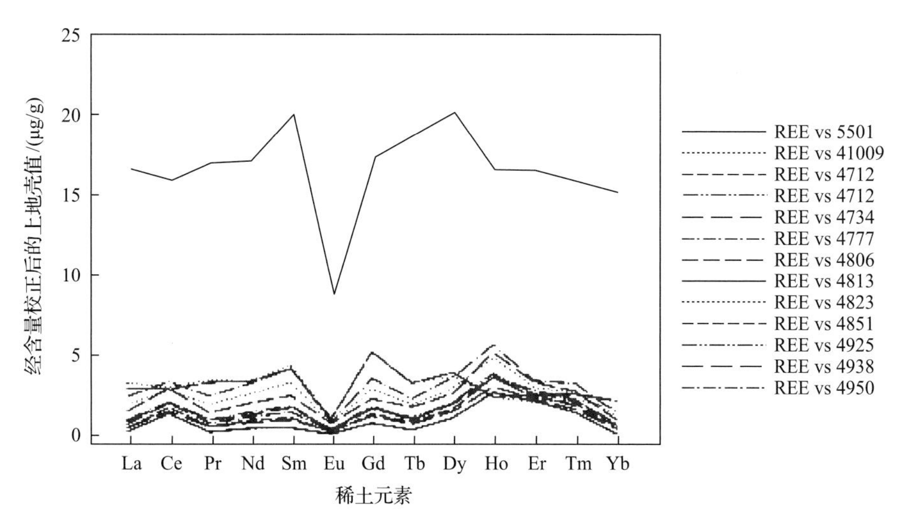

图 1.22　低灰分样品 5501 和 20 世纪 90 年代初采集的 tonstein 样品的 REE 配分模式图(Hower et al., 1999, 2016a，以及 CAER 2014～2017 年未发表的分析)

样品已经过上地壳(UCC)标准化校准(Taylor and McLennan, 1985)；5501 煤样的灰分含量低于岩石

1999，2016a；CAER 2014～2017 年未发表的研究数据）。但是，它们确实具有不同的值，值得注意的是，两个样品所在区域相距±75km，而且样品 5501 矿物组合的性质与真正的 tonstein 截然不同，可能反映了除煤炭稀释以外的地球化学影响。

尽管没有肉眼可见的 tonstein，但低灰分的 Dean（fire clay）煤层岩性可能具有火山来源和含 REY 矿物的集合体，包括大约 1μm 的独居石颗粒。事实上，所有的矿物组合均与在其他地方发现的富高岭石 tonstein 类似（Hower et al.，1994，1999）。然而，火山玻璃和与其相关的含 REY 矿物以及其他矿物质并没有聚集在 tonstein 中，而是落到了沼泽中，且在有机质中被分散和稀释，最终形成灰分＜3%的煤。就这一点而言，“不含 tonstein”的煤层中 fire clay tonstein 的存在，与具有肉眼可见夹矸的层段相比更能指示矿物集合体的火山成因，只是难以发现。

因此，Seredin 和 Dai（2012）认为该地区是煤中稀土元素侵入凝灰质岩的典型例子。起初缺乏肉眼可见的 tonstein，使评估具有不确定性，但在以煤为主的含煤地层中保存了富 REY 的特征矿物，这为该地区火山灰在 fire clay 泥炭中沉积提供了证据。

Mardon 和 Hower（2004）所描述的“不含 Tonstein”煤层剖面中 Dean/fire clay 煤的岩性与向东 50～70km 处所观察到的 tonstein 的矿物学特征相似，即使其矿物组合在灰分＜3%的层段中被显著稀释。利用 TEM 和相关微束分析技术研究剖面中的特征性矿物组合，包含高岭石［既有在火山玻璃之后形成的分散状团簇，又具有较大的晶体（要么为火山灰中的斑晶，要么为后生于云母的假晶）］、独居石、含 Cr-Ni-Fe 尖晶石、铌酸钡和天然 Au。高岭石/独居石/尖晶石的矿物组合与肉眼可见的 tonstein 中的矿物组合相似，因此，其至少表明“不含 tonstein”层段中的矿物直接或间接地来源于形成 tonstein 的同一火山喷发事件。

第四节　火山灰成因的煤层顶板和底板

煤层的顶板和底板通常以细粒的表生碎屑沉积单元为主，如泥岩、粉砂岩和砂岩，或者以碳酸盐岩为主（煤层发育在以灰岩为主的地层之上或被其覆盖；Shao et al.，2003；Zeng et al.，2005；Dai et al.，2008a）。虽然直接由火山灰演变而来的煤层顶底板并不常见，但在一些煤田的煤层中仍鉴别出了此类地层。Diessel（1992）指出，火山活动相对于泥炭发育是独立的，因此火山活动可终止泥炭的堆积并且不对泥炭造成明显的侵蚀。实际上，厚层火山灰的覆盖能够遏制植物生长，可以在任何阶段终止泥炭堆积，这与典型的表生碎屑沉积物在沼泽变得不活跃后沉积在泥炭之上的方式不同。

Diessel（1992）研究了澳大利亚悉尼盆地覆盖在乐平世煤层之上的部分蚀变凝灰岩。这部分蚀变凝灰岩在外观上常可观察到燧石化现象，主要含有石英、黑云母、斜长石和高岭石，可能还有伊利石，偶有大量的方沸石置换玻璃质（Loughnan and Ray，1978）。凝灰岩中具有棱角状的石英颗粒边缘有溶蚀和玉髓沉淀的现象。此外，黑云母在某些凝灰岩中也十分富集。显微镜下还可以观察未受明显蚀变的斜长石和火山玻璃碎片。

Diessel(1992)在煤层上覆的凝灰岩层中发现了一个有趣而独特的现象，即凝灰岩层中含有不同形态的煤包裹体，这些包裹体是泥炭或植物碎屑进入火山灰层造成的。关于火山灰层中煤包裹体的报道并不常见，仅见于 Hamilton 等(1970)、Allan 等(1975)、Raymond 和 Murchison(1988)以及 Raymond 等(1989)的研究。在火山灰沉积中，煤包裹体的尺寸通常在几微米到几米(树干)，但大部分均分布在毫米至厘米的级别范围内。凝灰岩层中靠近煤层的部位还发现了垂直向上的树桩和向下的原木(Diessel，1992)，较小的煤屑则遍布整个凝灰岩。在凝灰岩层中观察到了两种不同的煤包裹体，即早期的泥炭碎屑包裹体和泥炭衍生物包裹体，这些包裹体特指包含所有煤的显微组分的碎屑，常见的是高挥发分烟煤碎屑和氢化残余物碎屑。此外，在显微镜下还能够观察到流动构造。相对于较小的煤屑，较大的树干在煤层中扎根并向上延伸至上覆的凝灰岩层，更容易被观察到，其最长的树干可达 4m(大部分为 0.5～1m)。虽然凝灰岩中的很多树干都已折断，但仍有一些连接在树桩上，且大部分向下的树干指向西南。通常树干煤化和石化后的主要成分为二氧化硅和铁的碳酸盐。Froggatt 等(1981)与 Wilson 和 Walker(1981)在新西兰发现了类似保存在凝灰岩中的树干，火山灰压倒树木，并在距火山喷发中心达 45km 的距离覆盖了约 1500km^{2}的范围。

在中国西南地区也发现了蚀变凝灰岩直接覆盖在煤层之上的现象。例如，云南东部新德煤矿的 C_2煤层，大范围高 Ti 镁铁质碱性火山灰的输入终结了泥炭的发育，使得泥质粗粒凝灰岩成为煤层的直接顶板(Dai et al.，2014a)。顶板凝灰岩中没有其他外生沉积物的沉积层理，但具有火山灰结构(图 1.23)，如发育晶型完好的锐钛矿[图 1.23(b)]和磷灰石[图 1.23(c)]、发育在火山喷发中由于气体释放而形成的球状气囊[图 1.23(d)]。凝灰岩的稀土元素配分模式(图 1.24)与 Xiao 等(2004)描述的高 Ti 碱性玄武岩非常相似，表明二者具有相同的原始岩浆来源。在四川石屏煤矿也观察到了类似的火山灰终结泥炭堆积的现象，地球化学组成指示该煤田 C_{19}煤层顶板是源自高 Ti 镁铁质岩浆的凝灰质黏土岩(Luo and Zheng，2016)。

中国西南地区上二叠统煤系底部有一层白色-浅灰色的镁铁质凝灰岩层，厚度为 0.11～5.50m(平均 2.76m)，具有贝壳状断口，触感滑腻。该镁铁质凝灰岩层是西南地区煤田的一个标志层，其遭受过风化、淋溶和残积作用。在残留的镁铁质凝灰岩层之上发育了上二叠统最底部的煤层(中国煤田地质局，1996)。镁铁质凝灰岩的古地形是控制泥炭发育和最终成煤厚度的一个重要的参数。发育在镁铁质凝灰岩上部的煤层是区域内最重要的煤层，该区域长 300km(东西向)、宽 250km(南北向)，总面积至少 70000km^2，覆盖延伸至重庆、贵州西部和四川南部地区(Dai et al.，2010a)。

云南新德煤矿的两个煤层(C_2煤层和 C_3煤层)均发育在高 Ti 碱性镁铁质黏土岩的底部(Dai et al.，2014a)。中国煤田地质局(1996)和当地的煤矿业主都认为这些黏土岩是正常的外生沉积物。Dai 等(2014a)则将这些底板鉴定为完全泥质化的细粒凝灰质黏土岩，主要依据如下：①底板中的黏土矿物主要以隐晶质基质的形式存在，且没有观察到沉积层理。②TiO_2、Zr、Nb、V、Sc、Co、Ni、Cu、Zn 和 Se 等元素富集，这与峨眉山玄武岩的岩浆成分相似。底板的显微结构和元素组成特征与 Dai 等(2010a)报

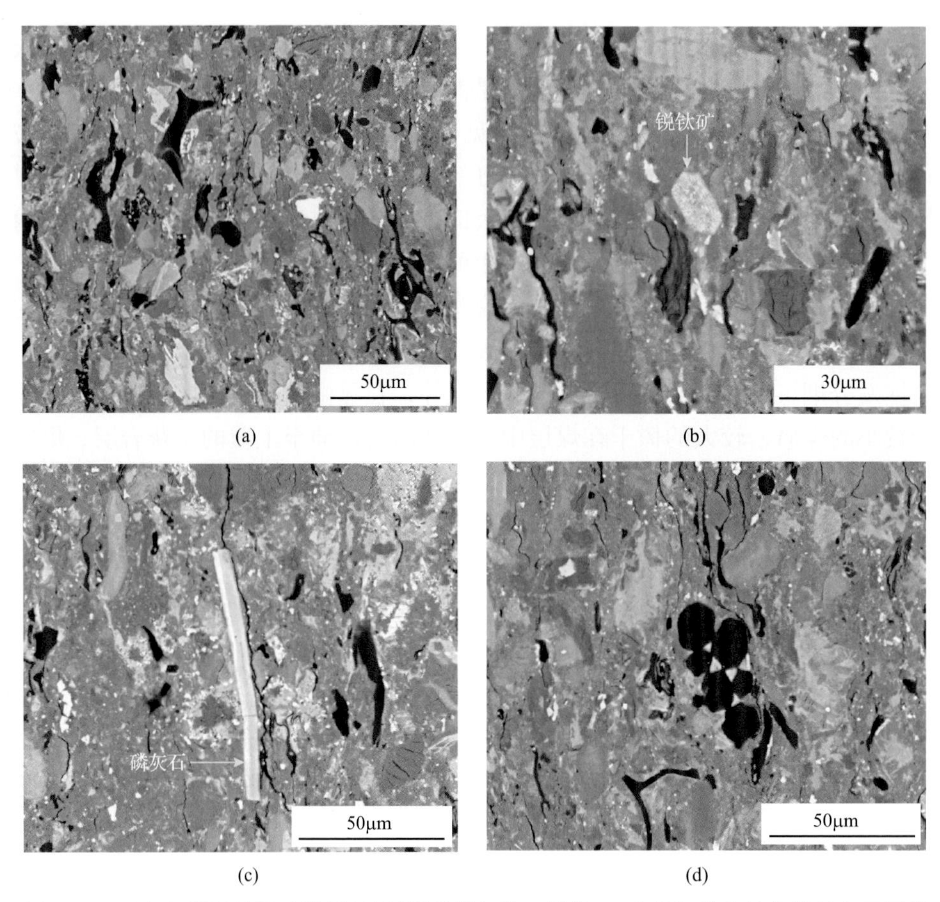

图 1.23　云南东部新德煤矿煤层顶板(泥质凝灰岩，样品 $C_{2\text{-}2r}$)的扫描电镜背散射电子图像

(a)火山灰结构；(b)火山灰中发育良好的锐钛矿晶体；(c)火山灰中的磷灰石；(d)火山喷发中由于气体释放而形成的球状气囊；引自 Dai 等(2014a)

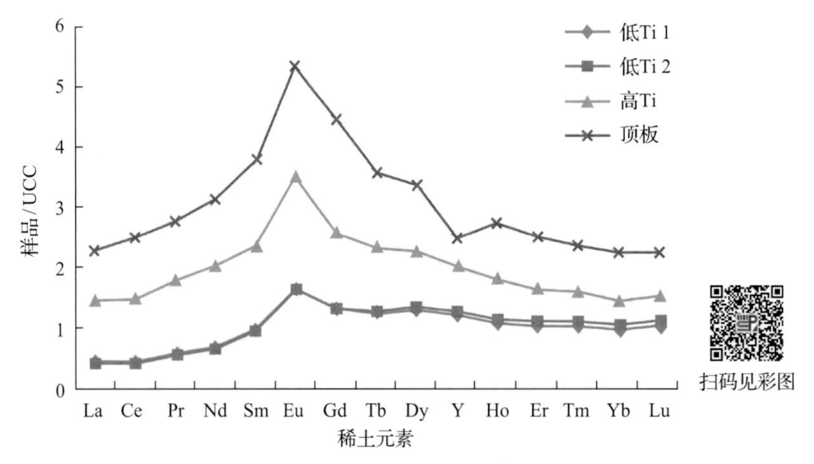

图 1.24　云南东部新德煤矿煤层顶板泥质凝灰岩与康滇古陆高(低)Ti 碱性玄武岩的 REY 配分模式图

康滇古陆高(低)Ti 碱性玄武岩的数据引自 Xiao 等(2004)；REY 是经土地壳(UCC)标准化(Taylor and McLennan，1985)后的结果

道的西南地区乐平世煤系底部的镁铁质凝灰岩层一致。③底板样品的 REY 配分模式为中稀土富集型且 Eu 呈显著正异常，这与 Xiao 等(2004)报道的峨眉山高 Ti 碱性玄武岩相似。

第五节　煤系中的火山灰

火山灰层也可能赋存于煤系中，而非单个煤层内部。这些火山灰的层位与煤的勘探和开采关系不大，因此还未受到广泛关注，但是也已经有了一些关于其岩石类型、组成、年代和地层对比的研究(Diessel，1980a，1980b，1985，1992；Hawley and Brunton，1995；Creech，2002；Ayaz et al.，2016a)。

Diessel(1980a，1980b，1985，1992)报道了澳大利亚新南威尔士州的煤系凝灰岩。约 20%的乐平世纽卡斯尔(Newcastle)煤系(厚约 500m)由流纹质至流纹英安质凝灰岩以及凝灰岩的衍生物质组成。这些凝灰岩层的厚度从＜1mm 到 25m 均有发现，颗粒尺寸也由粗晶-玻璃质向致密的细质凝灰岩变化。该凝灰岩层包含不同含量的石英、黑云母、斜长石、正长石、火山碎屑和玻璃质碎片，在层内展现出正常的粒度分级(Diessel，1992)。虽然这些煤层间的凝灰岩在大范围内的横向上连续分布，但它们之间的颗粒尺寸既包括粗粒的火山碎屑，又含有细微的火山灰。此外，它们的颜色和次生硅化程度都不尽相同。

根据火山碎屑物的搬运和迁移模式，Diessel(1985，1992)针对纽卡斯尔煤层中的凝灰岩提出了三种成因机制：空降的火山碎屑、火山碎屑流和火山碎屑涌流。空降的火山碎屑包含从火山口爆发并随后通过空气传播降落在地表上的火山灰颗粒。火山碎屑流是温度较高、呈气态的微粒子致密流，由于其具有相对较高的密度，会填满迁移路径上的洼地。相对于火山碎屑流，火山碎屑涌流则以其较低的固、气比值为特征。火山碎屑涌流的沉积包括相对较薄的纹层状沉积单元，其颗粒尺寸分选较好。火山碎屑涌流又可分为三种类型，即基底涌流、地面涌流和火山灰云涌流(Diessel，1992)。

近年来，由于一些凝灰岩中高度富集稀有金属元素，其受到了广泛关注。这些凝灰岩甚至可与常规的稀有金属矿床相提并论，因此可视为回收稀有金属(如 REY、Nb、Zr 和 Ga)的原材料(Seredin and Dai，2012；Dai et al.，2016b；Hower et al.，2016a，2016b)。例如，云南东部上二叠统宣威组煤系含有一层与母岩接近、碱性岩浆性质的火山碎屑岩层(厚度为 1～10m)，该岩层高度富集$(Nb,Ta)_2O_5$-$(Zr,Hf)O_2$-$(REY)_2O_3$-Ga(Dai et al.，2010b)并形成矿床。该矿床位于没有煤层发育的宣威组下部，与其围岩(上覆和下伏地层)之间为突变接触关系(图 1.25)，且火山碎屑矿物呈现清晰正常的粒度变化梯度(图 1.26)。矿床下伏的碳质泥岩是包含植物碎屑的正常(外生)沉积岩，但其上覆的岩层中则很少见到植物碎屑。矿床中矿物的晶面发育良好[图 1.27(a)]，高温裂隙、溶蚀港湾[图 1.27(b)、(c)]和外形尖锐的高温石英以及长石[图 1.27(d)]的出现均指示了该矿床的火山碎屑成因。本书后面将对该矿床特征进行详细叙述。

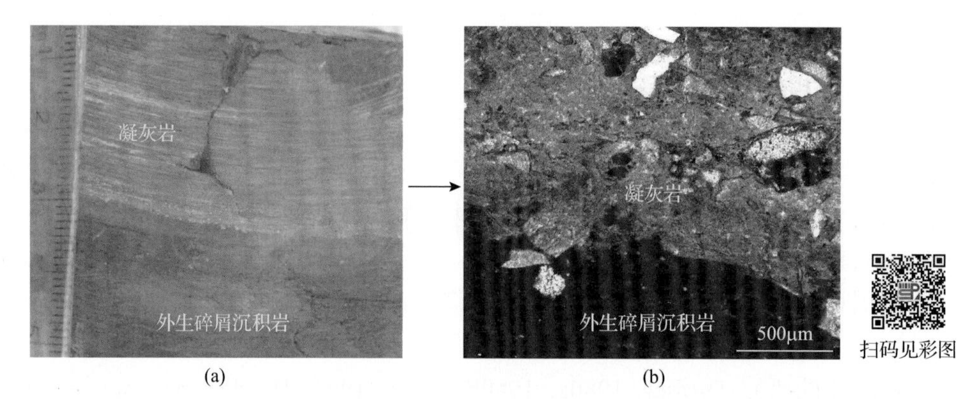

图 1.25　云南东部曲靖上二叠统宣威组煤系中泥质凝灰岩和外生碎屑沉积岩间的突变接触

(a)岩石宏观照片；(b)显微镜下照片(透射光)

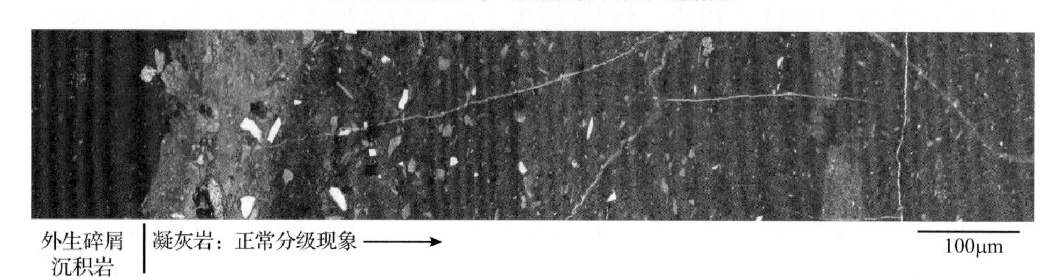

图 1.26　云南东部曲靖上二叠统煤系宣威组中泥质凝灰岩的粒度变化现象(透射光下的显微照片)

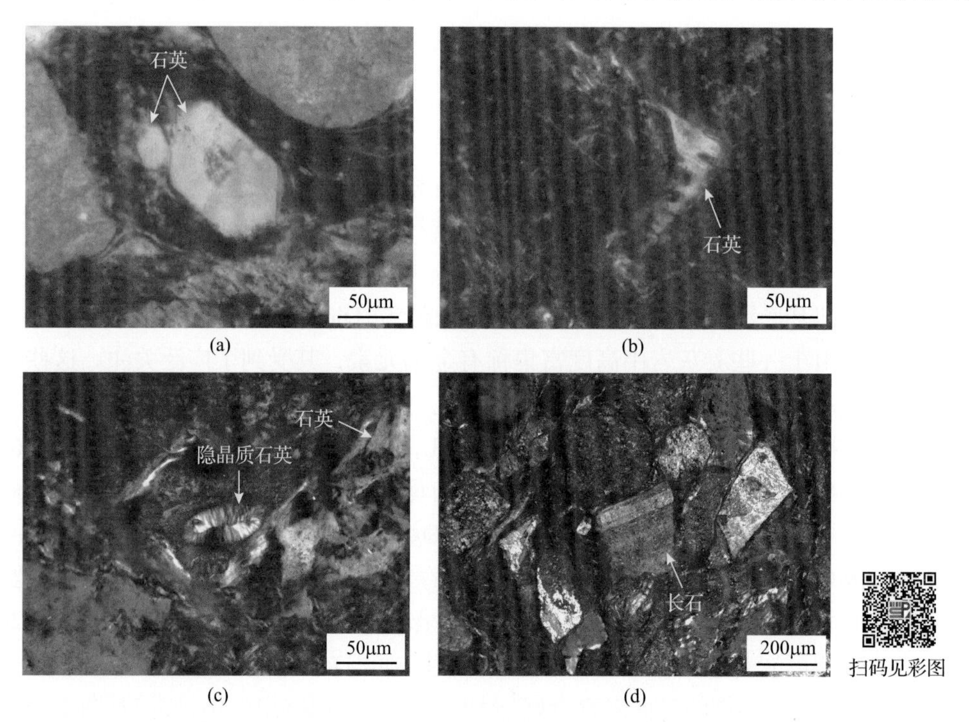

图 1.27　云南东部曲靖上二叠统宣威组煤系泥质凝灰岩中的矿物(透射光下显微照片)

(a)晶面发育良好的高温石英，引自 Dai 等(2010b)；(b)具有溶蚀港湾结构的高温石英；(c)具有溶蚀港湾和隐晶质结构的高温石英；(d)发育多个双晶的斜长石

第六节　碎屑黏土岩和燧石黏土

“碎屑黏土岩”（fragmental clay rocks，FCRs）最初是指苏格兰和英格兰东北部煤系中的角砾状黏土岩，通常具有球粒状结构和流动构造，其50%～90%的组分为高岭石（Richardson and Francis，1971）。虽然FCRs和tonstein在矿物学和结构特征上有许多共同之处，但FCRs更厚，横向上也并不连续，并且在空间上分布范围有限（Loughnan，1978）。FCRs有时下伏于煤层或上覆于煤层之上，有时却与煤层没有关联。Loughnan（1975）认为FCRs和含煤盆地边缘存在的玄武岩有关，可能是由玄武岩风化蚀变而来。Loughnan（1978）在FCRs中观察到了硬水铝石和/或勃姆石，其赋存状态表明了FCRs的原始物质为受到改造的且经过高度风化的玄武质土壤。从这个例子可以看出，从严格意义上来讲，FCRs并不是由火山灰直接形成的。广泛的风化作用会造成玄武质土壤产生游离态的含铝矿物，当溶液中有二氧化硅存在时，含铝矿物会在沉积盆地中转变为高岭石，否则将会形成铝的氢氧化物矿物。FCRs中的角砾状结构可能与干燥或收缩作用有关（Richardson and Francis，1971），在有磨圆、分选或其他搬运作用证据的情况下，角砾状结构还可能与风化和侵蚀作用有关（Loughnan，1978）。然而，FCRs的蚀变是发生在成煤盆地的内部或外部，还是盆地内外均有发生尚需进一步的研究。

“燧石黏土”是一个野外地质工作用词，指没有纹理的微晶或隐晶质黏土岩（Bohor and Triplehorn，1993）。燧石黏土的定义是：由沉积作用形成的主要成分为高岭石的微晶质或结晶黏土（岩），具有贝壳状断口，且在水中不易消解（Keller，1968，1981）。该定义迄今为止仍在使用。燧石黏土最早在美国发现（Belkin，1989），但目前在所有的大陆均有发现。燧石黏土总是与煤系有关，并且几乎所有的燧石黏土均包含纯净的、结晶完好的高岭石。Loughnan（1978）与Bohor和Triplehorn（1993）对煤层中燧石黏土的结构、构造和组成特征，以及其与tonstein之间的对比进行了综述。相对于通常仅几厘米厚、在大范围内矿物成分均匀且连续分布的tonstein，燧石黏土形状不规则，厚度在几米内，横向和垂向上的变化较大（Price and Duff，1969；Loughnan，1978）。早期研究认为，黏土胶体随着搬运作用进入泥炭沼泽后而遭受蚀变，并最终在原地结晶，形成非常均匀的高岭石黏土岩（Keller，1968）。Loughnan（1978）认为燧石黏土和tonstein在许多方面都有共同之处，本质上都是外来成因。

早期文献并不认为厚层燧石黏土是tonstein，因为没有明显的证据表明它们是空降而来，其成因可能与成煤环境中普通碎屑沉积物的完全风化（蚀变）有关（Patterson and Hosterman，1958），也可能与沼泽沉积物或邻近区域土壤经受强烈淋溶有关，抑或认为其是外来成因（Loughnan，1978）。很多tonstein都没有前面所描述的燧石黏土的结构，但有时tonstein中却呈现出与燧石黏土类似的特征。例如，在美国肯塔基州耐火黏土煤层（Seiders，1965；Bohor and Triplehom，1981；Triplehorn et al.，1989）和阿拉斯加马塔努斯卡（Matanuska）山谷内（Bohor and Triplehorn，1993）就发现了具有燧石黏土结构的tonstein，其矿物组成、结构和野外特征都清晰地指示了这些薄层tonstein的空降火山灰成因（Triplehorn et al.，1989）。由于燧石黏土含有明显的火山矿物，现在一般被认为是火山灰成因(Bohor and Triplehorn，1993；Spears，2012)。

第七节　本 章 小 结

火山灰在世界上许多煤和煤系中都有发现，其特征为：在横向上广泛分布且以薄层状连续产出，主要成分通常为高岭石(被称为 tonstein)，有时则为蒙脱石或伊蒙混层(被称作斑脱岩或钾质斑脱岩)。还有少量含煤盆地中的煤层层间夹矸不含黏土矿物，且其主要矿物成分为离散的石英、长石和其他抗风化的火山成因矿物，这是因为火山玻璃和不稳定组分被溶解并随后从体系中迁移出来，由于其不含蚀变黏土矿物，不能将这类夹矸命名为 tonstein。此外，在泥炭堆积时期，煤中同沉积的火山灰可能与有机质紧密混合，从而极大地影响了煤的地球化学和矿物学组成。火山灰也可能赋存于煤系中，包括由火山灰演变而来的煤层顶板和底板，以及位于煤层之间的单元。由纯净的、结晶完好的高岭石组成并且有时具有与 tonstein 结构类似的碎屑黏土岩和燧石黏土，在煤系中能够以厚层状出现，然而，它们可能是火成岩风化和再改造的产物，而不是由火山灰直接降落形成。

第二章　世界煤中火山灰的时空分布

对煤中火山灰的研究最早可以追溯到 Schmitz-Dumont（1894）对德国萨尔（Saar）盆地宾夕法尼亚世煤层的研究。美国首次关于 tonstein 的报道是 Rogers（1914）对蒙大拿州兰斯（Lance）组煤层的研究，并提出该煤层中的高岭石夹矸很可能为火山灰成因。随后，火山灰在许多煤中均有所发现，煤阶从褐煤（Drobniak and Mastalerz，2006；Eskenazy，2006）到烟煤（Brownfield et al.，2005b；Goodarzi et al.，2006）和无烟煤（Zhou et al.，2000），遍布有煤层存在的所有大陆。尽管本章并没有列举出所有煤中火山灰的例子，但足以说明其分布广泛。

第一节　世界煤中火山灰的空间分布

一、中国煤中火山灰的层位及分布

（一）西南地区

西南地区晚二叠世含煤地层广泛发育，其分布遍及四川、重庆、云南东部、贵州及广西的大部分地区，面积达五十余万平方千米。昆明以北至成都以西的广大地区是由晚二叠世早期喷发的玄武岩构成的高原地貌，其地形切割较为强烈。其余地区则主要是由石炭纪—早二叠世灰岩组成的近于夷平的丘陵地貌。煤沉积盆地西部以陆相和过渡相碎屑沉积为主，沉积物质主要来源于康滇古陆的玄武岩风化产物，而盆地东北和东南地区（成都—重庆—贵阳—丘北以东）主要为海相碳酸盐岩沉积。含煤性具有明显的分带性，从西部的山前平原陆相沉积到海相沉积为主的盆地腹地，煤层层数和煤层总厚度呈环带状增加和减少。含煤性较好的地区，大体上也为 tonstein 分布地区。

tonstein 在西南地区分布的层数变化范围较大，一层到六十余层不等。tonstein 的层数随煤系中煤层层数和可采层数的增加而增加，并主要分布于可采煤层之中。例如，贵州水城西部的格目底矿区，煤系含煤 89 层，其中含 tonstein 的有 29 层；在 23 层可采煤层中，含 tonstein 的有 17 层。而另外厚度较薄的 66 层非可采煤层中仅有 7 层含 tonstein。tonstein 的这种分布特点基本适用于各个矿区，具有普遍性。在同一煤层中，tonstein 一般为 1 层，少数含 2～4 层。tonstein 总是伴随着煤层出现，而它们的尖灭在平面上也总是先于煤层，仅在个别情况下，tonstein 的分布比包含它们的煤层延伸范围更大一些。西南地区的 tonstein 在煤层中的分布情况为：少数 tonstein 能随煤层连续分布百余千米，分布面积达数千平方千米，如滇东—黔西的 C_{2+1}、C_7、C_{13}、C_{17} 煤层；多数情况下，tonstein 的分布面积为数十至百余平方千米；还有部分 tonstein 分布仅几平方千米。西南地区 tonstein 在煤系中的分布形态特征包括：①部分 tonstein 在煤层中呈大片出现，连续分布；②部分 tonstein 为断续分布，呈带状或席状；③少数 tonstein 并不直接分布于煤层之中，而是作为煤层的直接顶、底板或是位于煤层邻近的1～5m地层内，其分布范围往往很小，并在其横向延伸的方向上通常能够找到煤层的存在。

本小节以西南地区晚二叠世龙潭组底部的一层煤为例，详细描述煤层中tonstein的层位及分布。该煤层东起达州以北，经华蓥山—天府—南桐—叙永，南延至贵州遵义—安顺—织金—水城—盘州，西迄贵州威宁—云南宣威羊场—富源庆云—曲靖恩洪一线(其中局部因古地形较高而有缺失)，总分布面积约1.5×10^5km^2。煤层中含1～5层tonstein，一般为3层。该煤层在西南地区不同地方的编号不一，为了叙述方便，将该煤层统称为C_{28}，所含的tonstein均使用Ⅹ表示。其上的C_{24}煤层含有两层tonstein，使用Ⅸ表示。再上即为区域地层P_2l_1与P_2l_2界线划分处的C_{20}煤层，含一层tonstein，使用Ⅷ表示。P_2l_1含煤地层在研究区内厚30～70m，所含的3层煤中，产出4～8层tonstein，部分地区还能够在煤层中鉴别出1～2层薄层状黏土岩间层，其岩性和产状与煤层中的tonstein相同(图2.1)。P_2l_1含煤地层中tonstein的层数由北东部的4～8层向南西方向减少至1～3层，其总厚度对应地由0～6m降低至0.1～0.2m(周义平，1999)。

周义平和任友谅(1983a)在P_2l_1含煤地层的三层煤中发现了8层tonstein。它们的宏观岩石特征非常相似，即灰黑色-浅灰色黏土岩，具有致密块状结构，断面细腻，部分具有贝壳状-半贝壳状断口，油脂光泽，含碳质条纹、线理，且与上下煤分层接触界线清晰。岩石的显微结构类型单一，全部为致密型。这与P_2l_1地层上覆含煤地层中10多层tonstein的结构类型特点有明显区别(表2.1)。

表2.1 P_2地层各段中tonstein的岩石结构类型比较

地层层段	P_2l_{2+3}+ P_2c	P_2l_1
岩石结构类型	本层段的12层tonstein中，具有全球已知的4种最主要的tonstein的岩石结构类型，分别为致密型、球粒型、结晶型和假晶型。部分层位还有各主要结构类型之间的过渡类型	本层段中8层tonstein的岩石结构类型均为致密型。岩石薄片中能够普遍观察到植物组织碎屑，(已炭化)植物胞腔常被高岭石或多水高岭石交代、充填，形成圆形或卵形的均一颗粒。部分层位中还可见到完整的火山玻璃气泡

根据对百余件岩石薄片的观察和30件重砂分析的数据(周义平，1999)，发现P_2l_1含煤地层中tonstein所含的副矿物含量很少，并且成分单一。碱性岩石中的造岩矿物和常见的副矿物在P_2l_1的tonstein中也很难见到。而在P_2l_1上覆含煤地层所含的12层tonstein中，无论其为何种岩石结构类型，所含的副矿物种类和数量均较P_2l_1中的tonstein丰富，其中石英晶屑、β石英副象、锆石、黑云母假晶和透长石等均较为普遍。

研究区内各层tonstein的原始物质绝大部分已蚀变为高岭石，少部分转变成伊利石或伊蒙混层。tonstein的化学组成大致可与其主要的黏土矿物对应。但是由于tonstein所含有机质、游离SiO_2以及其他副矿物数量的差别，相同黏土矿物组成的tonstein的化学成分也有较大的波动。为清除这些因素的影响，采用了钛率(Al_2O_3/TiO_2，用K_{AT}表示)来比较和恢复形成tonstein原始物质的性质。众所周知，在镁铁质→中性→长英质→碱性岩浆的分异演化过程中，Ti和Al的含量在不断变化，并有与各演化阶段相对应的特征值。而在泥炭沼泽环境内，Ti和Al的稳定性好，两者同步富集。因此tonstein的K_{AT}值

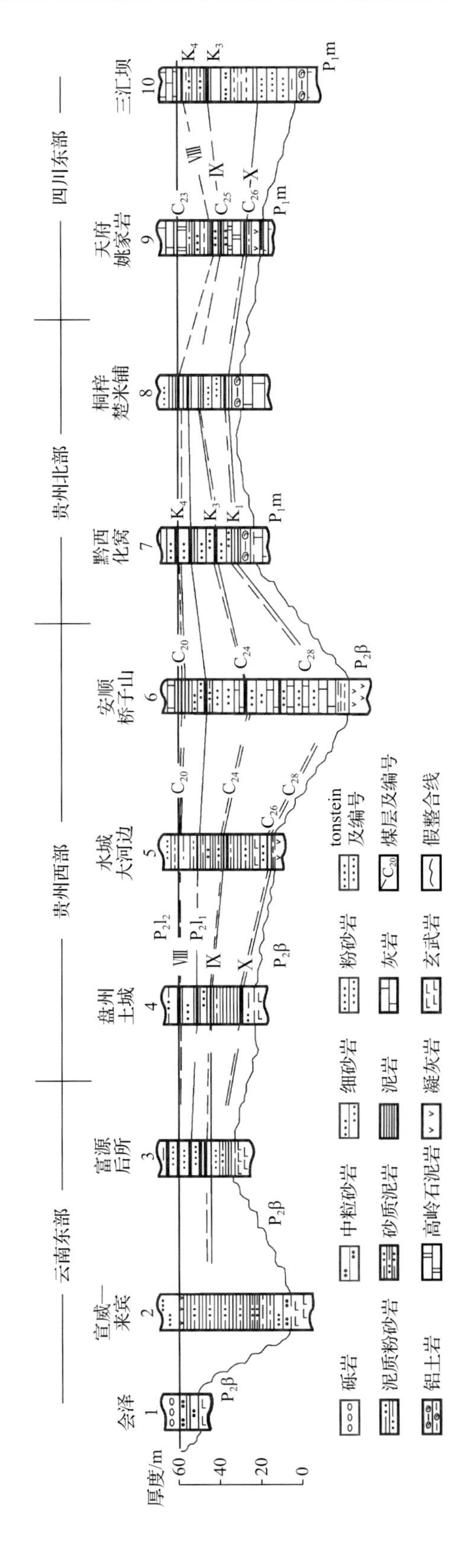

图2.1　西南地区乐平世龙潭组早期煤系（P_2l_1）及tonstein的分布示意图

与同沉积的火山灰 K_{AT} 值接近，可用于类比推测原始物质的性质。

镁铁质→长英质→碱性岩浆所含的 TiO_2 大幅度减少后又再次升高，对应的平均 K_{AT} 值为 7.2(镁铁质)→46.7(长英质)→31.2(碱性)(刘英俊和曹励明，1993)。研究区内所收集的 219 件样品的测试数据统计表明(周义平，1999)，P_2l_1 含煤地层中 tonstein 的 K_{AT} 值为 14.2～51.7，平均为 30.3；P_2l_{2+3} 和 P_2c 含煤地层中 tonstein 的 K_{AT} 值为 28.8～310.7，平均为 85.7，分别与碱性和长英质岩浆的特征值相对应，后者更为贫 Ti 是它们的明显区别。将上述测试结果绘制成 TiO_2 和 Al_2O_3 的百分含量相关散点图，并在图中配置一条 K_{AT} 值为 39.1 的直线，整体上将 P_2l_1 含煤地层中的 tonstein 与 P_2l_{2+3} 和 P_2c 含煤地层中的 tonstein 分成上、下两部分，能够清楚地反映形成两者原始物质 Ti 含量的区别(图 2.2)。

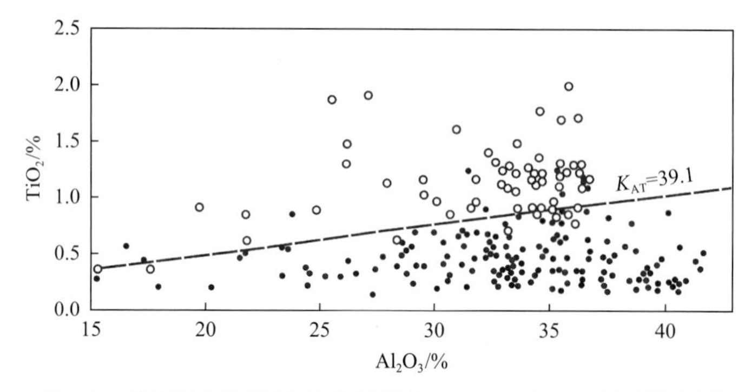

图 2.2　西南地区乐平世含煤沉积中 tonstein 的 K_{AT} 相关散点图

•表示 P_2l_{2+3} 和 P_2c 含煤地层中 tonstein 的 K_{AT} 值点；○表示 P_2l_1 含煤地层中 tonstein 的 K_{AT} 值点

P_2l_1 含煤地层中 tonstein 的 ΣREE 变化范围在 140～2500μg/g，平均为 700μg/g，δEu 为 0.05～0.65；δCe 略显正或负异常；ΣCe/ΣLa 为 3～18，并随着 ΣREE 的增加而增大，即右倾斜率更高，更富轻稀土。P_2l_{2+3} 含煤地层和 P_2c 含煤地层中 tonstein 的 ΣREE 变化范围在 55～540μg/g，平均为 200μg/g；δEu 为 0.11～0.62；δCe 为 0.0.73～1.31；ΣCe/ΣLa 为 4～18.4。两者的稀土元素配分模式相似，但 P_2l_1 含煤地层中 tonstein 的稀土总量更高，并且更加富集轻稀土。

一般而言，岩浆从镁铁质向长英质、碱性演化时，铁族元素 Ti、V、Co、Ni 和 Cr 等的含量不断下降，大部分在碱性岩浆中降至最低点，仅 Ti 在碱性岩浆中的含量较长英质岩浆增加。对于亲石元素 Li、Be、Nb、Ta、Zr、Hf、REE、U、Th 和 W 等，则与铁族元素的行为相反，其普遍在碱性岩浆中大量富集，尤其是具有高价位的亲石元素如 Nb、Ta、Zr、Hf、REE、Th 和 U 等，在碱性岩中的含量高于镁铁质岩十倍至数十倍，也高于长英质岩。在碱性岩浆中，由于 Si 和 Al 的含量相对不足，Nb、Ta、Zr、Hf 和 REE 等两性亲石元素能够形成络阴离子而与碱性阳离子结合，以维持系统平衡，这是它们在碱性岩浆中富集的重要原因之一。亲石元素 Sc 的离子半径(Sc^{3+})为 0.732Å[①]，与 Mg^{2+}(0.66Å)和 Fe^{2+}(0.74Å)接近，因此在岩浆作用的早期阶段，Sc 即作为痕量元素进入辉石、角闪石、黑云母等铁镁矿物中，从而导致岩浆向长英质和碱性演化时 Sc 的含量递

① 1Å=10^{-10}m。

减。在岩浆体系中 Sc 的含量与 SiO_2 的含量表现为反消长关系(陈德潜，1982)。

鉴于西南地区在 P_2l 和 P_2c 时期沉积的陆源物质主要为康滇古陆玄武岩($P_2\beta$)的风化产物，而玄武岩相对于长英质岩和碱性岩，铁族元素和亲石元素的含量均有明显的上述规律性变化。因此，将 P_2l 含煤地层和 P_2c 含煤地层所含的 tonstein 中上述微量元素的含量与玄武岩中上述元素的平均含量(刘英俊和曹励明，1993)进行比较(图 2.3)，结果表明 P_2l_1 含煤地层所含的 tonstein 中所列微量元素的分布完全符合碱性岩浆的标志，而 P_2l_{2+3} 和 P_2c 含煤地层中的 tonstein 则与长英质岩浆的特性基本一致。

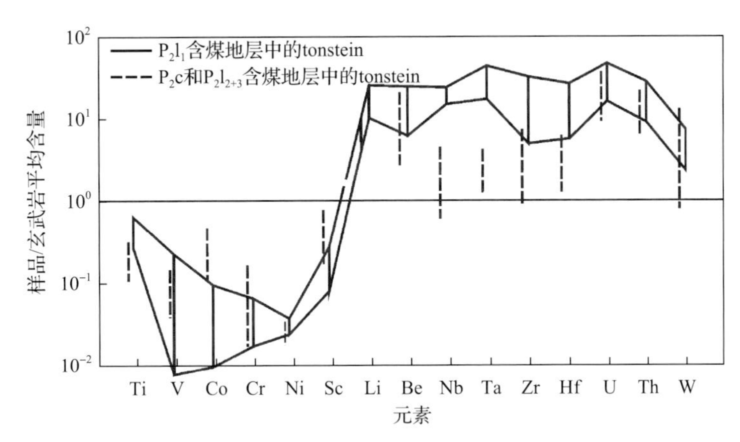

图 2.3　P_2c 和 P_2l 含煤地层所含的 tonstein 中某些微量元素含量相对于玄武岩平均含量的比值分布

(二) 华北地区

华北地区石炭-二叠纪煤系可划分为 12 个火山灰沉积层(本溪组 1 个，太原组 5 个，山西组 3 个，其余分布于石盒子组)。华北聚煤区以太行山(东经 114°)为界，分为西区和东区两个部分，西区火山灰蚀变黏土岩夹矸比较发育，东区凝灰岩、沉凝灰岩及蚀变黏土岩分布较广(梁绍暹等，1995)。

太原组顶部火山灰蚀变黏土岩夹矸在西区的分布情况为：①宁夏呼鲁斯太 5 号煤层中的黏土岩夹矸，厚 0.1～0.7m，平均 0.5m，为一层褐灰-深灰色具有隐晶质、椭球状、球面棱角状和撕裂状颗粒的高岭石黏土岩夹矸，富含熔融包裹体的石英晶屑(占 5%～10%)和高岭石化长石(占 10%～15%)；②山西大同煤田有火山灰蚀变成因的夹矸 8 层，其中怀仁 4 号煤层厚 0.09～0.67m，平均 0.30m，含有一层厚约 0.05m 的灰色-灰黑色、中-粗晶、眼球-椭球状高岭石黏土岩夹矸，含熔融包裹体的石英晶屑(占 3%～5%)，在晋北地区广泛分布；③内蒙古乌达矿区 6 号、7 号煤层间黏土岩层厚 0.5～0.6m，在煤层中含有两层厚约 0.05m 的黏土岩夹矸；④内蒙古大青山煤田的煤层位于太原组的中上部(C—P_2)，厚约 40m，其中含有数十层黏土岩夹矸，如老窝铺矿区含 80 层之多，其中相当数量的黏土岩夹矸层是由火山灰蚀变所形成；⑤准格尔煤田 6 号煤层一般含夹矸 20～30 层，与“大同砂岩”层位相当的夹矸层厚约 0.2m。此外，陕西府谷矿区 5 号煤层，因受侵蚀作用而变薄，因此仅存厚约 0.2m 的一层夹矸；山西平朔矿区、轩岗矿区的 4 号煤层一般含夹矸 7 层，与“大同砂岩”层位相当的夹矸层厚 0.2～0.3m；太原西山 6 号煤层、阳泉 12 号煤层、井陉 2 号煤层、汾西 6 号煤层及渭北 5 号煤层中均含有分布稳定的、厚约 0.2m 的一层火山灰蚀变黏土岩夹矸。

山西组的火山灰沉积层也具有数量多、厚度大的特点。宁夏贺兰山北段底部煤层有两层厚约 0.2m 的夹矸；内蒙古大青山煤田山西组 1 号、3 号、5 号煤层也有 10 余层火山灰蚀变黏土岩，最厚达 2.0m；山西大同煤田 4 号煤层含夹矸 2 层，底板至太原组 2 号煤层下部有 0.84m 厚的火山灰蚀变伊蒙混层黏土岩；兴隆煤田 4 号煤层含夹矸 9 层，其中有 4 层为厚 0.1～0.2m 的火山灰蚀变黏土岩,其上至 3 号煤层中与 2 号和 3 号煤层间分别有厚 5～6m 和 14.7m 的伊蒙混层黏土岩，具有明显的火山灰残余结构；蓟玉煤田 9 号煤层底板为厚 7.23m 的伊蒙混层黏土岩，其下为厚 26.27m 的安山质凝灰岩。山东各煤田及河北峰峰煤田山西组底部煤层有两层厚 0.05～0.10m 的火山灰蚀变黏土岩夹矸。

本小节以大青山煤田的海柳树矿和大炭壕矿为例，详细描述了煤层中 tonstein 的层位及分布特征。大青山煤田位于中国华北地区内蒙古，包括 16 个不同的矿区(图 2.4)。煤级为从煤田西北部的高挥发分烟煤到东南部的中、低挥发分烟煤(图 2.4)。这种煤级的转换主要是煤田东部的火成岩侵入造成的(Dai et al.，2012c，2015a)，与晚侏罗世和早白垩世的燕山运动(钟蓉和陈芬，1988)有关。

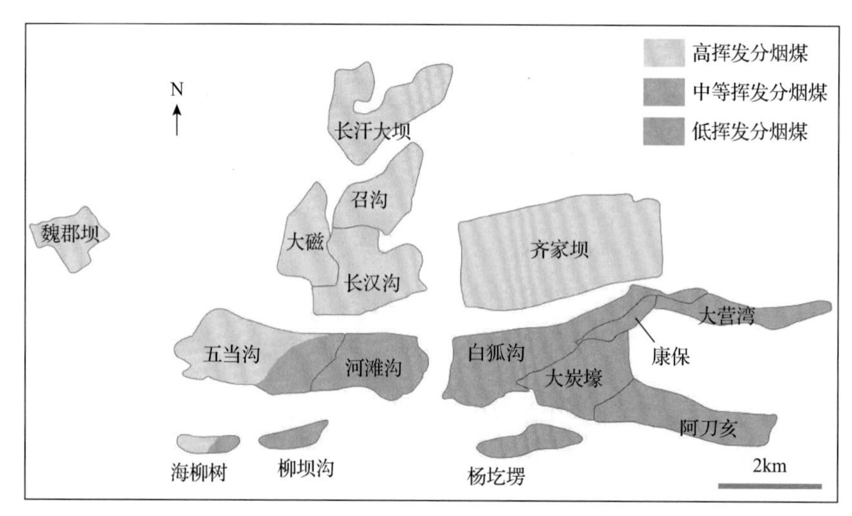

扫码见彩图

图 2.4　大青山煤田不同矿区煤级分布[据 Dai 等(2012c)，有所修改]

大青山煤田发育在阴山地块造山带内的山间盆地中(李星学，1954；李洪喜等，2004)。含煤地层为宾夕法尼亚统拴马桩组[图 2.5(a)]。大青山煤田拴马桩组含有大量火山碎屑岩层，其碎屑物质来源于中亚褶皱带南部(贾炳文和武永强，1995；钟蓉等，1995；张慧等，2000a，2000b；周安朝和贾炳文，2000)。拴马桩组上覆地层为二叠系杂怀沟组和石叶湾组[图 2.5(a)]。杂怀沟组下段主要由白色石英砾岩组成，并夹有泥岩；上段的主要成分为泥岩和砂岩。石叶湾组主要由厚层状砂岩和砾岩组成，与泥岩互层。盆地的物源输入来自奥陶纪的石英砂岩和盆地边缘的震旦纪变质岩(周安朝和贾炳文，2000；Zhao et al.，2016a)。

海柳树矿位于大青山煤田的西南部(图 2.4)，该矿的主采煤层为 Cu2 煤层，与大青山煤田阿刀亥矿的 CP2 煤层属于同一煤层(Dai et al.，2012c)。在该煤层共采集了 19 件

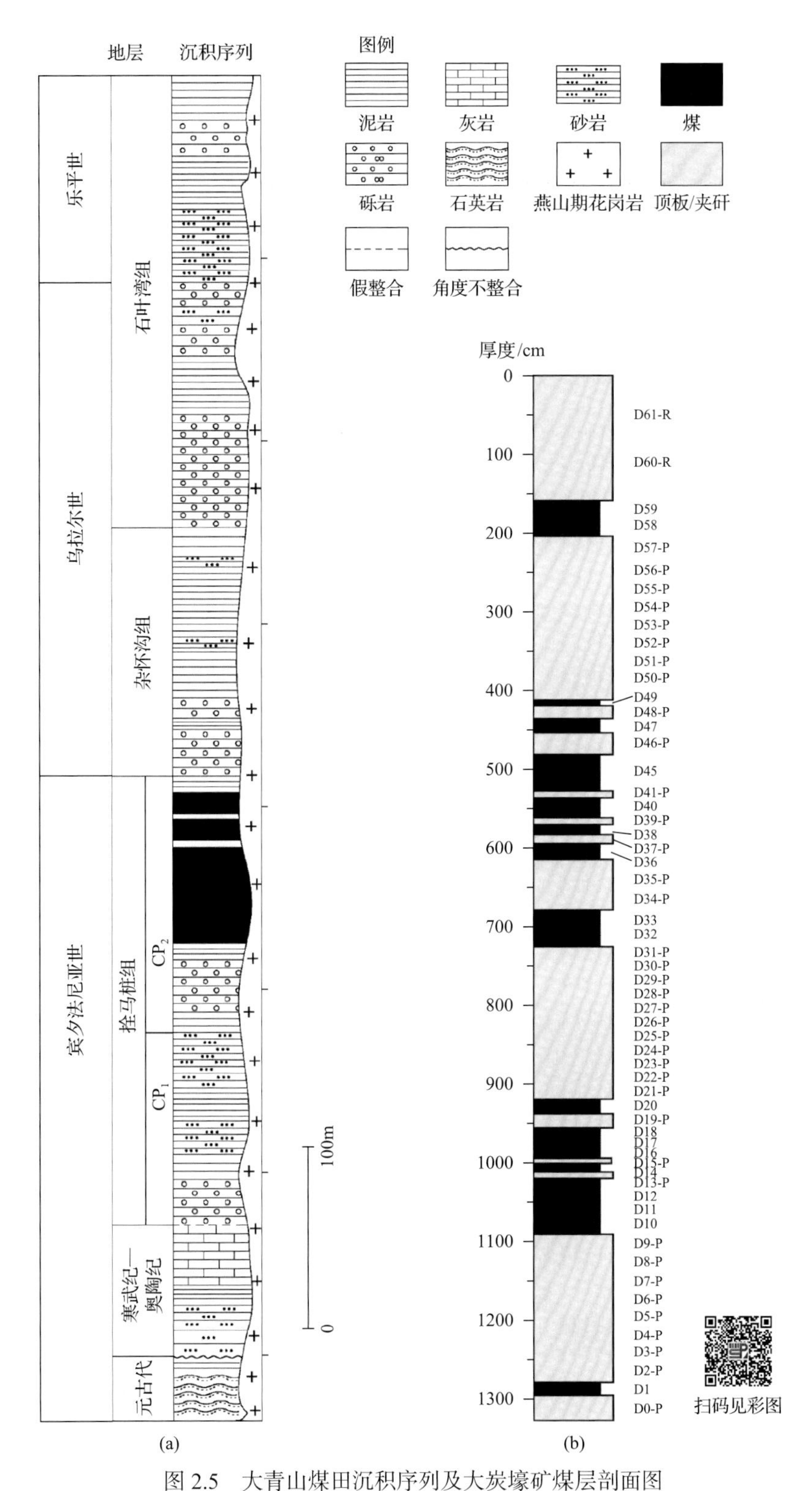

图 2.5　大青山煤田沉积序列及大炭壕矿煤层剖面图

(a)大青山煤田沉积序列[据 Dai 等(2012c)，有所修改]；(b)大炭壕矿煤层剖面；R-顶板；P-夹矸

分层样品，其中夹矸样品 8 件。由底到顶，煤分层和夹矸的编号分别为 HLS-1～HLS-18，夹矸编号的后缀为“-P”。Cu2 煤层的总厚度为 5.34m，其中夹矸部分的厚度共计 1.84m，占总厚度的 34.5%(Dai et al.，2015b)。Dai 等(2015b)的研究发现，夹矸样品 HLS-5-P 和 HLS-11-P 中的石英具有尖锐的棱角[图 2.6(b)]，有时含有包裹体[图 2.6(d)]。高岭石基

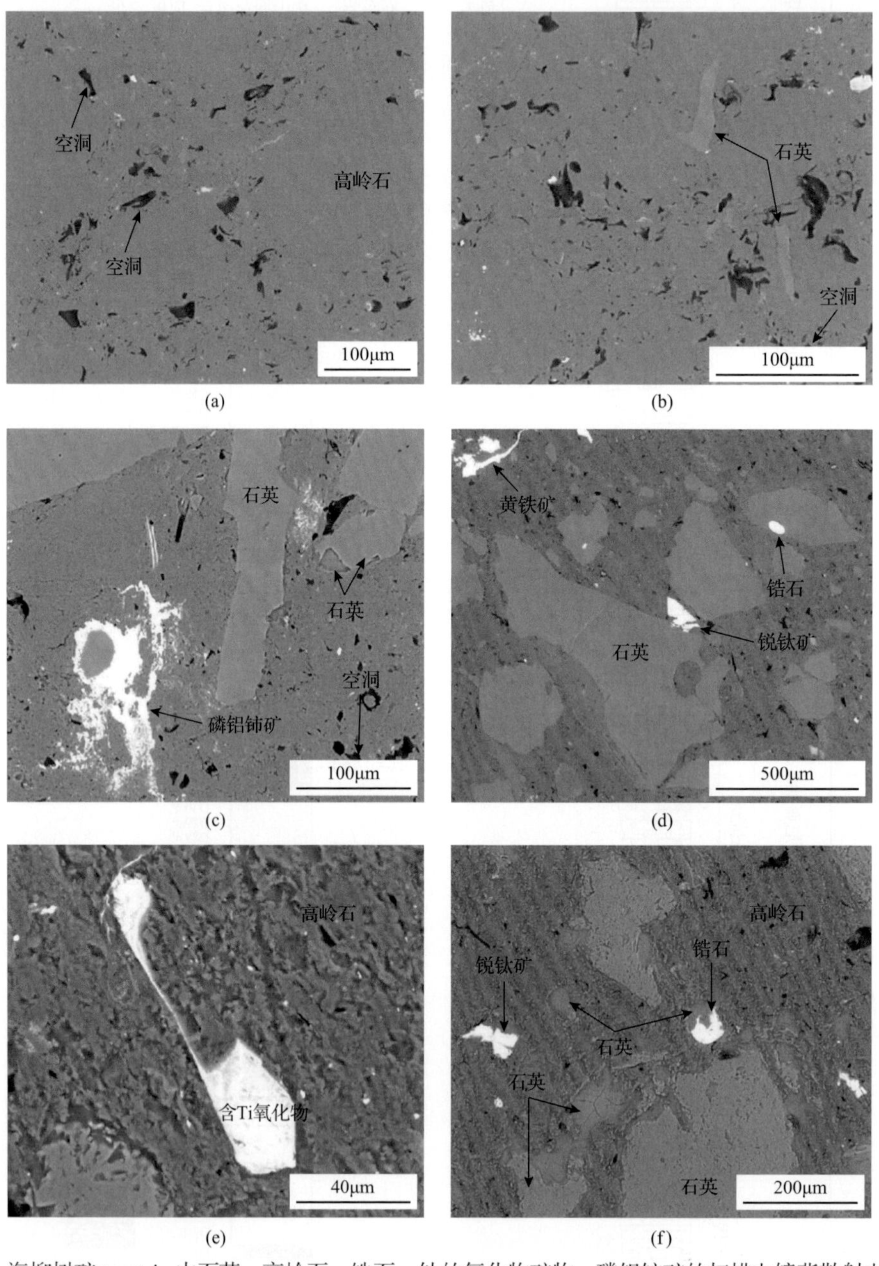

图 2.6　海柳树矿 tonstein 中石英、高岭石、锆石、钛的氧化物矿物、磷铝铈矿的扫描电镜背散射电子图像

(a)高岭石基质及晶体碎片被完全溶蚀而留下的空洞；(b)具有尖锐棱角的石英及晶体碎片被完全溶蚀而留下的空洞；(c)石英、磷铝铈矿以及空洞；(d)含有包裹体的石英、锆石、离散的单颗粒的锐钛矿和黄铁矿；(e)棱角尖锐的钛的氧化物矿物；(f)被溶液溶蚀的锆石、离散的单颗粒的锐钛矿、自生石英和高岭石；(a)、(b)为 tonstein 样品 HLS-5-P；(c)～(f)为 tonstein 样品 HLS-11-P

质在这两件夹矸样品中没有显示沉积层理，而包含晶体碎片被完全溶蚀留下的边缘尖锐的空洞[图 2.6(a)～(d)]。石英的赋存状态和边缘尖锐的空洞表明这两层夹矸来源于火山碎屑成因的空降物质，边缘尖锐的空洞可能是火山灰中晶体碎片被溶蚀后的残留物，因此，这两件火山灰成因的夹矸样品被认定为 tonstein。张慧等(2000a，2000b)、周安朝等(2001)与王水利和葛岭梅(2007)在该煤田的煤层中也发现了中性-长英质火山灰成因的高岭石黏土岩夹矸。在被溶蚀的锆石和石英的空洞中充填着自生石英[图 2.6(f)]。钛的氧化物矿物(可能是锐钛矿)以离散的形式出现在煤中，并且显示出尖锐棱角状[图 2.6(e)、(f)]，其可能为热液流体溶蚀所致。此外，在 SEM-EDS 的分析下，观察到了样品 HLS-5-P 中的痕量矿物，如闪锌矿、黄铜矿和锐钛矿，在样品 HLS-11-P 中还发现了水磷铈矿(rhabdophane)、锆石、石膏、锐钛矿、闪锌矿和磷铝铈矿。

在海柳树矿煤层的其他夹矸中(图 2.7)，没有发现具有尖锐棱角的石英，也没有发现具有尖锐棱角的空洞。这些夹矸中的锆石颗粒已经破碎[图 2.7(b)]或磨圆度较好[图 2.7(c)]，其可能是由沉积源区搬运到泥炭沼泽所致。虽然没有观察到明显的沉积层理，但这些夹矸应该是外生碎屑沉积形成的。层理的缺失可能是由于腐殖酸(来自泥炭)蚀变/淋滤黏土物质所致(Staub and Cohen，1978)。值得注意的是，HLS-11-P(tonstein)的直接上覆岩层并不是煤分层，而是正常沉积的黏土岩，这与其他地区发现的 tonstein 不同

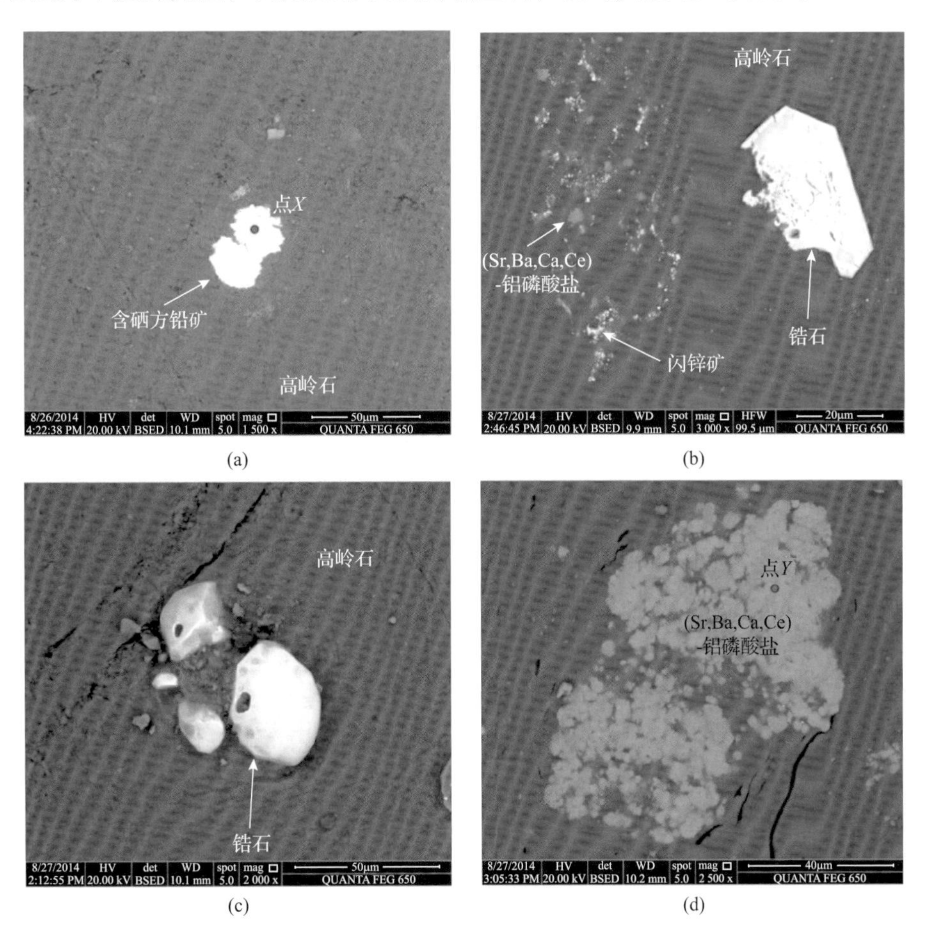

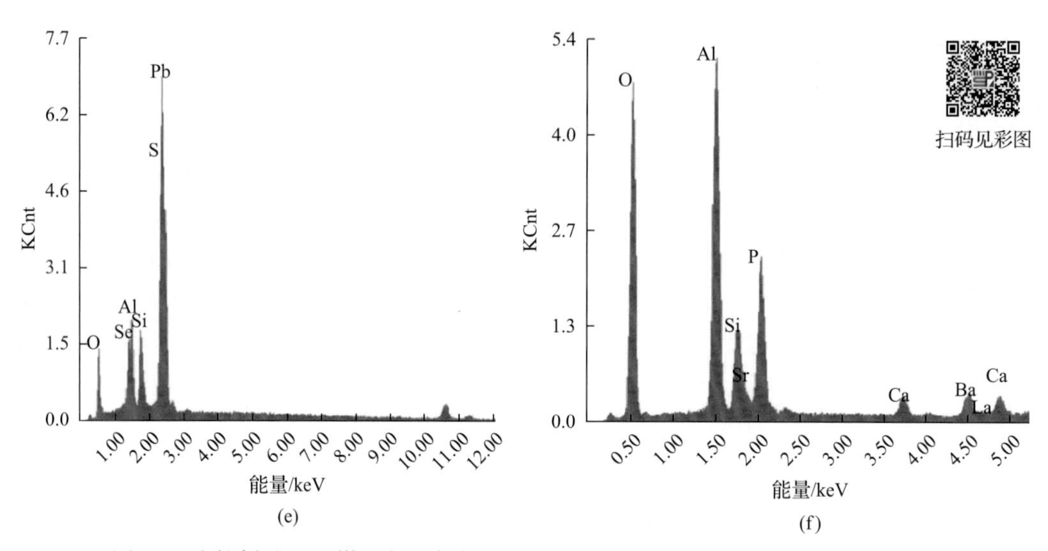

图 2.7　海柳树矿 Cu2 煤层夹矸中次要矿物的扫描电镜背散射电子图像及能谱数据

(a)样品 HLS-12-P 中高岭石基质内的含硒方铅矿；(b)样品 HLS-13-P 中的锆石、(Sr，Ba，Ca，Ce)-铝磷酸盐和闪锌矿；(c)样品 HLS-7-P 中离散的锆石；(d)样品 HLS-13-P 中高岭石内的(Sr，Ba，Ca，Ce)-铝磷酸盐；(e)图(a)中点 *X* 的能谱数据；(f)图(d)中点 *Y* 的能谱数据

(Burger et al.，1990；Zhou et al.，2000；Lyons et al.，2006；Guerra-Sommer et al.，2008a；Zhao et al.，2013)。这表明在火山灰喷发后(对应 tonstein 样品 HSL-11-P)，陆源碎屑物质(对应夹矸样品 HLS-12-P、HLS-13-P 和 HLS-14-P)立即输入成煤盆地中，并覆盖在火山灰之上。

尽管 tonstein 样品 HSL-5-P 和 HSL-11-P 均来源于酸性火山灰，但其分别具有 M 型和 L 型的稀土元素配分模式(图 2.8)，然而它们却又都显示出 Gd 的正异常。Seredin 和 Dai(2012)认为热液流体通常会引起煤层的中、重稀土元素富集。

大炭壕矿位于大青山煤田的东南部(图 2.4)，该矿的主采煤层为 CP2 煤层，与阿刀亥矿的 CP2 煤层和海柳树矿的 Cu2 煤层属于同一煤层。在该煤层共采集了包括煤、夹矸和顶板在内的 62 个样品，未采集到底板样品。由底到顶，煤分层和夹矸的编号分别为 D0～D61[图 2.5(b)]，夹矸编号的后缀为“-P”，顶板编号的后缀为“-R”。CP2 煤层总厚度为 11.69m，其中夹矸的厚度共计 7.98m，占总厚度的 68.3%；煤层厚度为 3.71m，占总厚度的 31.7%。

大炭壕矿与海柳树矿的煤中矿物组成有明显的区别，最典型的是在石英含量上的区别。石英在大炭壕矿的煤层中较为丰富，而在海柳树矿的煤层中仅属于微量矿物。虽然大炭壕矿和海柳树矿的煤层均沉积于造山带内的山间盆地，但是在二者的泥炭堆积阶段，含煤盆地周边不同次级隆起物源区的影响，造成了它们的矿物组成具有较大的差别。大炭壕矿 CP2 煤层的物质来源可能为造山带内次生隆起的奥陶纪石英砂岩或者震旦纪的石英岩。大炭壕矿 CP2 煤层中的夹矸大部分为 tonstein，且其原始岩浆具有高挥发分和富硅等特点。

大炭壕矿煤系中的一些非煤样层，特别是煤层中部的非煤样层，石英含量比相邻的煤分层低。煤分层样品中石英的比例相对较高表明其距离物质源区很近，这与原始泥炭堆积在造山带山间盆地中的沉积相一致。对比煤分层及其相邻非煤岩层中石英的丰度，

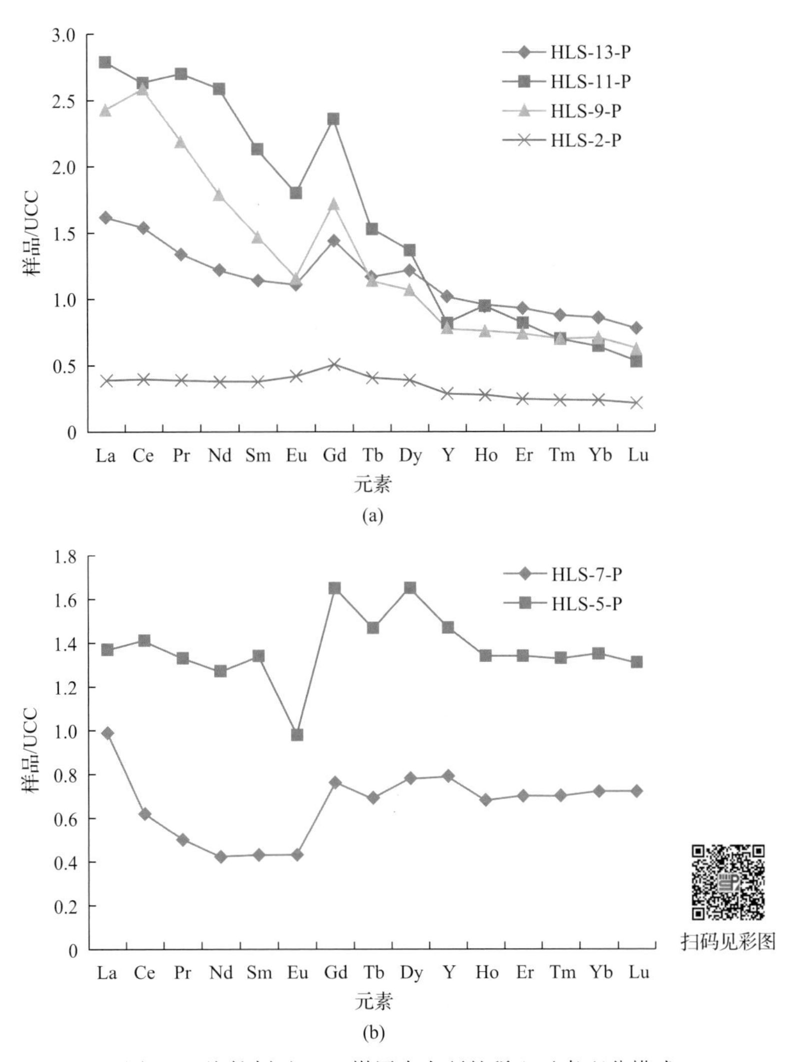

图 2.8　海柳树矿 Cu2 煤层中夹矸的稀土元素配分模式

(a)轻稀土富集型的夹矸；(b)中稀土富集型的夹矸；REY 是由上地壳(UCC)标准化(Taylor and McLennan，1985)后的结果

可初步认定这些非煤样品并非来源于陆源沉积物。此外，在大部分非煤岩层中均存在自形 β 石英[图 2.9(d)～(h)]与麦粒状、板状和蠕虫状高岭石(图 2.10)，表明这些样品来源于空降火山灰。在光学显微镜下，还发现一些非煤样品中的石英呈棱角状、碎片状或细长薄片状[图 2.9(a)～(c)]，有时还显示出溶蚀港湾结构[图 2.9(b)、(g)、(h)]，表明其具有明显的火山碎屑成因。图 2.9(b)、(g)中的一些石英颗粒较长，这可能表明在火山碎屑流环境中，石英颗粒发生了磨圆作用。图 2.10(b)呈现出由隐晶质至微晶质高岭石球状聚集体组成的麦粒状结构。通过扫描电镜的分析，还观察到了由条状变化为蠕虫状的高岭石[图 2.10(c)]。

大部分煤层中夹矸的 REY 配分模式类型为 L 型，并且具有明显的 Eu 负异常，该特征通常也表明其主要由长英质火山灰组成，这与 Zhao 等(2016a)的观点一致。Zhao 等(2016a)根据矿物学特征，认为大炭壕矿大部分的非煤样品均为 tonstein，推测它们可能是由长英质空降火山灰蚀变而来的，且其主要来源可能位于邻近的兴安—蒙古造山带，该造山带包含丰富的宾夕法尼亚世和乌拉尔世的长英质火山岩(Fu et al.，2016)。利用球粒陨石标准化稀土元素配分模式图解来比较大青山煤田的火山碎屑岩及其北部的安山岩(火山碎屑可能的物质来源)，结果表明它们具有相似的轻稀土富集模式，但 Eu 却没有表现出任何的异常(Jia and Wu，1996；周安朝和贾炳文，2000)。贾炳文和武永强(1995)

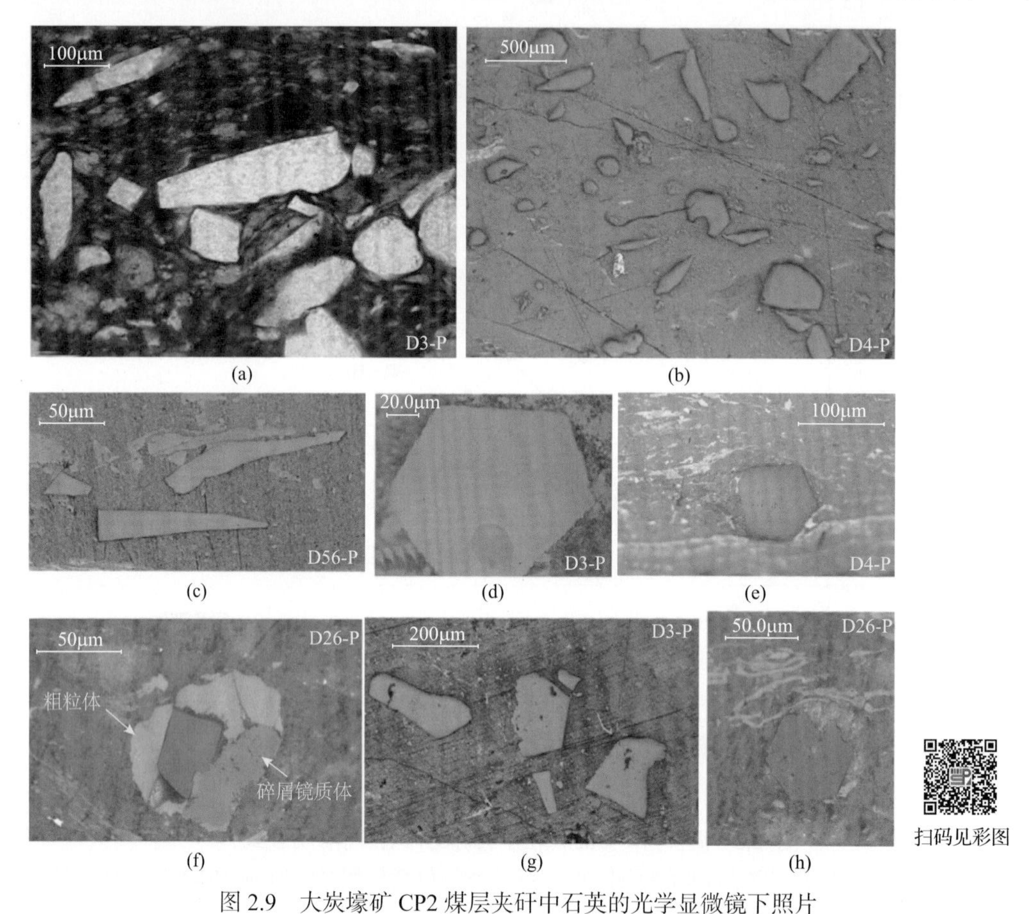

图 2.9　大炭壕矿 CP2 煤层夹矸中石英的光学显微镜下照片

(a)～(c)尖角状和碎片状石英，其中图(b)中间区域显示了石英的溶蚀港湾结构；(d)～(h)β 石英，其中图(g)和(h)中间区域显示破碎的或被溶蚀的石英；(a)为正交偏光下的透射光照片；(b)～(h)为单偏光下的反射光照片

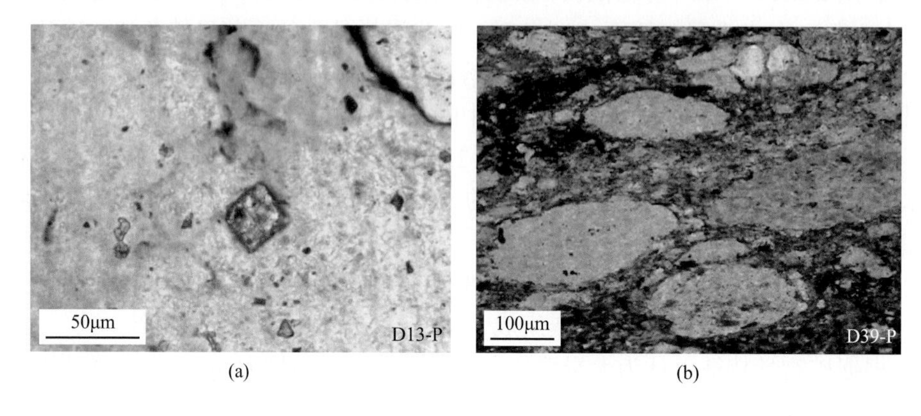

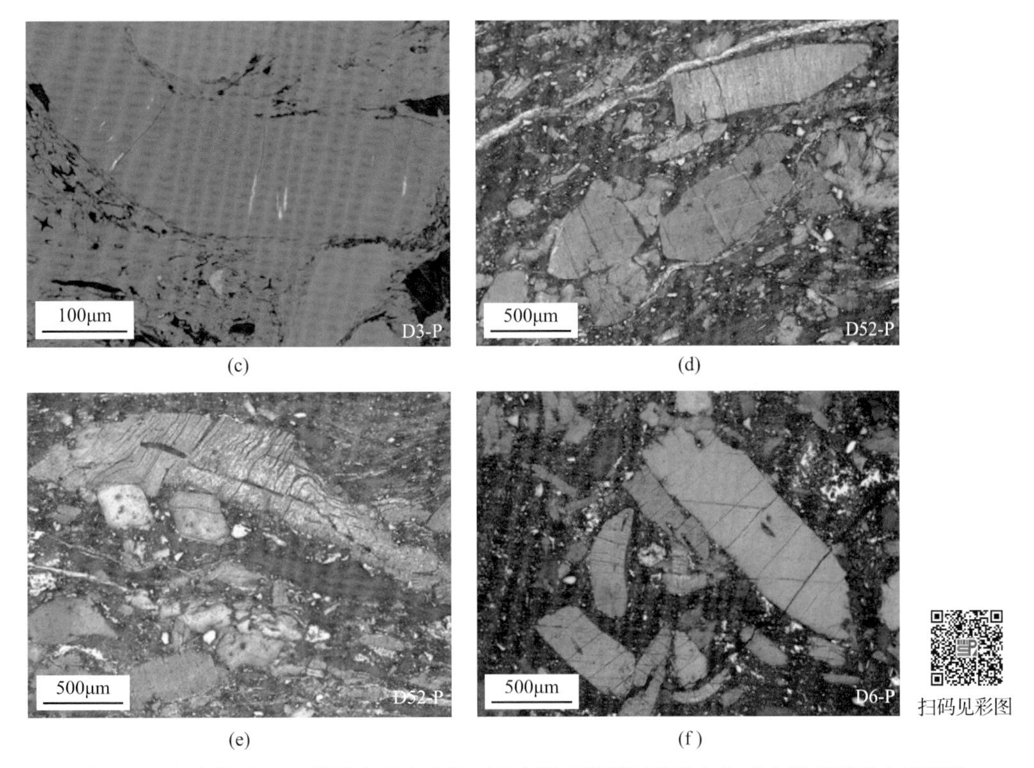

(c)　(d)　(e)　(f)

图 2.10　大炭壕矿 CP2 煤层夹矸中高岭石的光学显微镜下照片与扫描电镜背散射电子照片

(a)高岭石基质中的锆石；(b)高岭石集合体；(c)蠕虫状高岭石，白色为硫化物矿物；(d)～(f)蠕虫状和书页状高岭石；(a)、(b)为显微镜正交偏光下的透射光照片；(c)为扫描电镜背散射电子照片；(d)～(f)为显微镜单偏光下的反射光照片

通过对大青山煤田宾夕法尼亚世—二叠纪砾岩和粗粒沉积物的地球化学与矿物学的研究，同样认为这些沉积物含有丰富的安山岩碎屑。上述研究均表明大青山煤田沉积的粗粒陆源物质来源于奥陶纪石英砂岩和前寒武纪变质岩(包括石英岩)。

图 2.11 显示了所研究样品潜在物质来源的 REY 数据[所获得的 REY 数据均经过上地壳(UCC)标准化处理(Taylor and McLennan，1985)]，包括兴安—蒙古造山带的宾夕法

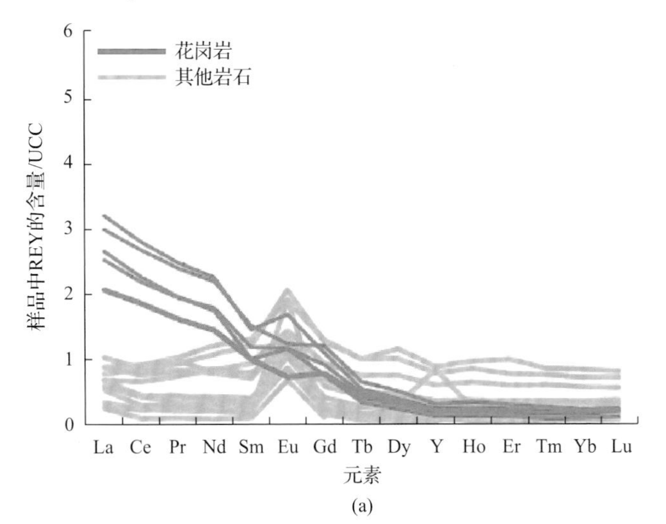

(a)

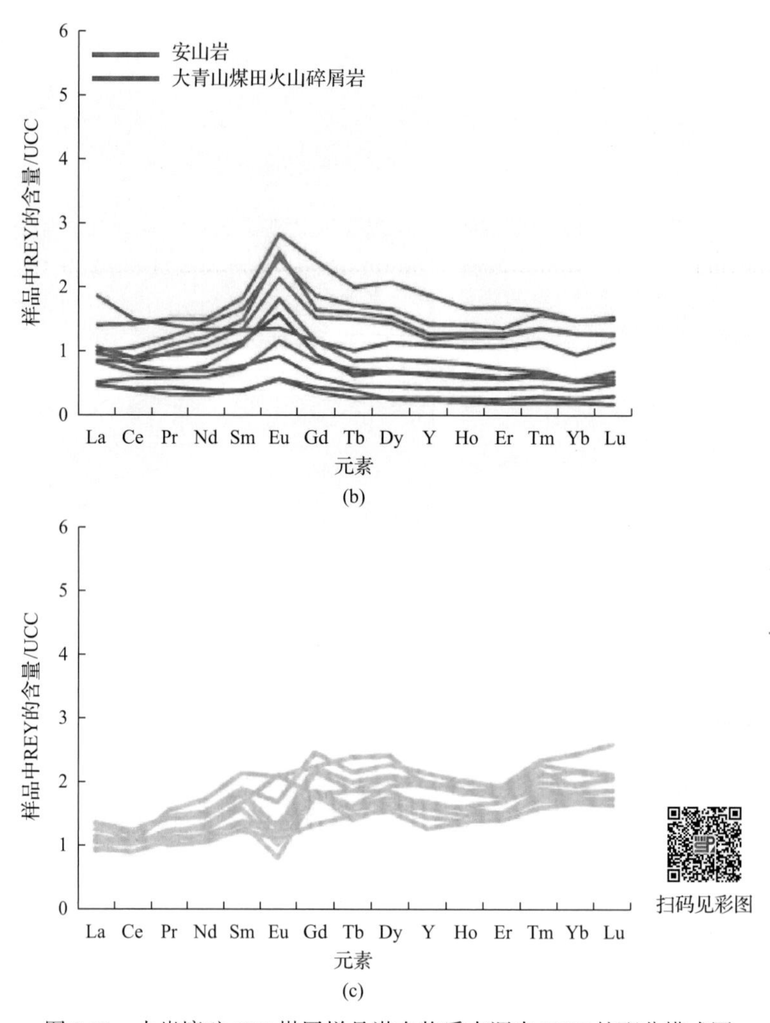

图 2.11 大炭壕矿 CP2 煤层样品潜在物质来源中 REY 的配分模式图

(a)阴山地块新元古代变质岩和岩浆岩(Jian et al., 2012);(b)兴安—蒙古造山带和大青山煤田的宾夕法尼亚世—二叠纪火山岩(Jia and Wu, 1996;周安朝和贾炳文, 2000;Fu et al., 2016);(c)兴安—蒙古造山带宾夕法尼亚世长英质火山岩(Fu et al., 2016);REY 是由上地壳(UCC)标准化(Taylor and McLennan, 1985)后的结果

尼亚世—二叠纪火山岩(Jia and Wu, 1996;周安朝和贾炳文, 2000;Fu et al., 2016)和阴山地块的新太古代变质岩和岩浆岩(Jian et al., 2012)。大炭壕矿煤中显著的 Eu 负异常表明其原始泥炭重要的沉积物源之一可能是兴安—蒙古造山带的长英质火山碎屑岩。

(三)东北地区

东北地区是中国境内火山活动最活跃的地区,整个东北地区的地貌格局几乎都是由火山活动造成的,火山灰和玄武岩覆盖了东北地区的大部分地面。东北地区夹持于西伯利亚板块和华北板块之间,同时又位于古太平洋构造带的西缘(图 2.12),是古亚洲洋构造域与环太平洋构造域的叠合部位(周建波等, 2009;Xu et al., 2013;郭爱军, 2014),其大地构造位于天山—兴蒙造山系(中亚造山带东段)的东部。在元古代,东北地区属于夹持在西伯利亚板块和华北板块之间的广阔海域(郭爱军，2014)；古生代时该地区经历了古亚洲洋构造体系的演化(Li，2006；Tang et al.，2013)；中生代又经历了环太平洋构造体系和蒙古—鄂霍茨克构造体系的叠加与改造(Xu et al.，2009；Wu et al.，2011；Liu et al.，2017)。

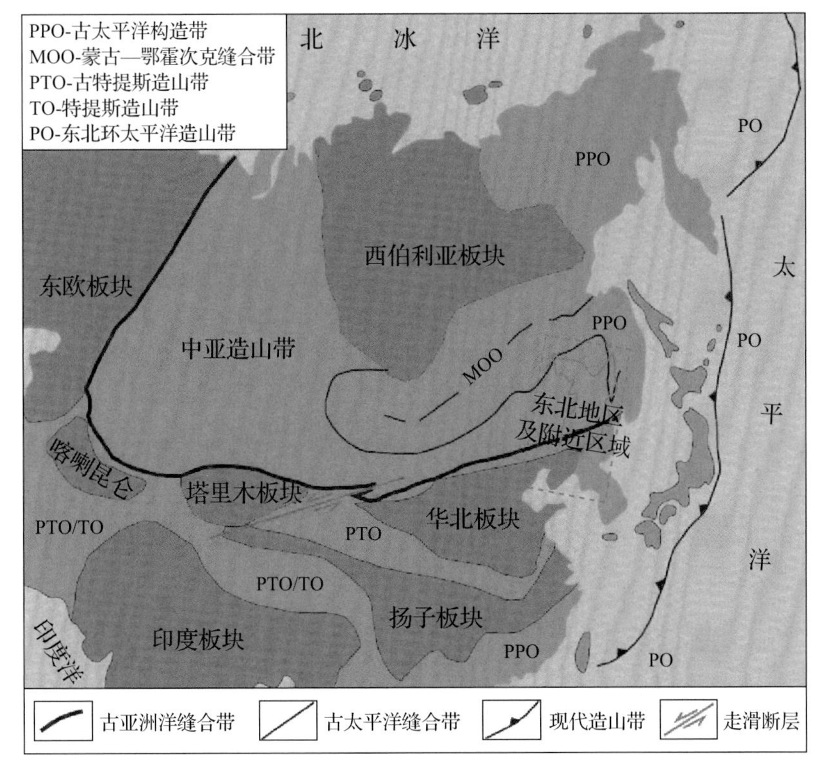

扫码见彩图

图 2.12 东北地区大地构造位置图[修改自 Li(2006)]

虚线方框为研究区(郭文牧，2019)

东北地区的含煤盆地如海拉尔盆地、鸡西盆地、三江盆地、抚顺盆地、依兰盆地和珲春盆地等主要形成于晚侏罗世—早白垩世和古近纪，因此中生代之前的构造演化对东北地区含煤盆地的形成有着重要的控制作用，而中、新生代的构造活动则影响着东北地区成煤盆地的空间展布、演化差异以及煤系赋存特征(郭爱军，2014)。其中珲春盆地为叠置于中生代盆地之上的新生代(古近纪)断陷盆地(徐兴和韩作振，1990；郭爱军，2014)，其大地构造位置隶属兴蒙海西褶皱带东宁珲春褶皱系，属于天山—兴蒙造山系的东段(刘琛，2017；Chen et al.，2017)。前人在中国赋煤构造单元的划分上，将东北赋煤构造区由西向东划分为西部、中部和东部 3 个赋煤构造亚区以及 11 个赋煤构造带，珲春盆地则位于东部赋煤构造亚区的虎林—兴凯断陷赋煤带(郭爱军等，2014；宁树正等，2014)。受基底构造的控制，该赋煤带内断裂较为发育，且断裂交汇的部位控制了中、新生代断陷生成和火山喷发活动(郭爱军，2014)。

珲春煤田西起图们江，东与俄罗斯接壤，南邻朝鲜(图 2.13)，位于吉林—延边分区东部，主要发育有古生代、中生代和新生代地层，由老至新依次为：二叠系开山屯组、上侏罗统屯田营组、古近系珲春组(Eh)、新近系土门子组和船底山组以及第四系。其中珲春组是珲春煤田的主要含煤地层，厚度大于 956m，分布于珲春、凉水、延吉的清茶馆、龙井的三合、开山屯白龙洞等地，为一套灰-浅灰色、绿灰色和暗灰色的泥岩，褐色泥岩、粉砂岩、细砂岩、中砂岩、含砾粗砂岩夹凝灰岩薄层或凝灰岩块，含煤 0～110 余层，可采或局部可采层 0～19 层。珲春组为典型的陆相沉积，有学者(张玉兰等，1987；徐兴和韩作振，1990；Ablaev et al.，2003)以及老的地质资料将珲春组分为上、中、下三段，近年的研究(王举和王佰友，2004；温玉娥，2014)将珲春组自下而上划分为 6 个岩性段，详细介绍如下。

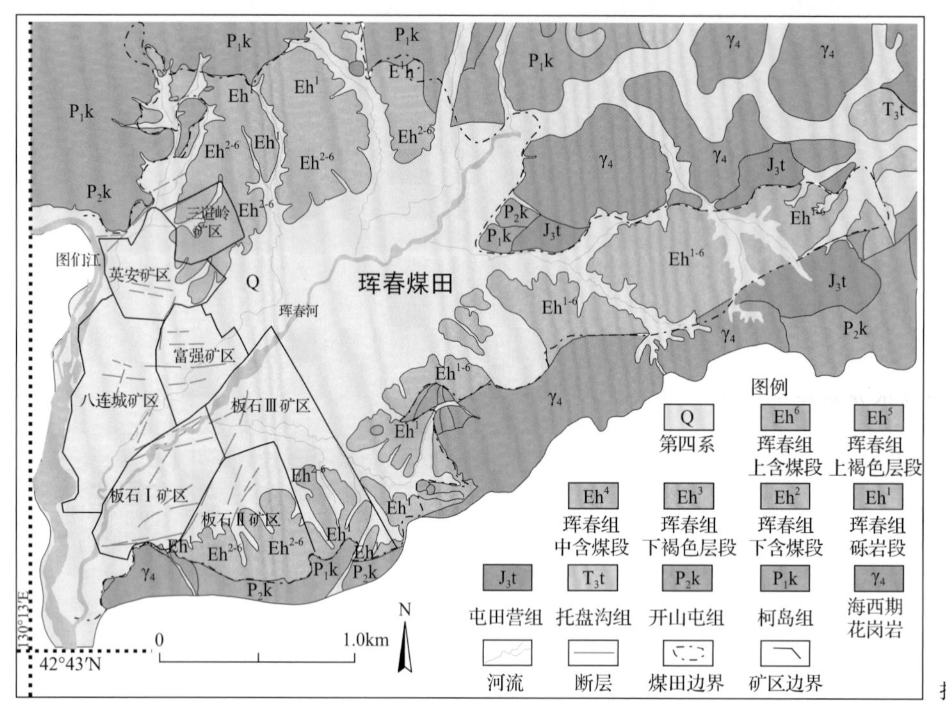

图 2.13　珲春煤田各矿区及邻近的金属矿床的煤田地质图

砾岩段(Eh^1)，平均厚 65m，岩性以砂砾岩为主，包含暗灰色-灰绿色含砾粗砂岩、粗砂岩、凝灰质泥岩、凝灰质粉砂岩及细砂岩。砾石成分多为花岗岩类、火山岩及少量的变质岩碎屑，岩石粒度总体为上细下粗，夹有薄煤层，但无可采层。孢粉组合特征如下：Quercoidites microhenrici-Qhenrici-Ulmipollenites minor-Ulmocdeipites-Momipites-Alnipollenites。

下含煤段(Eh^2)，平均厚 145m，岩性主要包含粉砂岩、泥质粉砂岩、含砾粗砂岩和中-粗砂岩，偶见细砂岩，含 18～30 号煤层。含有珲春地区的 K_2 对比标志层，其岩性为沉凝灰岩及凝灰质砂岩，呈草绿色团块状，分布于砂岩中或成层状产出，遇水膨胀，极易风化，且风化后呈乳白色，单层厚度几厘米至几米不等。孢粉组合特征如下：Alnipollenites verus-Amotaplasmus-Ulmipollenites minor-Quercoidites，常见的有变形桤木粉、小亨氏栎粉、亨氏栎粉、破隙杉粉、无口器粉、双束松粉和水龙骨单缝孢粉等。

下褐色层段(Eh^3)，平均厚 75m，岩性包括泥岩、粉砂岩、细砂岩、中砂岩以及粗砂岩，夹煤数层。本段与中含煤段孢粉组合特征如下：*Inoperturoppllenites-Taxodiaceaeppllenites hlatus Querco-idites polypodiaeaesporites Ulmipollenites undulosus*，常见的有无口器粉、破隙杉粉、皱球粉、单沟粉，其次是落叶松粉、油松粉。

中含煤段(Eh[4])，平均厚175m，岩性包括灰色泥岩、细砂-粗砂岩及含砾粗砂岩。煤层编号12～17号，在中部13号煤之以下夹有一层沉凝灰岩(K_1标志层)，层厚0～0.80m，一般为0.2m，呈豆绿色，遇水膨胀且颜色变白，手感滑腻，本段含煤0～19层，平均14层，一般均不可采。

上褐色层段(Eh[5])，平均厚155m，由灰色-褐色粉砂岩、粉砂质泥岩和砂岩夹含砾粗砂岩组成。含腹足类和瓣鳃类淡水动物化石以及植物化石碎片。该段含薄层煤，一般不可采。

上含煤段(Eh[6])，平均厚110m，底部为11号煤底板，顶部至煤系顶板。岩性以浅灰色粉砂岩、泥岩、细砂岩为主，夹少量中粒砂岩和粗粒砂岩，含煤10余层，仅9号煤层的局部层位可采。本段与上褐色层段的孢粉组合特征为：*Ulmipollenites undulosus-Alnipollenites metoplosmus Alnipollenites verus Celtispollenites-Quercoidites Taxodiaceaepollenites haites Polypodiaceaesprctes*，被子植物花粉占首位，常见的有波形榆粉、栎粉、变形桤木粉、朴粉、小榆粉、拟榛粉。裸子植物常见的有：破隙杉粉、无口器粉、单束松粉、蕨类，植物以水龙骨单缝孢粉为主。

古生代晚期，珲春地区的岩浆活动十分剧烈(王举等，2005)，岩浆以中心裂隙式喷发为主。海西期发生大面积的岩浆侵入，且它们多以岩基或岩体的形式产出，抑或构成煤系基底，岩性主要为闪长岩、石英闪长岩、花岗闪长岩和花岗岩等。中生代岩浆活动发生在印支期—燕山期，其形式以喷发为主，岩性主要为中性熔岩和火山碎屑岩，屯田营组受到该时期火山活动的影响(其岩性组成主要为中性火山碎屑岩)，构成了煤系的基底。新生代火山活动更为频繁，喜马拉雅期多以玄武岩喷发为主，始新世至今先后发生过7次不同程度的火山活动(王举等，2005)。

本小节以东北地区珲春煤田为例，在珲春盆地八连城矿区19-2煤层发现了一层tonstein(Dai et al.，2018b；Guo et al.，2019a)，主要证据如下：①厚度较薄(约3cm)，且与上覆和下伏煤分层的接触界线清晰，表明其为突然的火山事件而不是持续的沉积过程，并贯穿了整个八连城矿区；②在这层夹矸中发现了透长石[图2.14(a)、(b)]和高温石英[图2.15(c)、(d)]等高温矿物以及被溶蚀的钾长石[图2.14(c)～(e)]，其中透长石呈透镜状，石英呈棱角状，说明其为火山灰落入，并非陆源搬运而来；③发现了蠕虫状和书页状高岭石[图2.16(a)、(b)]以及绿泥石化的云母(图2.17)，表明该层夹矸可能为火山灰空降到泥炭沼泽并在原地沉积形成；④元素地球化学特征与正常沉积的夹矸有较大的区别，如较高的稀土元素总量、明显的Eu正异常以及高含量的Sr。由图2.18可以看出，这层夹矸的地球化学组成和古近纪中性-长英质火山岩比较相似，具有中性-长英质岩的Al_2O_3/TiO_2值以及部分埃达克岩较高的Sr/Y和La/Yb值等特征(Price and Duff，1969; Spears and Rice，1973；Castillo，2012)，与其他的煤分层、顶底板以及夹矸样品有明显的区别。另外，在这层tonstein中还发现了陆生来源的碎屑长石和石英[图2.14(f)]，表明在这层tonstein形成的同时还伴随着陆源物质的输入。除了由火山灰蚀变形成的

tonstein 外，部分煤分层样品也受到了火山灰输入的影响。例如，在样品号为 BLC-19-2-3c 的煤分层样品中发现了书页状高岭石[图 2.16(d)]。此外，在相邻的富强矿区煤层中，也发现了受火山灰输入影响的煤分层(样品号为 FQ-26-7c)，具体特征如下所述(Guo et al., 2019b)：①在该煤分层样品中发现了呈棱角状的火山碎屑石英[图 2.15(a)、(b)]；②高含量的黏土矿物、蠕虫状高岭石以及绿泥石化的高岭石[图 2.16(c)]、透长石；③经过上地壳(UCC)标准化处理后的稀土元素呈现强烈的 Ce 正异常和 Eu 负异常，而与其相邻的上下两个煤分层样品中 Ce 和 Eu 无明显异常。该类煤分层中 Ce 的高度正异常表明了其在氧化条件下遭受到了强烈的淋溶作用，这一点由其高含量的黏土矿物和相对高含量的较稳定的元素如 Zr 和 Ga 以及高的灰分产率也可以进行判断。Guo 等(2019b)推测构造运动引起了地层的抬升，导致该煤分层在成煤期或者泥炭沼泽时期暴露在地表氧化条件下较长一段时间，因此造成了强烈的淋溶作用，并且在这期间还伴随有火山灰的输入。在煤层或泥炭沼泽暴露地表并经历淋溶作用时，Ce^{3+}被氧化成 Ce^{4+}，而 Ce^{4+}通常比较稳定并会优先在原地沉淀下来(Braun et al., 1990; Carlo et al., 1997; Taunton et al., 2000)。淋溶作用会导致贫 Ce 和相对富集其他稀土元素的淋溶物从煤层或泥炭沼泽中淋出，从而造成原地煤层或泥炭沼泽中较低的稀土元素总量以及相对较高含量的 Ce 和 Ce_N/Ce_N^* 值。同样，在相邻的板石矿区，在编号为 BS-23-2c 的煤分层样品中也发现了透长石、尖角状和长柱状的石英、蠕虫状高岭石以及高含量的黏土矿物，表明该煤层在形成时也受到了火山灰输入的影响。

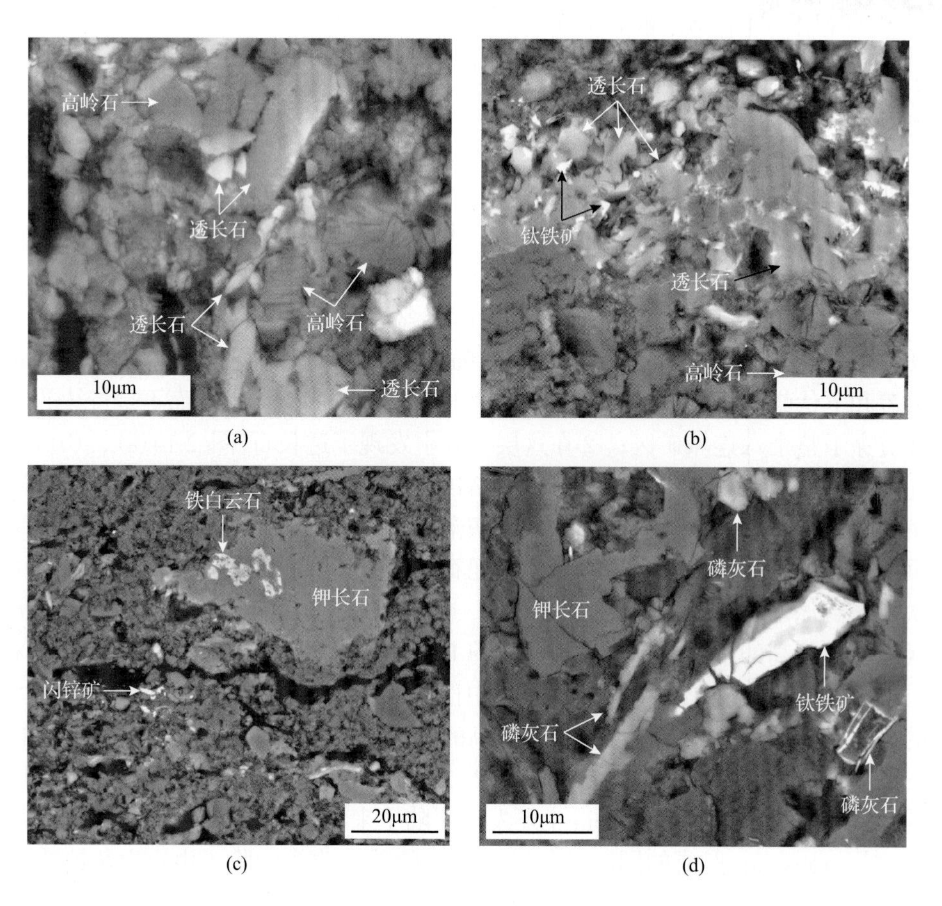

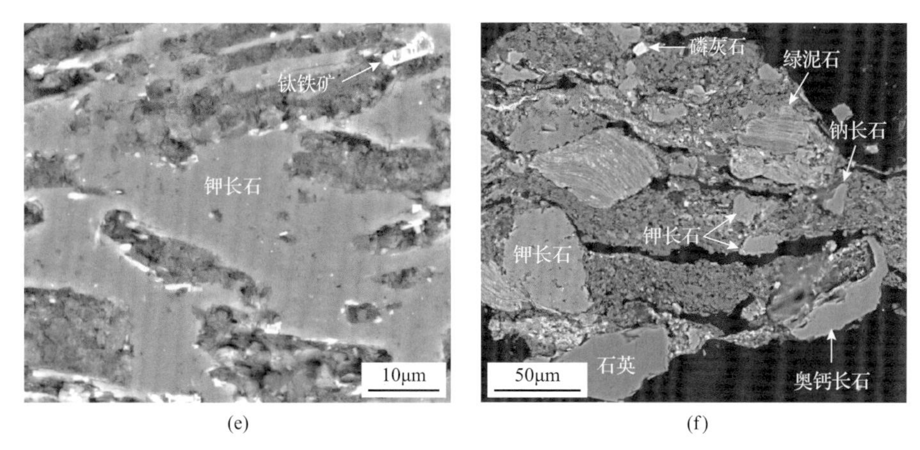

图 2.14　八连城矿区 19-2 煤层 tonstein 中不同形态长石的扫描电镜背散射电子图像

(a)、(b)自形状、透镜状、板状和不规则状的透长石；(c)～(e)被溶蚀的钾长石；(f)具有一定磨圆度的长石

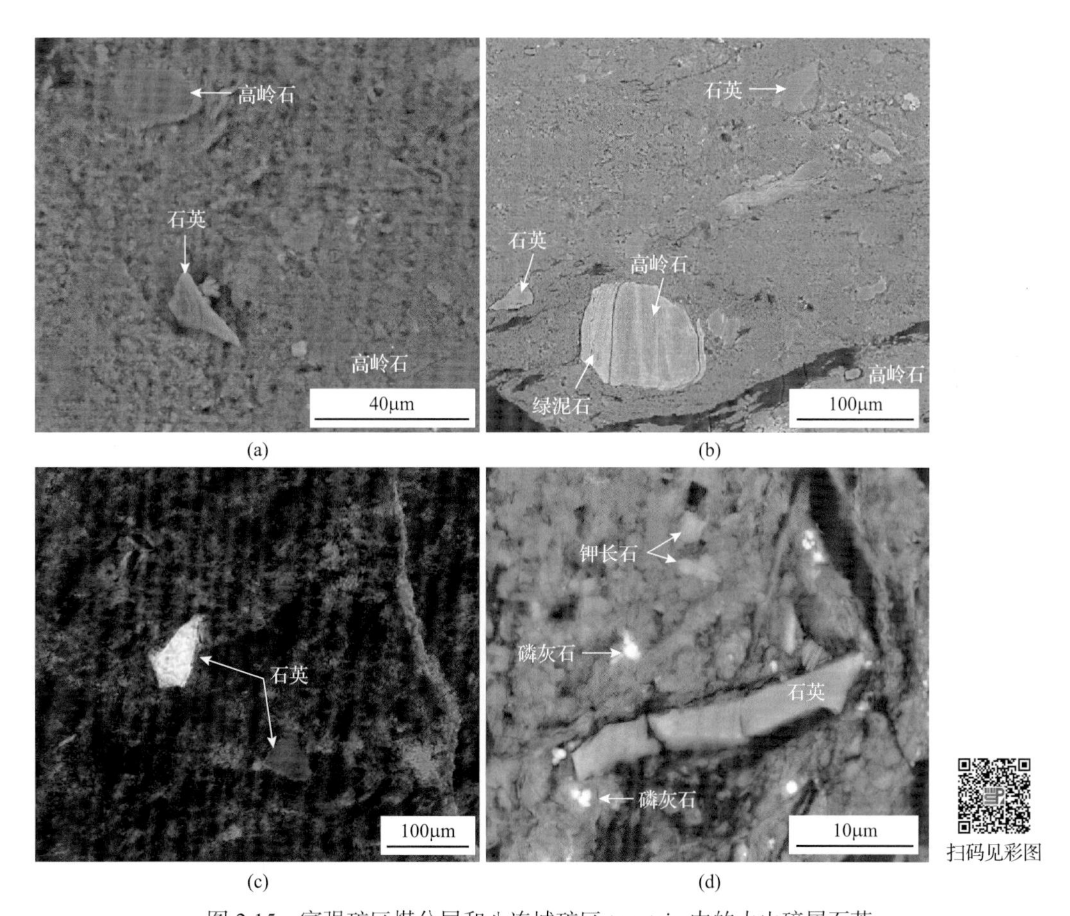

图 2.15　富强矿区煤分层和八连城矿区 tonstein 中的火山碎屑石英

(a)、(b)富强矿区受火山灰影响的煤分层中的火山碎屑石英；(c)、(d)八连城矿区 tonstein 中的高温石英；(a)、(b)和(d)扫描电镜背散射电子图像；(c)显微镜下的正交偏光照片

(a)　(b)
(c)　(d)

图 2.16　八连城矿区和富强矿区煤分层和 tonstein 中不同形态高岭石的扫描电镜背散射电子图像

(a)、(b)分别为八连城矿区 tonstein 中的蠕虫状和书页状高岭石；(c)富强矿区受火山灰影响的煤分层中的蠕虫状高岭石；(d)八连城矿区受火山灰影响的煤分层中的书页状高岭石

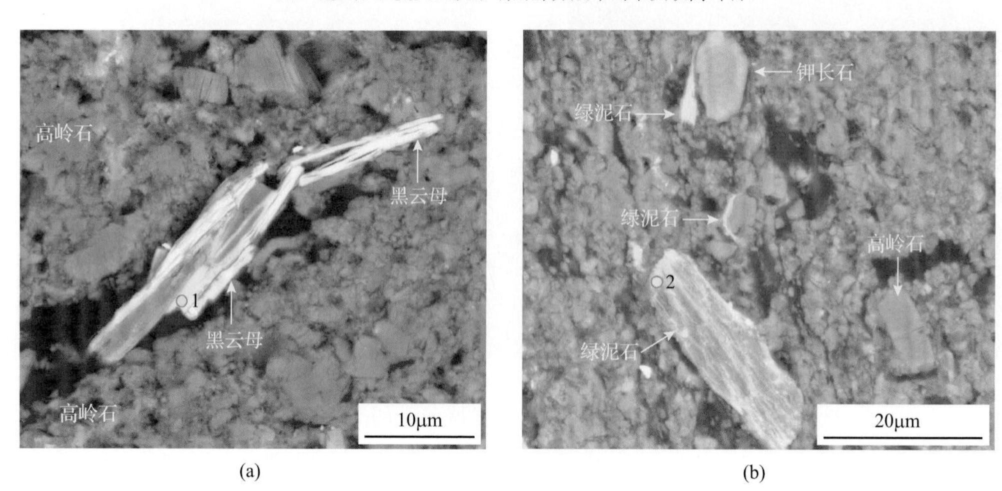

(a)　(b)

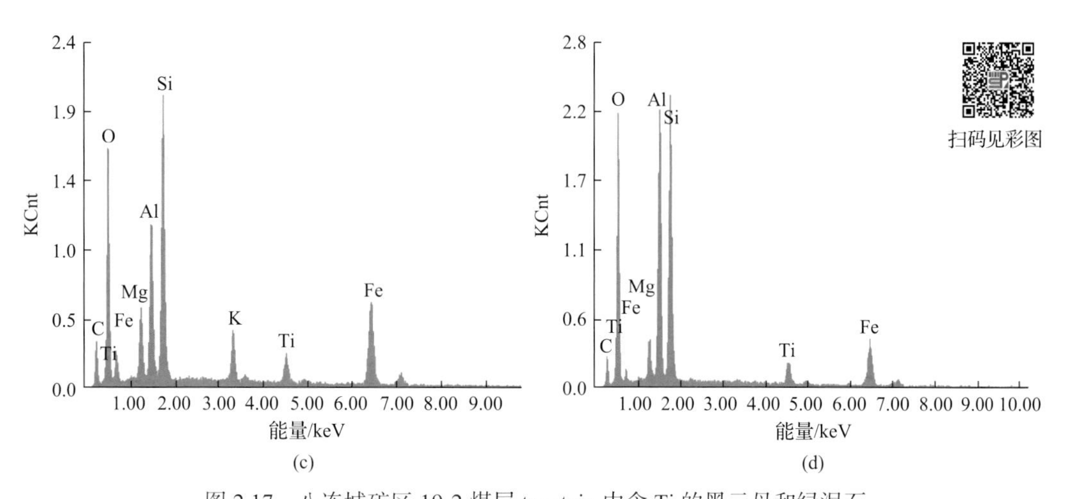

图 2.17　八连城矿区 19-2 煤层 tonstein 中含 Ti 的黑云母和绿泥石

(a) tonstein 中的黑云母；(b) tonstein 中的绿泥石；(c) 图 (b) 中测点 1 的能谱数据；(d) 图 (b) 中测点 2 的能谱数据；(a)、(b) 为扫描电镜背散射电子图像

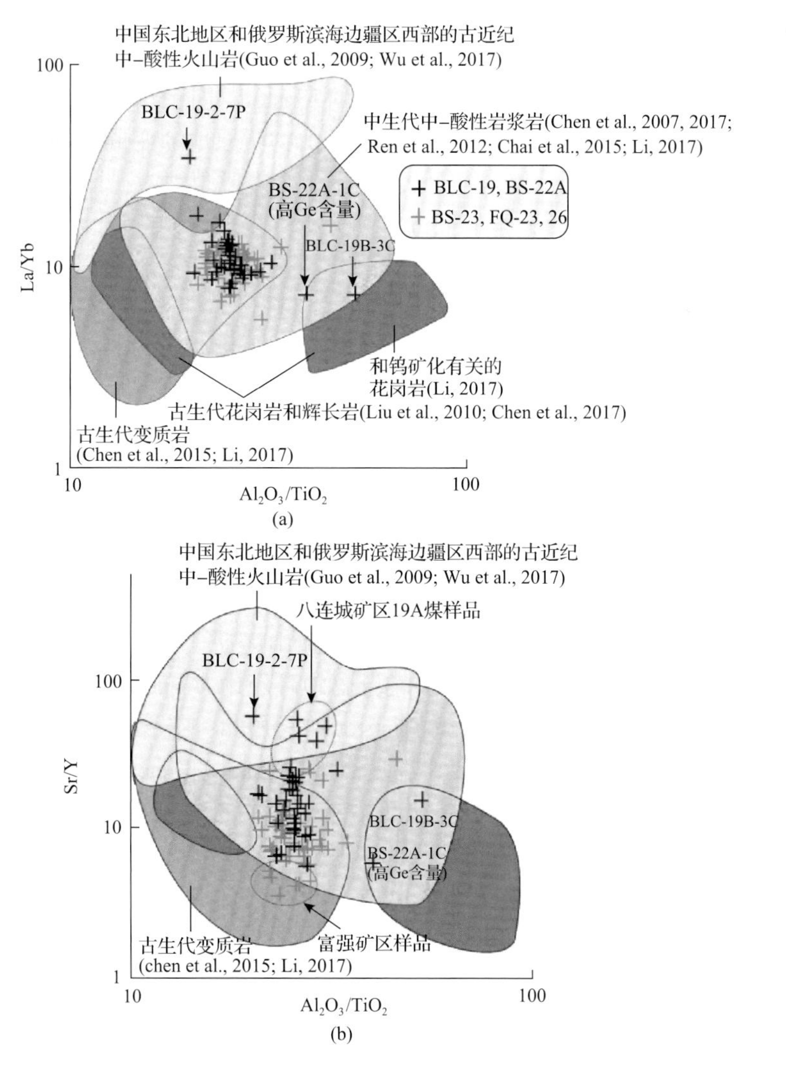

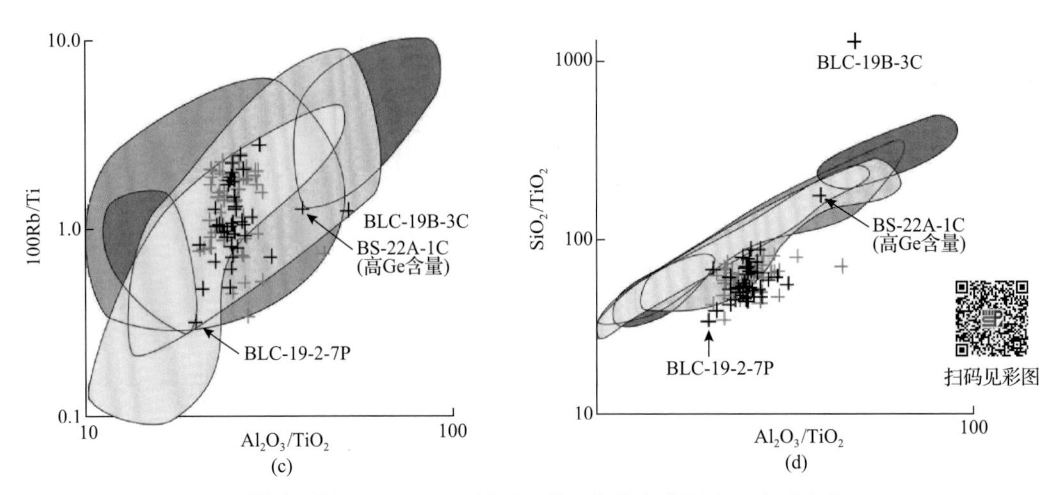

图 2.18　八连城矿区的煤分层样品和 tonstein 样品及其可能的岩浆源岩和变质岩的 Al_2O_3/TiO_2-La/Yb、Al_2O_3/TiO_2-Sr/Y、Al_2O_3/TiO_2-100Rb/Ti 和 Al_2O_3/TiO_2-SiO_2/TiO_2 对比图

(四) 其他地区

大量学者针对中国西部、北部和东部煤中的 tonstein 也同样做了详细的研究。例如，王水利(1998)对陕西韩城矿区 11 号煤层酸性火山物质原地蚀变形成的高岭石黏土岩夹矸进行了地球化学特征分析；姚爱民(2003)揭示了宁夏呼鲁斯太矿区 5 号煤层第二分层夹矸为高岭岩夹层，并对其矿物学特征进行了分析；夏琤(1985)对北方石炭—二叠纪高岭石黏土岩分布的岩石矿物特征及成岩变化进行了研究；李宝庆和贾希荣(1988)对北方诸省份的石炭—二叠纪煤层高岭石黏土岩夹矸进行了论述；余继峰等(2000)对山东新汶煤田和肥城煤田太原组煤层中发现的受到不同期次火山物质影响的高岭石黏土岩夹矸进行了详细的岩石学、矿物学和地球化学分析。

二、澳大利亚煤中火山灰的层位及分布

乐平世纽卡斯尔(Newcastle)煤系是澳大利亚东部悉尼盆地的几个地层单元之一(图 2.19，图 2.20)，也是目前正在开采的重要烟煤资源。该煤系层序的顶部为穆恩岛海滩(Moon Island Beach)亚群(图 2.20)，包含大量的粗砾砾岩，夹有砂岩和页岩(Agnew et al.，1995)，其物质来源主要是新英格兰褶皱带的造山运动(图 2.19)造成北部老地层快速侵蚀，并通过冲积扇和辫状河系统沉积在前陆盆地环境中(Agnew et al.，1995；Branagan and Johnson，1970；Herbert，1980；Bocking et al.，1988；Diessel and Hutton，2004)。纽卡斯尔(Newcastle)煤系的上部(包括部分的 Moon Island Beach 亚群)也包含了许多的凝灰质单元(图 2.20)，表明其为与新英格兰褶皱带相关的同期火山活动的产物，这些产物通过火山灰空降和火山灰流进入盆地(Diessel，1965，1985；Loughnan and Ray，1978；Agnew et al.，1995；Kramer et al.，2001；Grevenitz et al.，2003)。因此，除了与泥炭堆积相关的自生过程外，纽卡斯尔(Newcastle)煤系上段煤层的沉积还受两种不同类型非煤沉积物的影响。

Great Northern 煤层是穆恩岛海滩(Moon Island Beach)亚群主要的可采煤层之一，

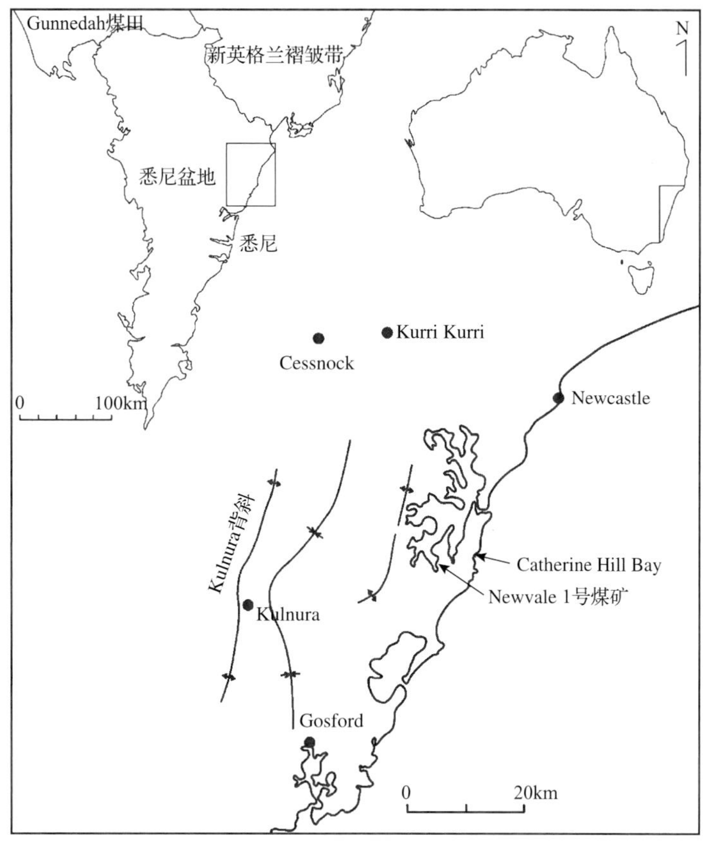

图 2.19　悉尼盆地北部 Newvale 1 号煤矿和 Catherine Hill Bay 的 Great Northern 煤层剖面位置图

Gunnedah-冈尼达；Cessnock-塞斯诺克；Kurri Kurri-卡里卡里；Newcastle-纽卡斯尔；Kulnura-库尔努拉；Gosford-戈斯福德；Catherine Hill Bay-凯瑟琳希尔湾；Newvale-纽维尔

出露于纽卡斯尔(Newcastle)南-西南方向 30km 处的凯瑟琳希尔湾(Catherine Hill Bay)(图 2.19)，且下伏于 Awaba 凝灰岩。Awaba 凝灰岩是一个广泛分布的凝灰质单元，通常具有交叉层理(Kramer et al., 2001)，部分代表火山灰流或空降火山灰物质。Great Northern 煤层上覆地层主要为 Teralba 砾岩，是由河流作用形成的一系列砂岩和砾岩层序(Agnew et al., 1995)。此外，另一个火山单元 Booragul 凝灰岩也覆盖在煤田东部的 Great Northern 煤层之上，主要位于 Great Northern 煤层与 Teralba 砾岩层之间。

利用光学显微镜、扫描电镜和 XRD 定量对悉尼盆地 Great Northern 煤层中各煤分层和黏土岩带的矿物学特征进行分析，结果表明煤层中最上面的两层黏土岩样品(21382-P 和 21384-P)为 tonstein(图 2.21)，其主要由有序排列的高岭石组成，具有蠕虫状结构[图 2.22(a)、(b)]。基质高岭石中的蠕虫状结构常被用于证明沉积物为 tonstein(Spears, 1971；Ruppert and Moore, 1993)。通常情况下，具有蠕虫状结构的基质高岭石可以作为鉴定沉积物为 tonstein 的主要标志。根据 Bohor 和 Triplehorn(1993)提出的定义，tonstein 通常表示非海相成煤环境中的空降火山灰层，其副矿物主要包括石英、钾长石及少量的锐钛矿和菱铁矿。Great Northern 煤层的夹矸中普遍含有蠕虫状高岭石，这为原地蚀变提供了证据(Zhou et al., 1982)，因此，这些夹矸可能是由易降解的火山灰物质广泛

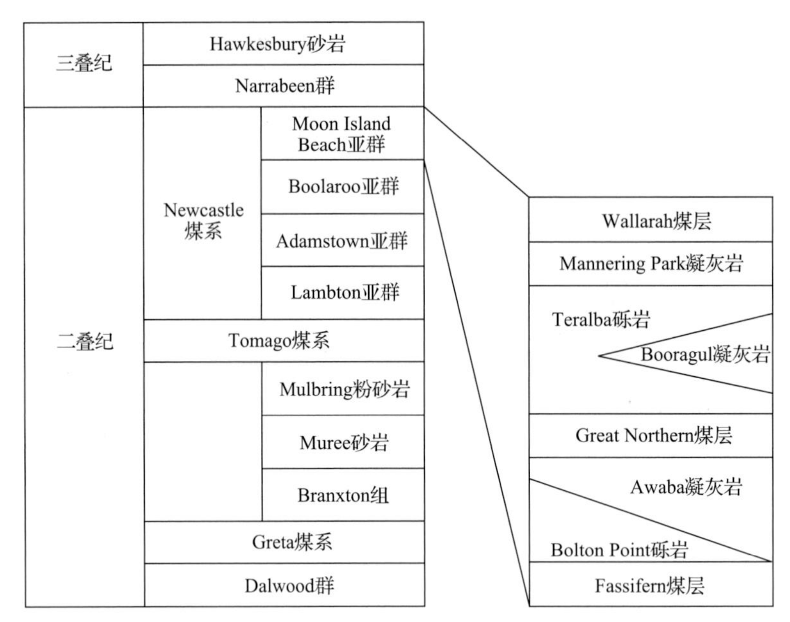

图 2.20　悉尼盆地纽卡斯尔煤田和纽卡斯尔煤系穆恩岛海滩亚群的地层单元柱状图[据 Agnew 等(1995)，有所修改]

Hawkesbury-霍克斯伯里；Narrabeen-纳拉宾；Moon Island Beach-穆恩岛海滩；Boolaroo-布拉鲁；Adamstown-亚当斯敦；Lambton-兰姆顿；Tomago-托马戈；Mulbring-穆尔布林；Muree-穆瑞；Branxton-布兰克斯顿；Greta-格里塔；Dalwood-达尔活；Wallarah-沃拉拉；Mannering Park-曼纳宁公园；Teralba-特拉尔巴；Booragul-宝华久；Great Northern-大北方；Awaba-阿瓦巴；Bolton Point-博尔顿点；Fassifern-法斯芬

淋滤而形成的。tonstein 中的蠕虫状高岭石更富含钛元素，其可能以锐钛矿包裹体的形式存在[图 2.22(c)]。Ruppert 和 Moore(1993)也在印度尼西亚的 tonstein 中发现了含有锐钛矿微晶的高岭石。而样品 21389-P 中的高岭石主要以碎屑的形式存在，具有罕见的片状晶体，同时也含有锐钛矿包裹体[图 2.22(d)]。

21382-P 和 21384-P 两层 tonsteins 中的长石主要以自形晶体的形式产出[图 2.23(a)、(b)]。EDS 数据表明长石的化学成分变化较大，从几乎纯的钾长石到含钠钾长石均有发现，单个钾长石晶体中的钠含量高达 3.5%(表 2.2)。这个范围代表了微斜钠长石-透长石系列或含钠透长石，指示这两层 tonstein 具有中性-长英质火山灰的输入。从图 2.23(c)可以看出，一些钾长石似乎遭受过侵蚀，根据 EDS 数据，被侵蚀后的钾长石不含钠，而那些未遭受侵蚀的钾长石颗粒(并非全部)同时含有钾和钠。Ruppert 和 Moore(1993)也观察到了火山碎屑成因的泥质层中具有遭受过侵蚀的长石和石英颗粒，并认为这些颗粒是在形成伴生煤层的富酸泥沼中淋滤出来的。此外，在云南砚山的高硫煤中也发现了遭受侵蚀的钾长石(Dai et al.，2008a)。与 21382-P 和 21384-P 两层 tonstein 不同，最底层的夹矸(21389-P)主要由碎屑颗粒状的钾长石和不规则排列的带状或团块聚集体状高岭石组成，这表明钾长石的形成可能主要来自靠近泥炭堆积的沉积物源的碎屑输入。如表 2.2 所示，夹矸 21389-P 中钾长石中的 Na 远低于最上部两层 tonstein(21382-P 和 21384-P)中的 Na。另外，煤层下部的一些夹矸主要来源于表生碎屑沉积物，并混有少量火山物质，如高温石英和不同类型的钾长石。

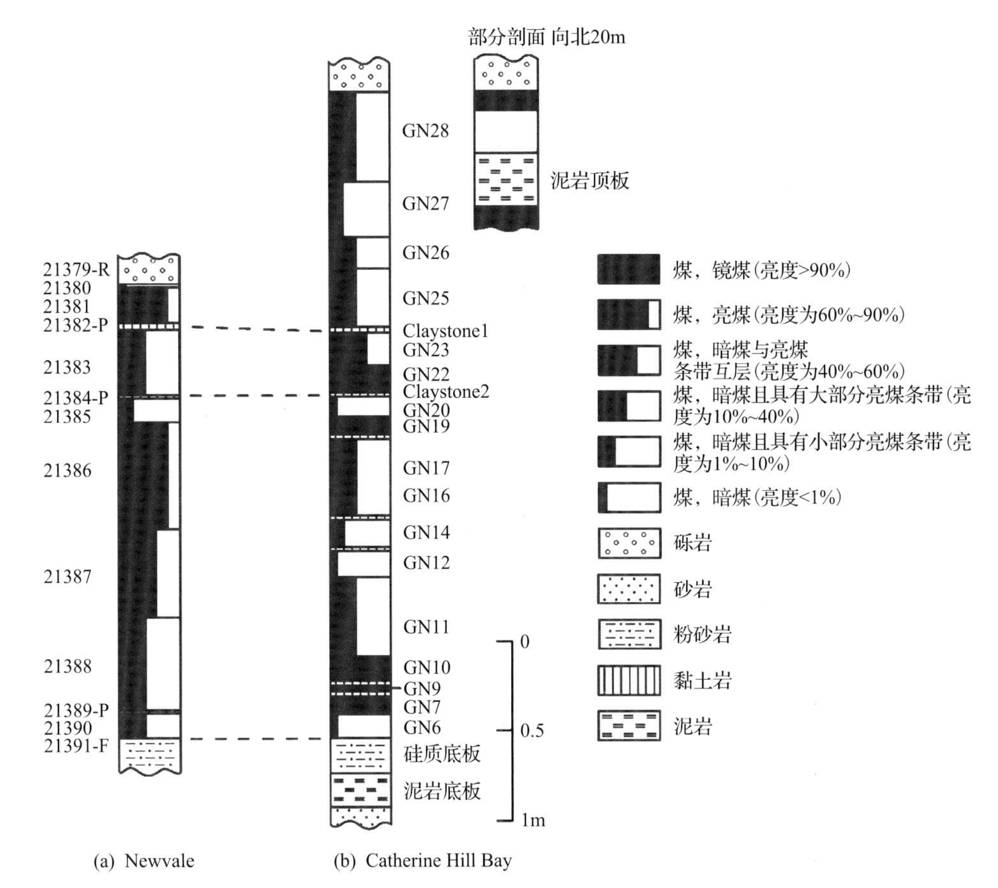

图 2.21　悉尼盆地 Newvale 煤矿和 Catherine Hill Bay 的 Great Northern 煤层岩性剖面图

(a) Newvale 煤矿的 Great Northern 煤层岩性剖面图；(b) Catherine Hill Bay 的 Great Northern 煤层岩性剖面图；样品分别获取自澳大利亚联邦科学与工业研究组织(CSIRO)样品库和露头；R-顶板；F-底板；P-夹矸

表 2.2　Newvale 1 号煤矿 Great Northern 煤层非煤样品中钾长石的能谱数据　(单位：%)

元素	tonstein 21382-P(17 个点)			tonstein 21384-P(15 个点)			夹矸 21389-P(5 个点)			粉砂岩底板(18 个点)		
	平均值	最大值	最小值	平均值	最大值	最小值	平均值	最大值	最小值	平均值	最大值	最小值
Al	10.6	11.3	9.0	7.9	9.5	7.0	9.8	10.5	9.3	9.9	10.5	9.0
Si	28.4	30.1	26.1	24.1	30.0	20.9	32.5	33.0	32.1	32.3	34.3	30.9
O	48.5	53.1	43.1	60.8	65.6	48.7	44.4	45.2	42.5	44.4	45.7	43.5
K	9.6	14.7	8.4	5.4	11.3	3.2	12.9	14.7	11.8	13.3	15.2	11.7
Na	2.9	3.5	1.4	1.8	3.1	0.3	0.3	0.7	0	0.1	0.3	0
K/(K+Na)	0.8	0.9	0.7	0.7	1.0	0.5	1.0	1.0	0.9	1.0	1.0	1.0

注：O 为由差分法计算所得。

尽管钾长石(图 2.23)的含量相对较高，但两层 tonstein(Newvale 的 21382-P 和 21384-P 以及 Catherine Hill Bay 的 claystone-1 和 claystone-2)中的石英含量均非常低(1.3%和 4.9%)，且主要以自形晶体的形式产出[图 2.23(b)]，其可能为 β 石英，但需要通过阴极

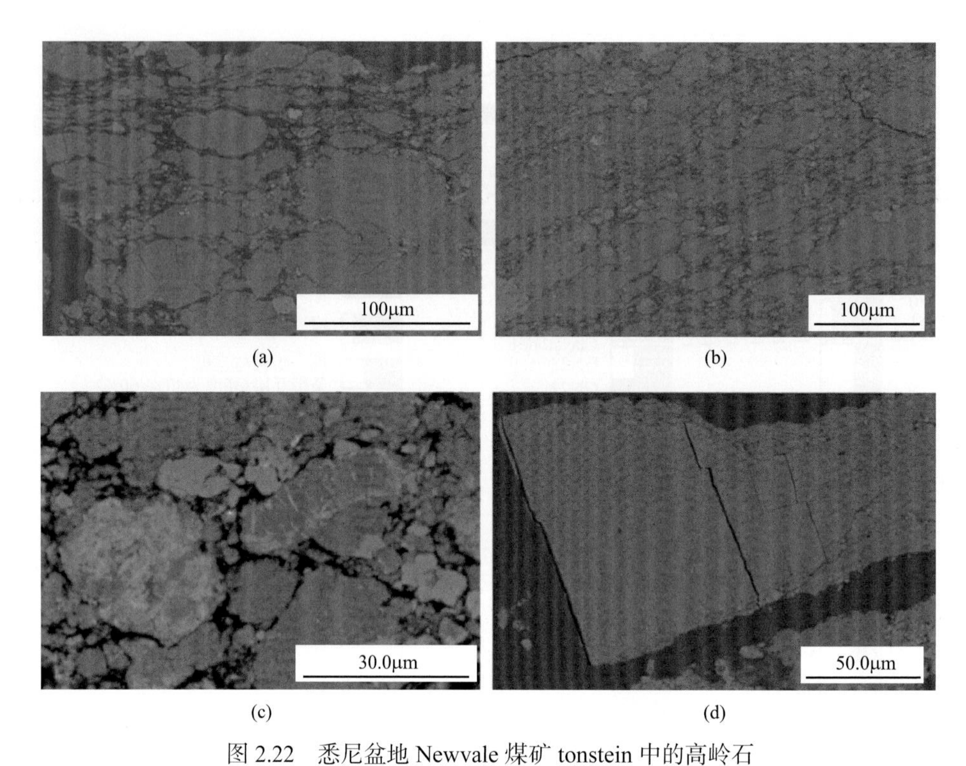

图 2.22　悉尼盆地 Newvale 煤矿 tonstein 中的高岭石

(a)样品 21382-P 中的麦粒状-蠕虫状高岭石；(b)样品 21382-P 中的麦粒状高岭石；(c)样品 21384-P 中含有锐钛矿包裹体的蠕虫状高岭石；(d)样品 21389-P 中含有细粒锐钛矿包裹体的板状高岭石

图 2.23　悉尼盆地 Newvale 煤矿 tonstein 中的钾长石

(a)样品 21382-P 中的自形钾长石(透长石？)；(b)样品 21384-P 中的自形钾长石和石英；(c)样品 21382-P 中被侵蚀的钾长石，白色细粒为锐钛矿；(d)样品 21384-P 中碎屑高岭石基质内的钾长石碎片

发光光谱分析来确定。Newvale 最底层的夹矸(21389-P)中石英含量较为丰富(13.1%)，虽然该样品主要是表生碎屑来源，但偶尔也含有火山石英颗粒。

与相邻煤分层的低温灰样品相比，夹矸中的石英含量更低，尤其是考虑到自生碳酸盐组分稀释了煤层中硅酸盐时。虽然与正常的泥岩相比 tonstein 中的石英含量较低，但这并不是鉴定 tonstein 的主要标志，然而，在有其他的必要证据支撑时，较低的石英含量则可以为 tonstein 的火山灰成因提供参考(Bohor and Triplehorn，1993)。此外，石英在煤中的赋存状态为细胞充填的方式，这可能表明形成夹矸的火山灰(尤其是顶部的两层 tonstein)几乎不含游离态的石英。随着煤层的发育，作为胞腔填充物的二氧化硅也可能已经与泥炭自身混合了，若如此，其可能是通过显微组分空隙中的沉积物质向泥炭输入了额外的石英。在成煤泥炭沼泽环境中，部分此类的二氧化硅可能是通过火山玻璃的分解而释放到了泥炭沼泽中。

锐钛矿是 tonstein 中常见的副矿物(Spears and Kanaris-Sotiriou，1979)，Triplehorn 等(1991)认为其代表了原始火山灰物质中不稳定组分化学淋滤后的再沉淀产物。钛可能来源于富 Ti-火山玻璃、钛铁矿、磁铁矿或金红石的分解(Ruppert and Moore，1993)。在 Newvale(0.7%～0.9%)和 Catherine Hill Bay(0.4%～1.8%)的所有夹矸中都含有少量的锐钛矿，其通常嵌在高岭石片晶之间，也可能以高岭石基质中裂隙充填物和高岭石聚集体中细晶粒的形式出现[图 2.22(c)、(d)]。此外，还发现了锐钛矿的分散晶体[图 2.24(a)、(b)]。样品 21384-P 中的锐钛矿似乎已取代了煤的显微组分[图 2.24(c)、(d)]。

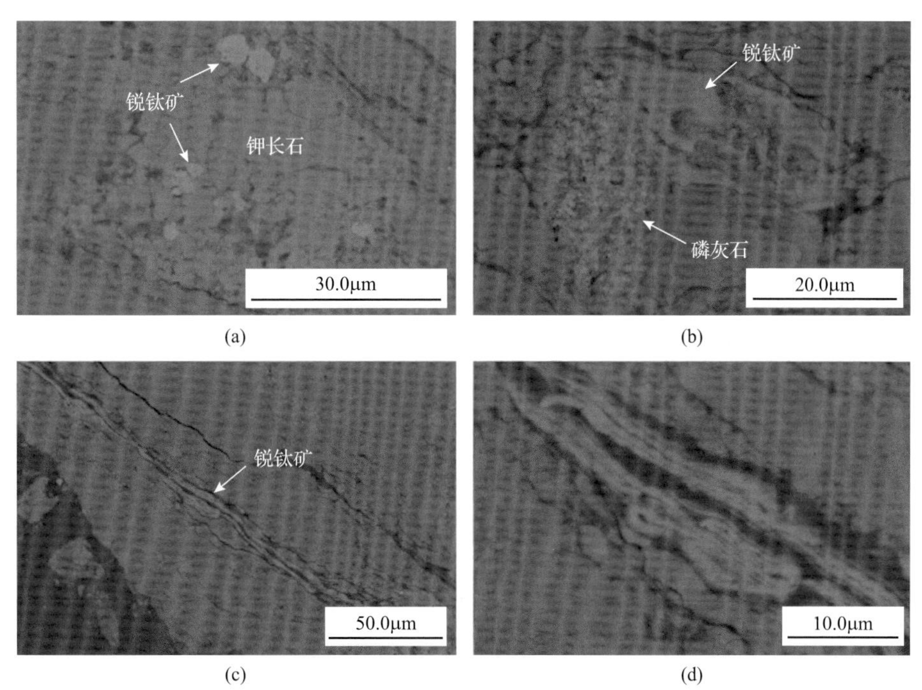

图 2.24　悉尼盆地 Newvale 煤矿 tonstein 样品 21384-P 中的锐钛矿

(a)锐钛矿和钾长石；(b)高岭石基质中的磷灰石和锐钛矿；(c)替代显微组分的锐钛矿；(d)图(c)箭头指示区域的放大图

通过 SEM 分析，还在样品 21384-P 中的高岭石基质中发现了磷灰石[图 2.24(b)]以及含 Fe、Mn、Mg 和 Ca 的磷酸盐颗粒(图 2.25)。然而，在前人的研究中却未发现夹矸中含有磷酸盐和自形状磷灰石(Knight et al.，2000)。

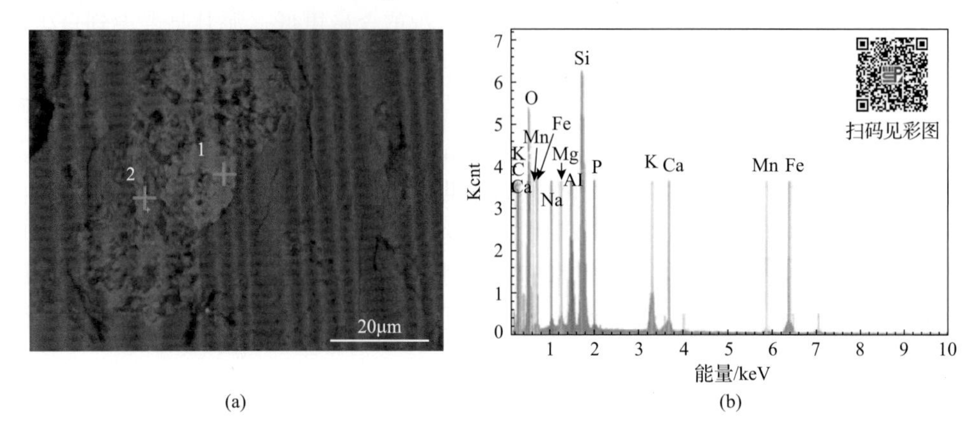

图 2.25　悉尼盆地 Newvale 煤矿 tonstein 样品 21384-P 中的钾长石与含 Fe、Mn、Mg 和 Ca 的磷酸盐

(a)高岭石基质中含 Fe、Mn、Mg 和 Ca 的磷酸盐(点 1)及钾长石(点 2)；(b)图(a)中点 1 的能谱数据

在所研究的煤层夹矸中，没有发现任何其他可判定为火山灰成因的特征指标(如黑云母、锆石、辉石和火山玻璃碎片)，这可能是由于其发生了广泛的蚀变。

此外，在悉尼盆地其他乐平世煤层中也有 tonstein 的报道，可能更确切地说是高岭石 tonstein(Loughnan and Ward，1971；Loughnan，1971b；Loughnan and Corkery，1975；Creech，2002)，以及一些赋存于悉尼含煤盆地沉积序列中的层间空降火山灰和火山灰流凝灰岩的报道(Diessel，1965；Loughnan and Ray，1978；Diessel，1985；Agnew et al.，1995；Kramer et al.，2001；Grevenitz et al.，2003)。Loughnan(1971a，1971b，1975，1978)还报道了澳大利亚悉尼盆地南部旺格维利(Wongawilli)煤系中富高岭石黏土岩(tonstein 和燧石黏土等)的结构、构造和组成特征。

三、美国煤中火山灰的层位及分布

美国东部的阿巴拉契亚(Appalachian)煤田是美国三大煤田之一。Appalachian 盆地中部的 fire clay 煤层中含有一种横向上持续稳定的 tonstein，且在该区域广泛存在。Hower 等(1999)在美国肯塔基州东部的莱彻(Letcher)县、佩里(Perry)县和莱斯利(Leslie)县共发现了 5 层 tonstein(图 2.26)。Kunk 和 Rice(1994)利用 $^{40}Ar/^{39}Ar$ 高精度年代学的方法对 Appalachian 盆地中宾夕法尼亚期 fire clay tonstein 中的 7 件透长石样品进行了定年测试，并确定该层 tonstein 的年龄为 310.9Ma。Greb 等(1999)也在肯塔基州东部布雷萨特(Breathitt)群海登(Hyden)组的中宾夕法尼亚世(达克曼晚期)煤层中发现了 fire clay 煤层。

Brownfield 等(2005a，2005b)在美国西北部富兰克林(Franklin)煤田发现了煤层中的多层夹矸分别是泥岩、粉砂岩和 tonstein，推测华盛顿州 King 县 John Henry 一号煤矿的 Franklin 煤田 7 号、8 号和 9 号煤层中至少存在 5 层 tonstein(图 2.27)，并认为这些 tonstein 与森特勒利亚(Centralia)矿区斯库坎查克(Skookumchuck)组煤层(Reinink-Smith，1982；Brownfield et al.，1994)以及落基(Rocky)山脉白垩纪煤层(Triplehorn and Bohor，1981；

Brownfield and Johnson，1986；Brownfield and Affolter，1988）中的 tonstein 层相似。此外，在美国西北部怀俄明州的保德河（Powder River）盆地也有 tonstein 的发现（Brownfield et al.，1999，2005a，2005b）。

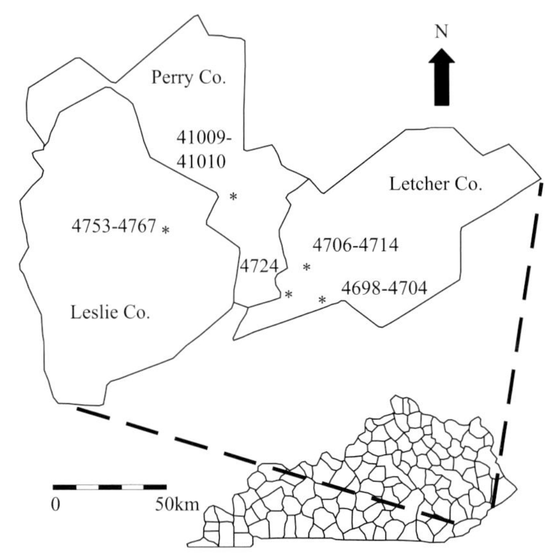

图 2.26　研究区坐落于美国肯塔基州的东部（Hower et al.，1999）

*为采样地点；Co.-县（County）

扫码见彩图

图 2.27　Franklin 煤田 7 号、8 号和 9 号煤层下部的照片

展示了美国华盛顿州 King 县 John Henry 一号煤矿的 tonstein 层；引自 Brownfield 等（2005a）

Crowley 等（1989）研究了火山灰对美国西部犹他州埃默里（Emery）煤田晚白垩世 C 煤层矿物学和化学组成的影响。曼科斯（Mancos）页岩（晚白垩世）费伦（Ferron）砂岩段的 C 煤层位于犹他州中部的埃默里（Emery）煤田，该煤层包含 4 层横向上持续稳定、厚度均匀的火山灰蚀变黏土岩夹矸（图 2.28）。C 煤层中的 tonstein 主要由高岭石和蒙脱石组成（Triplehorn and Bohor，1981），此外还含有自形 β 石英、片状石英、自形锆石和自形磁铁矿等一系列火山成因的标志性矿物。最上部的 tonstein 还含有其他三层 tonstein 中未发现的透长石、斜长石和自形黑云母晶体（Triplehorn and Bohor，1981）。tonstein 对煤的化学性质也具有一定的影响。Zielinski（1985）分析了怀俄明州东北部始新世菲利克斯（Felix）

煤层中硅质火山灰蚀变为高岭石过程中各元素的迁移率，并认为 tonstein 中常量元素的含量由高到低是淋溶作用造成的。Kendrick(1985)研究了新墨西哥州晚白垩世弗鲁特兰(Fruitland)8 号煤层中与 tonstein 有关的微量元素分布，并指出重稀土元素主要以有机螯合物的形式赋存，而轻稀土元素则存在于黏土矿物中。除此之外，在美国西部的其他地区也发现了不同层位的 tonstein(Triplehorn，1990)。

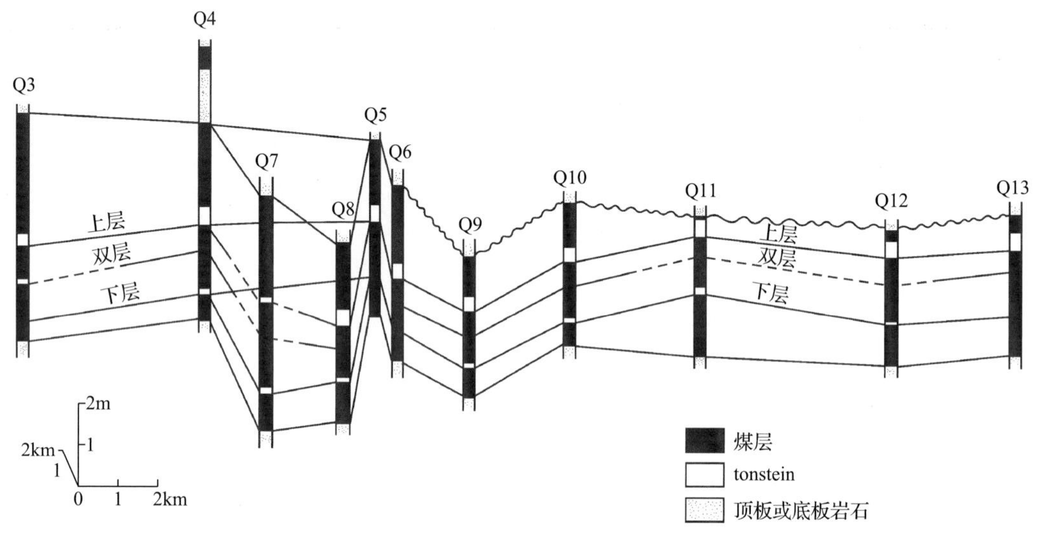

图 2.28　美国犹他州中部 Emery 煤田晚白垩世 C 煤层中所含的 4 层 tonstein
[据 Crowley 等(1989)，有所修改]

Senkayi 等(1984)分析了美国南部得克萨斯州 tonstein 和斑脱岩的成因及矿物学特征，认为得克萨斯州中东部母马(Yegua)组上段晚始新世富高岭石的 tonstein 和斑脱岩是遭受原地风化作用形成的。另外，Lyons 等(1994)与 Bohor 和 Triplehorn(1993)也对美国煤系中 tonstein 的成因、时空分布、矿物学和地球化学特征进行了系统研究。

四、欧洲煤中火山灰的层位及分布

(一)波兰

Wagner(1984)报道了波兰中部贝乌哈图夫(Belchatów)褐煤中的凝灰质 tonstein，认为它们是重要的地层标志层，其分离了主煤层和其他岩层。Burchart 等(1988)和 Burchart(1985)分别对该褐煤中的 tonstein 进行了锆石定年分析，结果表明该煤层中 tonstein 的年龄分别在 17Ma 和 18.1Ma±1.7Ma 左右。此外，Drobniak 和 Mastalerz(2006)还对 Belchatów 褐煤中 tonstein 的层位进行了厘定(图 2.29)。

迄今为止，在波兰西南部上西里西亚煤盆地的波伦巴(Poreba)煤矿[宾夕法尼亚世纳缪尔期(Namurian Age)]共发现了两层 tonstein，第一层与 610 号泛煤层相邻(Gabzdly，1990；Lapot，1992)，第二层与盆地北部的 626 号煤层相邻(Lapot，1993)。但是，在莫什切尼察(Moszczenica)地区的采矿过程中发现 610 号煤层中缺少了 tonstein 层，却在低于海平面的 609 号煤层发现了该层 tonstein，因此 Adamczyk(1997)对 609 号煤层中的

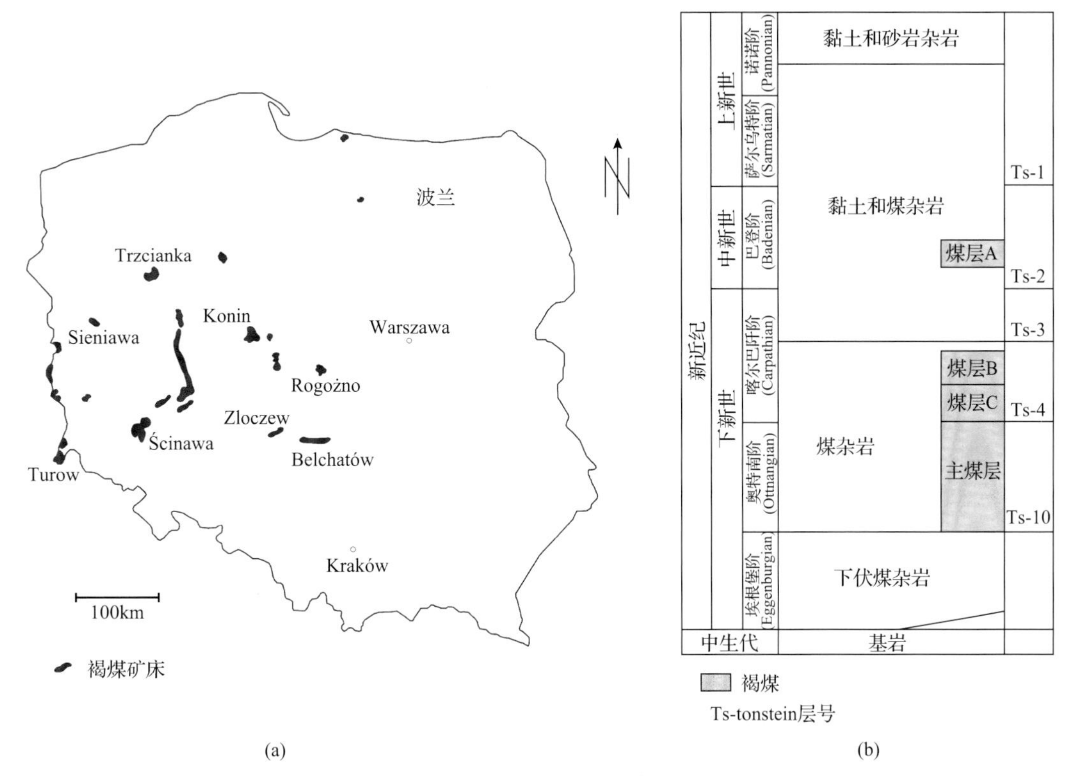

图 2.29　波兰褐煤矿床的分布以及 Belchatów 煤中 tonstein 的层位柱状图[据 Drobniak 和 Mastalerz(2006)，有所修改]

(a)波兰褐煤矿床的分布以及 Belchatów 褐煤矿床的位置；(b)Belchatów 褐煤矿床煤层中 tonstein 的层位；因不能保证准确译名，为了更准确表达，此处保留了外文地名

tonstein 与 I-Maja 矿 610 号煤层中的 tonstein 进行了对比研究，结果表明火山碎屑物质的运移方向可能从 610 号煤层泥炭沼泽的 W-E 方向变为 609 号煤层的 WSW-ENE 方向。

此外，Kokowska-Pawłowska 和 Nowak(2013)还发现波兰南部上西里西亚地区 Sośnica-Makoszowy 煤矿 405 号煤层中的 tonstein(图 2.30)与上西里西亚盆地典型 tonstein 的矿物学和化学组成有明显差别。405 号煤层中 tonstein 的矿物组成除了高岭石、石英、高岭石化黑云母和长石外，还发现了磷酸盐矿物，如磷灰石和磷铝钙石，可能还存在钡磷铝石和纤磷钙铝石(crandallite)。常量元素氧化物 CaO(5.66%，质量百分数)和 P_2O_5 (6.2%，质量百分数)以及与磷酸盐矿物有关的微量元素 Sr(4937μg/g)和 Ba(4300μg/g)的含量都非常高。

(二)西班牙

Bieg 和 Burger(1992)在西班牙西北部的马塔利亚纳(Ciñera-Matallana)盆地宾夕法尼亚世帕斯托拉(Pastora)组[斯蒂芬(Stephanian)B 期]煤中首次发现了 6 层 tonstein，并详细描述了不同种类 tonstein(原文划分为高岭石 tonstein、高岭石/伊利石过渡 tonstein 和伊利石 tonstein)的显微特征(表 2.3)。

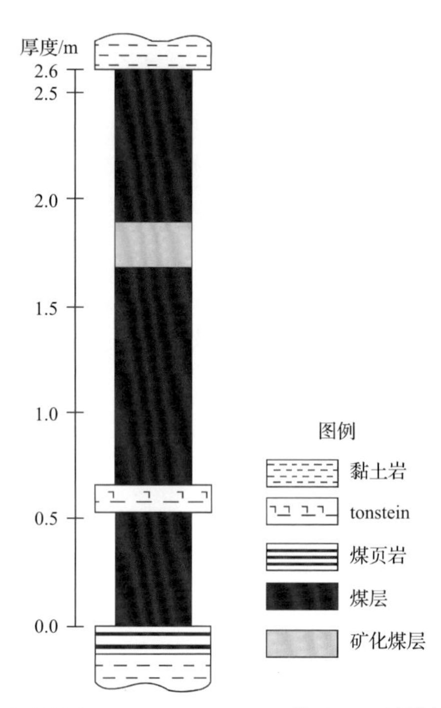

图 2.30　波兰南部上西里西亚地区 Sośnica-Makoszowy 煤矿 405 号煤层中 tonstein 的层位分布[据 Kokowska-Pawłowska 和 Nowak(2013)，有所修改]

表 2.3　西班牙 Ciñera-Matallana 煤田宾夕法尼亚世煤中不同种类 tonstein 的显微镜下特征描述(Bieg and Burger, 1992)

类型	样品编号	显微镜下观察与特征描述
高岭石 tonstein	样品 1A	①从显微组分上看，在高岭石基质中发现了后生于黑云母和长石的辉石假晶，石英的棱角状碎片和丰富的菱铁矿颗粒；40×，1/4 偏光 ②紧密堆积的伊利石、黑云母的片状碎片和长石的微晶粒状碎片；强光折射和强双折射，白色的Ⅰ阶至蓝色的Ⅱ阶干涉色；分散的石英、菱铁矿和煤的微型条带；105×，1/4 偏光 ③高岭石基质中的白色长石、经伊利石化和长石化后的假晶、部分变伊利石化现象和黑色的碳酸盐矿物；105×，1/4 偏光 ④黑云母化后的强双折射伊利石假晶，部分为菱铁矿；小型块状伊利石化长石，部分边缘碳化；离散的石英和不透明煤的残留；105×，1/4 偏光
	样品 1B	①从显微组分上看，后生于黑云母的高岭石和伊利石假晶为板状、柱状和微弯状；褐色高岭石基质，丰富的次生菱铁矿，分散的石英碎块；40×，1/4 偏光 ②高岭石与片状、柱状和微弯状伊利石化的多色晶体(很可能是黑云母的碎片)；角状和微晶粒状离散的长石假晶，离散的菱铁矿，高岭石基质；105×，1/4 偏光 ③含有部分包裹体的柱状和片状高岭石晶体、后生于长石的微晶状假晶碎片和一条长 370μm 的板状长石；密集聚集；105×，1/4 偏光 ④后生于黑云母的高岭石假晶，伊利石的部分层状结构表现出较强的光学折射和双折射；200×，1/2 偏光

续表

类型	样品编号	显微镜下观察与特征描述
高岭石 tonstein	样品 1C	①从显微组分上看，后生于黑云母和部分长石的假晶、石英与高岭石呈现出不同尺寸的劈裂片状晶体；腐殖质基质；40×，1/4 偏光 ②后生于黑云母的高岭石假晶具有不同的破碎位置和尺寸；后生于长石的假晶的角状碎片为微晶粒状；石英和腐殖质基质；105×，非交叉型偏光 ③在腐殖质基质中后生于长石、石英和部分高岭石的微晶-粒状假晶；上部具有玉髓条带；105×，3/4 偏光 ④后生于黑云母的假晶和后生于长石、石英和腐殖质基质的假晶；中心位置具有后生于黑云母假晶层间的次生菱铁矿；105×，1/2 偏光
高岭石/伊利石过渡 tonstein	样品 2	①tonstein 的分级显微组分；上部为腐殖质基质中后生于云母和石英碎片的假晶；中部为棕色高岭石的微晶颗粒基质；下部为高岭石晶体密集聚集，多为高岭石化黑云母的碎片；40×，非交叉型偏光 ②排列紧密的柱状、板状和微弯状高岭石晶体；后生于长石和石英的碎片状假晶；在不同裂解位置的高岭石化黑云母碎片；腐殖质基质；105×，非交叉型偏光 ③后生于黑云母的高岭石假晶；在不同破裂位置具有不同形状和尺寸的碎片；根部仍充满棕色高岭石；40×，1/4 偏光 ④不同切割位置呈柱状和片状的高岭石晶体，角状石英碎片，以及棕色的高岭石基质；105×，1/4 偏光
伊利石 tonstein	样品 3A	①从显微组分上看，后生于黑云母的不同尺寸的柱状、片状和细片状高岭石假晶；腐殖质基质；40×，非交叉型偏光 ②在不同裂解位置上的高岭石化黑云母碎片；腐殖质基质；105×，1/4 偏光 ③后生于黑云母、离散的长石假晶与石英碎片的劈裂状、柱状和片状高岭石假晶；腐殖质基质；105×，3/4 偏光 ④紧密堆积的微晶粒状高岭石化长石、柱状高岭石和石英碎片；105×，3/4 偏光
	样品 3B	①从 tonstein 的显微组分上看，后生于黑云母与后生于长石的高岭石假晶碎片大小不一；石英、菱铁矿和含腐殖质包裹体的高岭石基质；40×，非交叉型偏光 ②高岭石基质中后生于黑云母和长石的高岭石假晶以及角状石英碎片；105×，1/2 偏光 ③在不同破裂位置的高岭石化黑云母大小不一；后生于长石、石英、菱铁矿和高岭石基质的假晶；105×，1/4 偏光 ④后生于黑云母和长石的高岭石假晶，后者部分有菱铁矿化；石英和菱铁矿的分散颗粒，高岭石基质；105×，1/2 偏光

Knight 等(2000)则报道了西班牙萨韦罗(Sabero)煤田中 tonstein 与地层学和构造地质学的关系。Sabero 煤田由一套在阿斯图里期(Asturian)的不整合面之上、超过2000m 的地层组成，地质年代从晚巴鲁埃尔期(Barruelian)到早斯蒂芬期(Stephanian-sensu)。在主要的煤系中发现了 10 层 tonstein，分布于拉波萨(Raposa)组、Sucesiva组、埃雷拉(Herrera)组和尤尼卡(Unica)组。Knight 等(2000)通过显微镜下薄片观察、X 射线衍射光谱分析和全岩化学分析，对 50 多个采样点(包括地表露头和地下采煤工作面)的样品进行了系统研究，发现所有 tonstein 条带的主要成分均为高岭石，由基质和丰富的碎片晶体和斑晶组成，斑晶主要由黑云母和长石蚀变的假晶组成。tonstein中的长石为斜长石和钠长石，一般不存在钾长石；石英以针尖状碎片、α 型和 β 型的形式出现，含有火山玻璃包裹体，而磷石英仅在其中两层 tonstein 中有发现；副矿物还包括自形磷灰石和锆石。其矿物学组成和岩石学特征与火成碎屑成因完全一致。局部观察到 tonstein 由高岭石向伊利石的一些明显的转变，其中一层 tonstein 在横向上

连续分布，其主要黏土矿物由高岭石向高岭石-伊利石直至伊利石为主演化，这与构造作用强度的增强明显一致。在一些 tonstein 中钙斜长石相对普遍存在，这表明了英安质的火山活动。Sabero 煤田的 tonstein 组成特征与 Ciñera-Matallana 煤田的 tonstein 极为相似，因此，Knight 等(2000)推测这两个煤田的 tonstein 可能具有同一火山源区。

(三)英国

Price 和 Duff(1969)将英格兰威斯特法期(Westphalian)煤系中的 tonstein 与苏格兰纳缪尔期和威斯特法期(Westphalian)煤系中火山来源的 tonstein 进行了矿物学和化学组成对比，发现以煤层中夹矸形式出现的 tonstein 和以沉积岩层间形式出现的 tonstein(煤层之外)存在着明显差异。煤中的 tonstein 具有更高的 Ti 值，在某些情况下还含有磷铝钙石系列的矿物。

Dewison(1989)报道了英国巴恩斯利(Barnsley)煤系火山灰蚀变成因的高岭石。对采自北约克郡的 81 件样品(包括煤、顶底板和夹矸)进行了矿物学和部分的微量元素地球化学分析(V、Cr、Y、Zr、Nb、Ni、Cu、Pb、Zn、Rb、Sr、Ba 和 Mn)，结果表明，Barnsley 煤层中的高岭石黏土岩夹矸是与泥炭同时期沉积的火山灰经成岩作用再结晶形成的，主要证据如下：①高岭石与相对稳定的微量元素(Ti、Zr、Y 和 Nb)之间高度正相关；②横向上持续稳定的煤层中除了大量的高岭石外，还有锐钛矿。因此认为该层为一个大范围连续分布的 tonstein 层。

Spears 和 Kanaris-Sotiriou(1979)与 Spears(1970)对英国石炭纪煤中 tonstein 的时空分布进行了系统地统计(表 2.4)。此外，Barnsley 等(1966)和 Spears(1971)也对英国北斯塔福德郡威斯特法期高岭石 tonstein 的矿物学特征进行了研究；Eden 等(1963)则报道了英格兰中部地区各煤田的 tonstein；而 Salter(1964)与 Mayland 和 Williamson(1970)在英格兰和威尔士的西北煤田也发现了 tonstein。

表 2.4　英国石炭纪煤中 tonstein 的时空分布

样品编号		tonstein	煤田	采样地点	分类
	威斯特法 C 期				
英格兰 tonstein	E17	Winghay No.2	Florence 煤矿	北斯塔福德郡	酸性火山灰
	E16	Rowhurst Rider	Florence 煤矿	北斯塔福德郡	酸性火山灰
	E6	Sharlston Muck	Gap Lane Opencast	约克郡	酸性火山灰
	E10	Sub-High Main	Whyburn House B/H	诺丁汉郡和北德比郡	酸性火山灰
	E11	Sub-High Main	Hartswell Farm B/H	诺丁汉郡和北德比郡	酸性火山灰
	E12	Sub-High Main	Holme Pierrepoint B/H	诺丁汉郡和北德比郡	中性火山灰
	E13	Sub-High Main	Stone B/H	诺丁汉郡和北德比郡	酸性火山灰
	1	Stafford Tonstein	Wolstanton 煤矿	北斯塔福德郡	酸性火山灰
	E14	Supra-Wyrley Yard	Brancotegorse	南斯塔福德郡	酸性火山灰
	E15	Supra-Wyrley Yard	Hilton Main 煤矿	南斯塔福德郡	酸性火山灰
	2	Supra-Wyrley Yard	Hilton Main 煤矿	南斯塔福德郡	酸性火山灰

续表

样品编号		tonstein	煤田	采样地点	分类
英格兰 tonstein			威斯特法 B 期		
	E9	Sub-Swinton Pottery	Kings Mill B/H	诺丁汉郡和北德比郡	中性火山灰
	7	Sub-Clowne	Whitwell Common B/H	诺丁汉郡和北德比郡	酸性火山灰
	8	Sub-Clowne	Hodthorpe B/H	诺丁汉郡和北德比郡	酸性火山灰
	5	New Main	Hugglescote B/H	莱斯特郡	中性火山灰
	E5	Swannington Yard	Thornborough Lane B/H	莱斯特郡	碱性火山灰
			威斯特法 A 期		
	E3	Deep Hard	Cotgrave 煤矿	诺丁汉郡和北德比郡	中性火山灰
	3	Deep Hard	Clifton 煤矿	诺丁汉郡和北德比郡	碱性火山灰
	4	Deep Hard	Hucknall 煤矿	诺丁汉郡和北德比郡	中性火山灰
	E2	First Piper	Clifton 煤矿	诺丁汉郡和北德比郡	碱性火山灰
	6	Yard	Wingfield Manor 煤矿	诺丁汉郡和北德比郡	酸性火山灰
	E1	Blackshale	Markham 煤矿	诺丁汉郡和北德比郡	碱性火山灰
	9	Blackshale	Hagleys B/H	诺丁汉郡和北德比郡	酸性火山灰
	E4	Nether Lount	Whitwick 煤矿	莱斯特郡	碱性火山灰
	E8	Kilburn	Harlequin B/H	诺丁汉郡和北德比郡	碱性火山灰
	E7	Alton	Gresley 煤矿	诺丁汉郡和北德比郡	中性火山灰
苏格兰 tonstein			纳缪尔期		
	S1	Jersey	Cowdenbeath 煤矿	法伊夫	碱性火山灰
	S2	Jersey	Glenornig 煤矿	法伊夫	碱性火山灰
	S3	Jersey	Lumphinnans 煤矿	法伊夫	碱性火山灰
	S4	Jersey	Fordell 煤矿	法伊夫	碱性火山灰
	S12	In Upper Leaf Black Metals	Culross 3 号钻孔	法伊夫	碱性火山灰
	S10	In Shale Lower Leaf Black Metals	Culross 2 号钻孔	法伊夫	碱性火山灰
	S11	In Shale Lower Leaf Black Metals	Culross 2 号钻孔	法伊夫	中性火山灰
	S5	Torrance	Kinneil 煤矿	西洛锡安区	中性火山灰
	S9	In Shale above Mynheer Coal	Culross 2 号钻孔	法伊夫	碱性火山灰

注：表中外文未找到准确译名，为了更准确表达，此处保留外文。

（四）欧洲其他国家

Otte 和 Pfisterer（1982）与 Kutzner（1987）对德国鲁尔（Ruhr）地区的高岭石 tonstein 进行了研究。Bouroz（1967）在法国北部到东北部的萨尔-洛林（Sarre-Lorraine）地区共发现了 10 层 tonstein，其中 4 层与德国 Ruhr 地区的 tonstein 相似。Spears 和 Kanaris-Sotiriou（1979）则将法国北部和德国 Ruhr 地区的大部分 tonstein 归类为酸性火山灰来源。

Burger 等(2000)报道了土耳其西北部宗古尔达克(Zonguldak)煤田和阿马斯拉(Amasra)煤田宾夕法尼亚世煤系中的高岭石 tonstein。Zonguldak 煤田的 tonstein 赋存于 Kozlu 组(威斯特法 A 期)Piç Ⅱ层和皮里克(Piriç)层(Asma 5 号矿区);Amasra 煤田的 tonstein 则赋存于 Karadon 组(威斯特法 B、C 期)的卡林(Kalin)层和塔旺(Tavan)层[陶勒盖(Tarlaagzi)矿区]。对上述 tonstein 进行了矿物学分析,结果表明高岭石为其主要矿物,同时也存在一些蒙脱石和伊利石。镜下观察到的火成斑晶也印证了 tonstein 是火山灰的蚀变产物。

Eskenazy(2006)在保加利亚埃尔霍沃(Elhovo)矿新近纪的煤系中发现了 tonstein。捷克共和国上西里西亚含煤盆地的宾夕法尼亚世煤层中也有 tonstein 的发现,Martinec 和 Dopita(1997)分析了其火山碎屑的成因。此外,在其他许多欧洲国家也发现了不同时期、不同层位和不同种类的 tonstein(Spears and Kanaris-Sotiriou,1979)。

五、其他地区煤中火山灰的层位及分布

Chekin(1973)、Admakin 和 Portnov(1987)与 Tschernowjanz(1992)报道了俄罗斯伊尔库茨克(Irkutsk)含煤盆地煤层中的 tonstein。而 Arbuzov 等(2011)则对俄罗斯西伯利亚和远东地区,以及哈萨克斯坦和蒙古国的 tonstein 进行了研究。

Goodarzi 等(2006)在伊朗西部湖相沉积的侏罗纪煤层中发现了 tonstein,该煤层的煤中主要含有高岭石(68%)和氟磷灰石(26%)。Coodarzi(1988)在加拿大不列颠哥伦比亚省福丁(Fording)煤矿也发现了 tonstein,并对各煤分层的元素浓度与 tonstein 的元素浓度进行了比较分析。

印度尼西亚加里曼丹东部 Tertiary 库泰(Kutei)盆地的新近纪煤系中存在横向上持续稳定、厚度达 30cm 的 tonstein 层。Addison 等(1983)指出,迄今为止该地所发现的 8 层 tonstein 记录了巴达克(Badak)向斜中、晚中新世的地质事件,其横向上分布在三马林达(Samarinda)南-西南部(约 40km),是严格意义上的 tonstein,认为在结构和组成上,这些新近纪的 tonstein 与欧洲石炭纪的 tonstein 非常相似,这一点也印证了其火山成因的结论。Ruppert 和 Moore(1993)则在印度尼西亚加里曼丹东南部丹戎(Tanjung)组的始新世 Senakin 煤层中发现了 11 层 tonstein,其具有厚度薄(<5cm)和灰分高(>70%)等特征。通过扫描电镜、EDS 和 X 射线衍射对其中 8 层 tonstein 进行了分析,结果表明它们主要由结晶较好的高岭石组成,且其中大部分为蠕虫状高岭石,副矿物包括丰富的钛的氧化物矿物、富稀土元素的含 Ca 和 Al 的磷酸盐矿物、石英以及自形到半自形的辉石、角闪石、锆石和透长石,并推测其火山灰的来源可能主要为与加里曼丹和苏拉威西板块构造运动有关的新近纪火山活动。

Siddaiah 和 Kumar(2007)在印度亚喜马拉雅(Sub-Himalayas)东北部索兰(Solan)地区(喜马偕尔邦)卡尔卡(Kalka)附近瑟巴图(Subathu)组(晚古新世—中始新世)底部的两层煤层之间发现了 1.5m 厚的火山灰层,代表了喜马拉雅前陆盆地最古老的火山灰层,其主要由含有大量玻璃碎片的高岭石、自形和棱角状的 β 石英、透长石、锆石、黑云母和锐钛矿,且具有 Al_2O_3 和不相容元素(Zr、Nb、Th 和 Y)含量高以及烧失量(LOI)大等特点。根据岩性、野外特征、矿物学和地球化学特征,确定该火山灰层为火山灰来源。该火山

灰层的地层位置和厚度表明早始新世发生过一次重大的火山活动。

Spears 等(1988)在南非首次发现了赋存于西沃特博格(West Waterberf)煤田二叠纪卡鲁(Karoo)序列 Volkrust 页岩组的 tonstein。该层 tonstein 富集 Ba、Sr 和 Pb 等元素，且以混合磷酸盐矿物的形式产出，表明其起源于一种酸性成分的火山灰。Hancox 和 Götz(2014)综述了南非各煤田地层及煤层的命名和分类，并回顾了 tonstein 的起源与分布。

Guerra-Sommer 等(2008b)报道了巴西坎迪奥塔(Candiota)煤田(南里奥格兰德州)煤层层间 tonstein 中锆石的 U-Pb 同位素定年,结果为 296.9Ma±1.65Ma 和 296Ma±4.2Ma(在误差范围内是一致的)，并认为通过对 tonstein 层和相关煤层的放射性定年来校准生物地层学，有助于将其作为等时标志，从而作为有用的地层对比工具。Formoso 等(1999)发现巴西南巴拉那(Paraná)盆地里奥博尼图(Rio Bonito)组煤系记录着广泛的火山活动证据，其中持续稳定的黏土岩层被鉴定为 tonstein(煤层层间 tonstein 在 Candiota 煤田、法希纳尔(Faxinal)煤田、Sul do Leão 煤田和阿瓜博阿(Água Boa)煤田均连续分布)。Guerra-Sommer 等(2008c)则对巴西南 Paraná 盆地 Faxinal 煤田的煤层层间 tonstein 做了详细的年代学研究，其锆石的 U-Pb 同位素年龄为 285.4Ma±8.6Ma。

Bohor 和 Triplehorn(1993)根据与 J. Thorez 的交流，指出南极洲也可能赋存有 tonstein，但目前还没有关于这方面研究的报道。

第二节　世界煤中火山灰的时间分布

tonstein 除了在全球空间范围分布广泛，在各成煤地质时期均大量产出。例如，宾夕法尼亚世(Schmitz-Dumont，1894；Eden et al.，1963；Salter，1964；Barnsley et al.，1966；Price and Duff，1969；Mayland and Williamson，1970；Spears，1970，1971，2006；Spears and Kanaris-Sotiriou，1979；Dewison，1989；Gabzdyl，1990；Bieg and Burger，1992；Lapot，1992；Lyons et al.，1992，2006；Kunk and Rice，1994；梁绍暹等，1995；Rice et al.，1996；Adamczyk，1997；Martinec and Dopita，1997；Greb et al.，1999；Burger et al.，2000；Knight et al.，2000；王水利和葛岭梅，2007；Kokowska-Pawłowska and Nowak，2013；Dai et al.，2015b；Zhao et al.，2016a)、二叠纪(Loughnan，1971b；Zhou et al.，1982，1994，2000；Spears et al.，1988；Burger et al.，1990；周义平和任友谅，1994；周义平，1999；Guerra-Sommer et al.，2008b；Dai et al.，2011，2014a；Zhao et al.，2012；Zhuang et al.，2012)、晚三叠世(Burger et al.，2002)、侏罗纪(Chekin，1973；Admakin and Portnov，1987；Goodarzi et al.，2006)、白垩纪(Rogers，1914；Triplehorn and Bohor，1981；Brownfield and Johnson，1986；Brownfield and Affolter，1988；Crowley et al.，1989)、古新世(Hill，1988a，1988b；Ruppert and Moore，1993；Brownfield et al.，1999)、始新世(Reinink-Smith，1982；Senkayi et al.，1984；Zielinski，1985；Brownfield et al.，2005a；Dai et al.，2018b；Guo et al.，2019a，2019b)和新近纪(Wagner，1984；Burchart，1985；Burchart et al.，1988；Brownfield et al.，2005b；Drobniak and Mastalerz，2006；Eskenazy，2006)。

第三章　煤和煤系中火山灰的识别及其矿物和元素组成

第一节　tonstein 的野外识别

煤中与有机质混合存在的火山灰很难鉴别出来，即使在手标本中也比较难辨别，但 tonstein 和凝灰岩在野外识别上则有一些相对容易识别的标志。虽然 tonstein 的厚度通常只有 2～8cm（大部分 3～5cm），偶尔更薄或仅有数米后尖灭（Zhou et al.，2000），但 tonstein 通常在横向上相对连续分布（Spears，2012；Dai et al.，2014a），甚至在 150000km^2 的范围内持续稳定分布（Zhou et al.，1982；周义平，1999）。

tonstein 与相邻煤层之间的接触几乎总是清晰明显的，没有沉积层序渐变的迹象（图 3.1）。此外，Creech（2002）指出，煤层层间 tonstein 有一个非常独特的特点，即其几乎完全没有树木原地保留下来的痕迹，如从下伏煤层中突出上来的树干或从上覆煤层中延伸下来的树根结构。Diessel（1992）描述了悉尼盆地二叠纪树桩从煤中向上突出导致厚层状凝灰岩层发生轻微蚀变的现象，而 Creech（2002）也在其他相似地质条件的区域内发现了这种现象。虽然在不同的地质环境中都观察到了 tonstein 的存在，但无论是在接触边界还是 tonstein 的内部几乎都没有树木保存的痕迹。

(a)

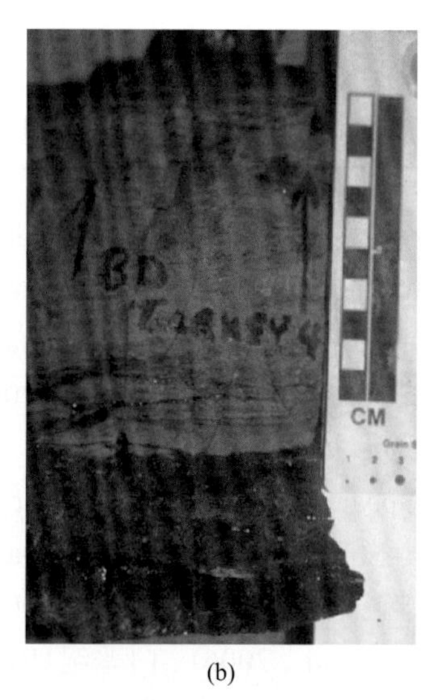

(b)

扫码见彩图

图 3.1　美国肯塔基州东部的 tonstein（a）和中宾夕法尼亚世煤层（耐火黏土煤）的突变接触（b）

Creech（2002）对此给出了一个可能的解释：虽然火山灰的空降在泥炭堆积期比较常见，但只有当泥炭表面被洪水淹没或植物生长受限的时候火山灰才能够沉积并保存下来从而形成 tonstein。在其他情况下，空降的火山灰则可能被水流冲刷带走或者融入活跃的泥炭堆积系统。这个解释与下伏煤层的树干没有突出到 tonstein 层中来的现象一致，同时也与薄层火山灰在区域范围内广泛分布的特征相符合。同时，Creech(2002)还指出，这个观点不足以解释为什么在 tonstein 中缺失由上覆煤层向 tonstein 层延伸下来的树根。因此，煤层和 tonstein 的形成可能需要更进一步的研究和探索。

由于蚀变火山灰层的有机质含量较低，与上下煤层相比颜色较浅(Spears，2012)。与正常的(外生碎屑)沉积岩相比，蚀变火山灰尤其是 tonstein 具有贝壳状和燧石状断口(Zhou et al.，2000；Spears，2012)。tonstein 通常是均质的，虽然在薄片上可以观察到纹理和粒级分层，但宏观上 tonstein 没有明显的沉积层理(Spears，2012)。而煤层内某些正常(外生碎屑)沉积岩纹理的缺失则可能是腐殖酸(来自泥炭)蚀变/淋滤黏土矿物的结果(Staub and Cohen，1978)。如果在同一层煤中赋存了两层及以上的 tonstein，那么它们有时可能会呈现出宏观上的差异。例如，中国西南地区云南东部的 C3 煤中有两层 tonstein，上层 tonstein(C3-3P)为灰色-黑色、细粒致密结构，而下层 tonstein(C3-5P)为灰色-白色、粗晶质结构。

火山灰颗粒在搬运过程中会发生分选，距喷发中心越远的火山灰颗粒越细(Fisher and Schmincke，1984；Spears，2012)。粒径在 1/16～2mm 的矿物碎屑最多，但通常没有小于 10μm 的碎屑(Fisher and Schmincke，1984)。在 tonstein 和斑脱岩中也观察到了矿物分选的现象(Fisher and Schmincke，1984；Spears，2012)。值得注意的是，这种风成分选会造成一些沉积单元底部黑云母的富集(Diessel，1985；Huff and Morgan，1990)。此外，周义平(1992)的研究也表明随着离火山口距离的增加，tonstein 中锆石的颗粒越细且含量越低，锆石的形态也发生了明显的变化。

第二节　tonstein 火山灰成因的矿物学证据

煤和煤系中火山灰层存在的证据包括其含有火山成因的矿物(高温石英，图 3.2；透长石和锆石，图 3.3；云母；磷灰石，图 3.4；Bouroz，1967；Ward，2002)、与相邻煤层及伴生或后生碎屑沉积岩不同的元素组合特征(Dai et al.，2014a，2014c)、具有火山结构(Bohor and Triplehorn，1993；Zhou et al.，2000)，以及前面提到的野外识别标志。蚀变火山灰中的矿物可以分为原生矿物和次生矿物两大类，前者保留了大部分的原始晶型(图 1.3，图 3.2～图 3.4)和地球化学组成，而后者主要由原始火山物质蚀变而来(包括不

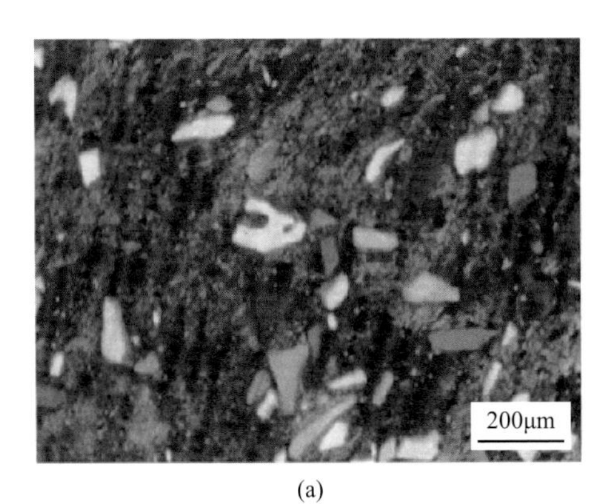

(a)

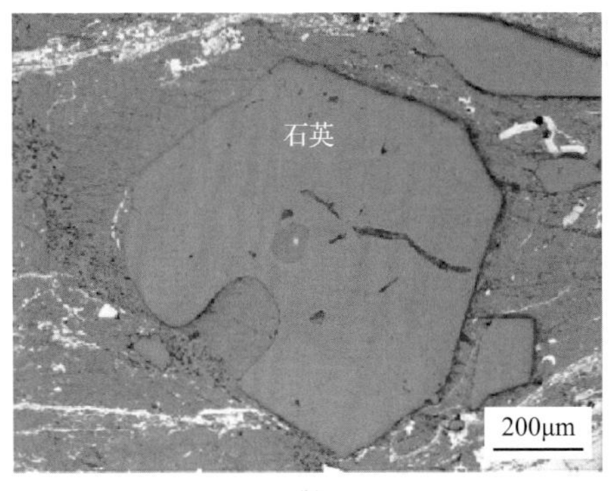

(b)

图 3.2　蚀变火山灰中高温石英的光学显微镜下照片

(a) 云南东部富源县乐平世煤中 tonstein 内的高温石英，具有溶蚀港湾结构，周义平拍摄；(b) 内蒙古大青山煤田宾夕法尼亚世煤中 tonstein 内的高温石英，具有包裹体与溶蚀港湾结构；(c) 云南东部宣威市新德煤矿乐平世煤中 tonstein 内的叶片状和薄片状石英碎屑，其边缘纤细尖锐；(d)～(f) 云南东部乐平世煤系中泥质凝灰岩内的高温石英(具有溶蚀港湾结构)以及具有高温裂痕和叶片状的石英碎屑；引自 Dai 等(2010b)；(a)、(c)～(f) 为透射光；(b) 为油浸反射光

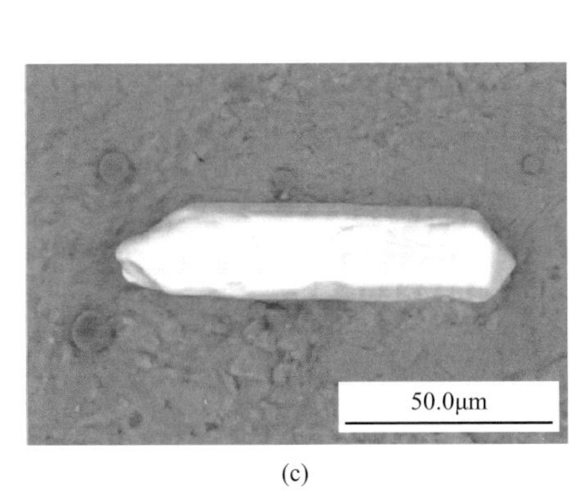

扫码见彩图

图 3.3　tonstein 中的透长石和锆石

(a)吉林珲春煤田古近纪煤中 tonstein 内的透长石；(b)美国肯塔基州东部宾夕法尼亚世 fire clay 煤中 tonstein 内的透长石(薄片由美国肯塔基大学 Thomas Robl 拍摄；视域约 1mm 宽)；(c)云南东部新德煤矿乐平世煤中 tonstein 内的锆石；(d)云南东部富源县乐平世煤中 tonstein 内的锆石；(a)和(c)为扫描电镜背散射电子图片；(b)和(d)为光学显微镜透射光照片

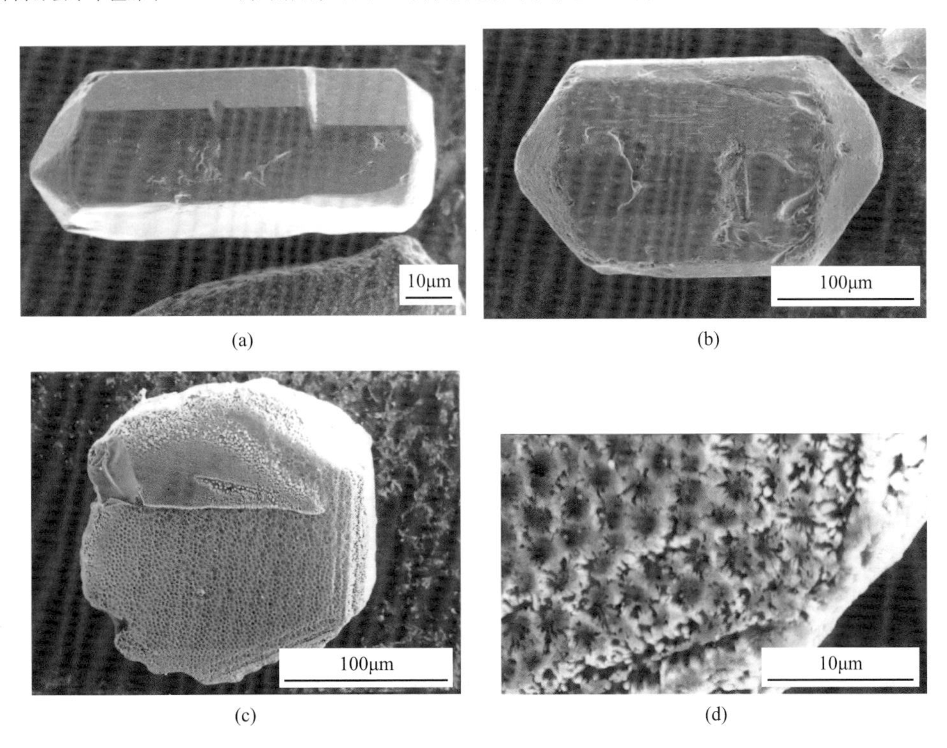

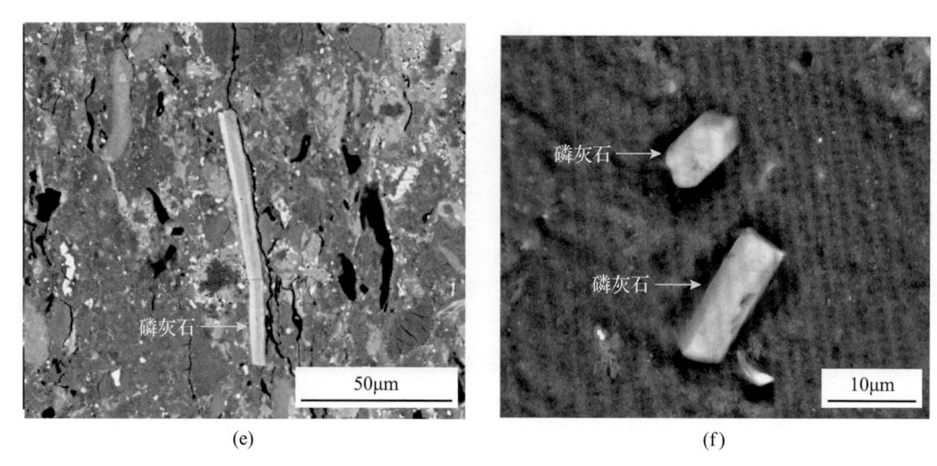

(e)　(f)

图 3.4　tonstein 中的磷灰石的扫描电镜背散射电子图像

(a)、(b)美国肯塔基州东部 fire clay 煤层 tonstein 中未蚀变的磷灰石；(c)、(d)美国肯塔基州东部 fire clay 煤层 tonstein 中蚀变的磷灰石；(e)、(f)云南东部乐平世煤系中泥质凝灰岩内的磷灰石；(a)～(d)引自 Hower 等(2016a)；(e)引自 Dai 等(2010b)

同种类的黏土矿物和沸石；图 1.1，图 1.2)。原始岩浆的成分也可以通过火山成因的矿物来反映。例如，tonstein 中普通辉石、角闪石和蒙脱石族黏土矿物的存在表明其原始岩浆的成分来源是中性的[如华盛顿普吉特(Puget)组 Franklin 煤中的 tonstein；Brownfield et al.，2005a]。此外，北美中生代斑脱岩中的黑云母、锆石、磷灰石和偶尔出现的榍石等重矿物组合，也清晰地表明了其为火山灰成因(Weaver，1963)。

一、火山灰中的原生矿物

火山灰沉积后遭受蚀变，原生矿物如高温石英、斜长石、透长石、锆石、磷灰石和其他磷酸盐、独居石、云母、金红石和锐钛矿往往会残留在蚀变火山灰中。

(一)石英

高温石英(图 3.2)是煤和煤系内长英质或中性-长英质蚀变火山灰中最丰富的火山碎屑矿物。石英在高温下以高温(β)斑晶的形式从长英质岩浆中结晶，当温度降至 573℃以下时，会转化为低温相(α 同质异象体)(Bohor and Triplehorn，1993)。火山成因的高温石英具典型的特征：①发育良好的自形双锥晶体(Bohor and Triplehorn，1993；Ward，2016)。但需要注意的是石英晶体的棱柱面及双锥更可能是自生形成的(Ward，2002，2016)。tonstein 中典型的火山石英晶体通常只具有双锥的形状(Bohor and Triplehorn，1993；Brownfield et al.，1999)，没有额外的棱柱面(Ward，2002，2016)，而 Bohor 和 Triplehorn(1993)则认为火山石英晶体也可能含有少量轻微改造的棱柱面。少数情况下，β 石英的晶体由于在岩浆房内晶棱遭受溶蚀而呈现出不同程度的磨圆，甚至近乎球状(Donaldson and Henderson，1988)。②具有溶蚀港湾的石英[图 3.2(a)、(b)、(d)、(e)]。③当温度快速下降时，火山石英存在高温裂痕。④火山石英碎片呈叶片状或薄片状，其边缘纤细尖锐[图 3.2(c)、(d)、(f)]，这些通常不是河流或风成陆源碎屑的特征。具有尖锐棱角的石英通常源自岩浆房或火山颈处(周义平和任友谅，1983b)。

火山成因石英的内部偶尔会有火山玻璃、液体/熔体或矿物包裹体存在(Clocchiatti，1975)[图 3.2(b)]，这些包裹体的性质对原始岩浆的成分具有指示意义(Lyons et al.，1994)。因此，也可以通过对 tonstein 中自形 β 石英所含包裹体进行化学分析来解释其火山成因以及来源(Belkin and Rice，1989；Lyons et al.，1994)，还可以通过石英晶体的阴极发光分析来说明其来源(Triplehorn et al.，1991)。

并不是所有蚀变火山灰中的石英都是火山碎屑成因。陆源碎屑成因的石英也可以在火山灰降落在泥炭沼泽后进入火山灰层，被 tonstein 所包裹。这种类型的石英可通过阴极发光或晶粒习性分析鉴别出来(Lyons et al.，1994)。tonstein 中的石英也可能是火山灰与泥炭沼泽中的水溶液发生反应从而蚀变脱硅的结果(Ward et al.，2001a)。二氧化硅可以在 tonstein 中或在紧邻 tonstein 层下部的有机质中重新沉淀(Ward，2016)。虽然火山灰脱硅的机理尚不清楚，但这可能是长英质火山灰中 SiO_2 含量低于相应长英质岩浆岩(如花岗岩和流纹岩)的一个原因。在成岩作用或后生作用阶段 tonstein 中也可能有含硅溶液活动，形成自生石英(Dai et al.，2014c)。

(二)长石

长石(包括斜长石和透长石)是蚀变火山灰中富集程度仅次于石英的原生矿物。微斜长石也可能存在于 tonstein 中，但它不是主要的火山矿物(Bohor and Triplehorn，1993)。由于长石相对于石英更易风化，在蚀变火山灰中并不总能观察到长石，尤其是比透长石更容易蚀变或溶解的斜长石和微斜长石。tonstein 中原始的透长石可能会遭受蚀变[图 3.3(a)、(b)]，因此其丰度通常低于原始火山灰。有时在 tonstein 中的透长石中还可以观察到解理缝，并显示出被岩浆溶蚀的现象(Burger et al.，2000)。tonstein 中的透长石可以用来解释其原始岩浆成分，如 Zhao 等(2012)报道了澳大利亚悉尼盆地 Great Northern 煤层 tonstein 中的透长石是歪长石-透长石系列的一个单元或是钠透长石，这指示了该 tonstein 的原始火山灰物质组成是酸性-中性成分。美国蒙大拿州 Hell Creek 组煤层层间 tonstein 中的透长石位于 K-T 界线，其被用来研究 K-T 动物群的同步灭绝事件(Renne et al.，2013)。除了 tonstein，在煤的基质中也观察到了已分解且被钠长石交代了的火山成因透长石[图 1.3(a)](Dai et al.，2008a)。在这种情况下，虽然火山灰的量不足以在煤层中形成肉眼可见的火山灰层，但火山物质仍可能对煤的地球化学和矿物学特征产生重要的影响。

(三)锆石

锆石是 tonstein 中常见的副矿物(de Matos et al.，2001；Hower et al.，2016a；Zhou et al.，1994；周义平等，1992)。由于 tonstein 中的锆石具有抗蚀变能力强的特性，其主要呈自形晶状[图 3.3(c)、(d)]。Dopita 和 Kralik(1977)的研究结果表明，单一的 tonstein 层通常具有呈均质分布的自形锆石群，且其晶体形态的变化幅度不大。Zhou 等(1994)的研究发现 tonstein 中的火山碎屑锆石在晶体习性和外观上都与陆源碎屑沉积物中的锆石不同，火山碎屑锆石通常呈细长的、发育良好的四方双锥状，长宽比(c/a 值)>2.5。锆石不仅可以作为煤层中夹矸火山成因的指示物，还可以用来重建火山灰降落的散布模式(周义平，1992）。一些火山成因的锆石可能呈磨圆状，这很可能是火山灰云的搬运作用或火山喷发前的岩浆演化作用导致的。Guerra-Sommer 等（2008a）指出，较大且较圆的锆石颗粒应该比正常的锆石群要老，其可能是捕虏体，代表岩浆中部分被再吸收的较老的锆石（Spears，2012）。

（四）磷灰石和其他磷酸盐

磷灰石及高含量的磷锶铝石-磷钡铝石-纤磷钙铝石-磷铝铈石系列矿物，通常指示火山灰的输入（Wilson et al.，1966；Loughnan，1971a，1971b；Kilby，1986；Goodarzi et al.，1990, 2006；Rao and Walsh，1997；Hower et al.，1999；Mardon and Hower，2004；Brownfield et al.，2005a；Zhao et al.，2012），这些矿物在很多煤层 tonstein 中都有发现（Hill，1988b；Spears et al.，1988；Bohor and Triplehorn，1993；Rao and Walsh，1997；Kokowska-Pawłowska and Nowak，2013）。然而，Dai 等（2015a）、Ward 等（1996）、Ward（2002）、Davis 等（2006）和 Permana 等（2013）在煤中也观察到了自生成因的磷灰石和磷酸盐矿物。因此，在分析这些矿物的成因时，对其赋存状态的研究极其重要。火山成因的磷灰石通常以自形晶、细长六边形的颗粒状产出（图 3.4），并且包含独特的流体包裹体（Bohor and Triplehorn，1993；Spears，2012），在某些情况下，纤细状的磷灰石颗粒可能会受到压实作用的影响而断裂（Spears，2012）或蚀变［图 3.4（c）、（d）］（Hower et al.，2016a）。相比之下，自生磷灰石通常以充填植物胞腔的形式赋存于显微有机组分里和/或以填充裂隙的形式存在（Ward et al.，1996；Dai et al.，2015a；Ward，2002，2016）。

火山成因的磷灰石在酸性的成煤环境中容易被溶解，因此并不总能保存在 tonstein 中。例如，非海相环境的科罗拉多达科他（Dakota）群蚀变火山灰层中就缺失磷灰石。然而，在海相沉积的蒙脱石火山灰层中，磷灰石则相对比较丰富（Bohor and Triplehorn，1993）。此外，在 tonstein 中也观察到了微量的次生磷灰石，它们要么以微晶胶结物的形式存在，要么以交代原生矿物的形式存在（Hoehne，1959；Strauss，1971；Dopita and Kralik，1977；Addison et al.，1983）。次生磷灰石有时沿着未蚀变的原生磷灰石晶体边缘发育，指示其为自生成因，而不是源自原生晶体的溶解（Bohor and Triplehorn，1993）。

煤层中某些富磷的层位代表了可能在沉积间隙期有大量富磷火山物质沉积。Triplehorn 和 Finkelman（1989）注意到，玻璃质碎片和火山气泡胶结后出现了纤磷钙铝石假晶，表明磷酸盐矿物交代作用发生在火山灰埋藏之后，在成岩作用中玻璃质的蚀变发生于黏土矿物形成之前。Ward 等（1996）指出，当 Al 以活泼态存在于磷酸盐矿物沉淀的地方时，铝磷酸盐矿物会在层内沉积，而当 Al 不与含磷物质反应时，磷灰石则会发生沉淀。火山灰是煤中形成自生铝磷酸盐矿物的重要磷源。但 Spears 等（1988）和 Dai 等（2015a）认为单独的火山灰并不能为磷酸盐矿物的形成提供充足的磷，其他来源如泥炭中的有机质也可能为磷酸盐矿物提供部分的磷。Ward 等（1996）和 Dai 等（2015a）系统描述了煤中自生磷灰石以及自生磷锶铝石-磷钡铝石-纤磷钙铝石-磷铝铈石系列的形成。除了磷灰石和磷锶铝石-磷钡铝石-纤磷钙铝石-磷铝铈石系列外，还在某些煤系的碱性和长英质蚀变火山灰中鉴别出了自生成因的水磷铈矿和含硅的水磷铈矿（Seredin and Dai，2012；Dai et al.，2014c）。

在长英质火山灰中可以观察到独居石普遍存在，但是在鉴别独居石时需要注意区分其他的含磷矿物。例如，水磷铈矿就会很容易被误判为独居石，因为在带能谱的扫描电镜和电子探针微区分析(EPMA)下，二者的化学成分非常类似(火山灰中这些矿物的含量通常低于 XRD 的检测限)。独居石一般在岩浆岩的结晶作用和碎屑沉积岩的变质作用过程中形成。在蚀变火山灰层及相邻煤层中出现的独居石通常为岩浆成因，但是如果火山灰和陆源物质相混合，独居石也可能来自沉积源区。自生的含磷矿物[图 1.1(b)]通常不是独居石，而是其他矿物相，如水磷铈矿和含硅的水磷铈矿(Dai et al.，2014c)。

Schandl 和 Gorton(2004)认为热液型独居石的形成温度约为 700℃，该温度比大部分变质环境的温度都高，因此热液型独居石在泥炭堆积环境中不可能出现。然而，有部分学者却在某些热液、成岩环境及碳酸岩中发现了独居石(Read et al.，1987；Evans and Zalasiewicz，1996；Wall and Mariano，1996；Schandl and Gorton，2004)。热液和岩浆型独居石都拥有良好的晶形(Schandl and Gorton，2004)，一些晶形较差的不是独居石，而可能是其他的含磷矿物[磷镧铈矿；图 1.1(b)]。

热液型独居石中 ThO_2 的含量较低，据此也可将其与别的含磷矿物及岩浆型独居石区分[如 0%～1%(Schandl and Gorton，2004)；低于 0.2μg/g(Kempe et al.，2008)]。

(五)云母

黑云母的存在可以提供煤中火山灰存在的明确证据。但正如 Bouroz(1967)所指出的，黑云母在成煤环境中容易蚀变，常常无法保存下来。黑云母通常会发生高岭石化(Kokowska-Pawłowska and Nowak，2013；Dai et al.，2014a)和绿泥石化作用，形成蠕虫状结构[图 1.1(a)～(d)，图 1.2(d)，图 2.16(a)、(b)、(d)]或黑云母假晶[图 1.1(e)，图 1.2(e)](Dai et al., 2014a)(图 2.17)，以及“扫帚状”“束状”和“板条状”等不同的形状[图 1.1(e)、(f)，图 1.2(e)，图 2.16(c)]。“扫帚状”和“束状”高岭石/绿泥石集合体的膨胀部分[图 1.1(e)、(f)，图 1.2(e)，图 2.15(b)]，很可能是黑云母蚀变过程中对水的吸附作用造成的。高岭石化和绿泥石化的黑云母表明发生了原地蚀变过程，而不是陆源碎屑成因。黑云母的蚀变通常从边缘向内部进行，并伴随着 Fe、Mg 和 K 从边缘浸出，最终形成蠕虫状高岭石(Bohor and Triplehorn，1993)，然而，蠕虫状高岭石也可能是由火山玻璃蚀变而来。白云母不是原生矿物，在 tonstein 中不易观察到，即使存在也通常是陆源碎屑成因(Bohor and Triplehorn，1993)。

(六)金红石和锐钛矿

金红石在 tonstein 中的含量通常不高。Bohor 和 Triplehorn(1993)指出，金红石可蚀变为白钛矿，而白钛矿则在解聚和分离作用中消失。在镁铁质蚀变火山灰中可以观察到火山成因的锐钛矿[图 1.23(b)](Dai et al.，2014a；Zhao et al.，2016b，2016c，2017a，2017b)，然而在某些情况下，蚀变火山灰中的锐钛矿可能是自生成因的。虽然 Ti 被视为相对稳定的元素，但在 pH 较低的条件下 Ti 并不稳定(Loughnan，1969)，导致 Ti 从 tonstein 中淋出并在 tonstein 的其他部位或下伏煤层中重新沉淀(Ward，2016)。Ruppert 和 Moore(1993)与 Zhao 等(2013)观察到自生锐钛矿替代了 tonstein 中的玻璃质碎片和浮岩碎屑，以及以细粒状分散在 tonstein 基质中的现象（Bohor and Triplehorn，1993）。四川华蓥山煤田乐平世煤中碱性 tonstein 中的锐钛矿是后生沉淀形成的，主要以充填裂隙的形式存在（Dai et al.，2014c）。

内蒙古大青山煤田海柳树矿宾夕法尼亚世煤中 tonstein 内的 Ti 以三种形式存在（Dai et al.，2015b）：①分散的、较大的锐钛矿颗粒，因受热液溶蚀的影响而呈尖角状；②替代高岭石晶格中的 Al；③以细粒状锐钛矿的形式存在于高岭石中。Dai 等（2015b）研究表明，酸性热液有利于早期含 Ti 矿物的分解，也有助于后续高岭石晶体形成过程中 Ti 替代晶格中的 Al。

（七）其他矿物

一些 tonstein 中可能存在微量抗蚀变能力强的矿物，如钛铁矿、独居石、黄玉、磷钇矿、磁铁矿，以及石榴子石和电气石（Bohor and Triplehorn，1993；Lyons et al.，1994）。褐帘石、辉石和角闪石也会在较年轻的 tonstein 或受成岩作用改造不强烈的 tonstein 中保留下来（Bohor and Triplehorn，1993）。在某些情况下，具有规则晶形的未知原生矿物也会被分解，并形成边缘尖锐的空洞（Dai et al.，2014a）。

二、火山灰中的次生矿物

火山灰中的玻璃物质很不稳定，易蚀变为各种黏土矿物，如高岭石、蒙脱石［图 3.5（a）］、伊利石［图 3.5（b）］、伊蒙混层，有时为绿泥石族，如鲕绿泥石［图 3.5（c）～（e）］以及沸石。Fisher 和 Schmincke（1984）、Bohor 和 Triplehorn（1993），以及 Spears（2012）探讨了控制火山玻璃向黏土矿物和沸石转变过程与蚀变速率等一系列因素，包括火山灰层的厚度、气候、原始火山灰成分、水力动态、沉积环境（如 pH 和 Eh）、孔隙溶液的化学性质、蚀变程度和周围沉积物的渗透性等。Triplehorn 和 Bohor（1981）指出，火山灰向黏土矿物蚀变的过程发生在上覆沉积物沉积之前。黏土矿物的形成很可能发生在成岩作用早期，稍晚于火山灰的沉积（Burger，1966；Srodon，1976；Spears，2012）。一般认为，由火山灰向黏土矿物转变的有利条件包括（Bohor and Triplehorn，1993）：①淋滤火山灰的水流速度较高，而淋滤液中 SiO_2 的浓度较低；②存在腐殖质和富里酸等有机物，为酸性环境提供了条件；③Eh 和 pH 较低的环境。

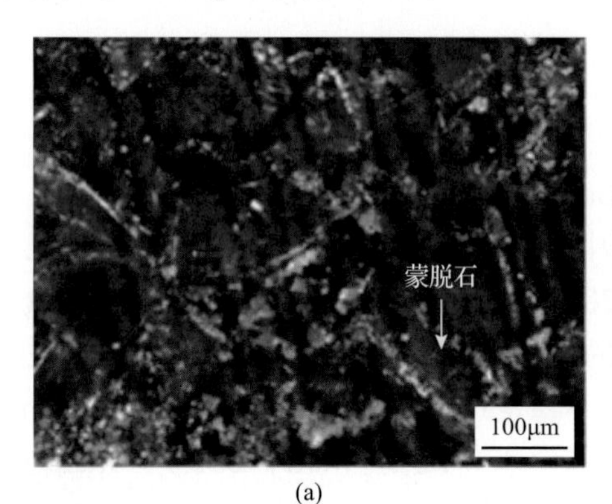

(a)

(b)

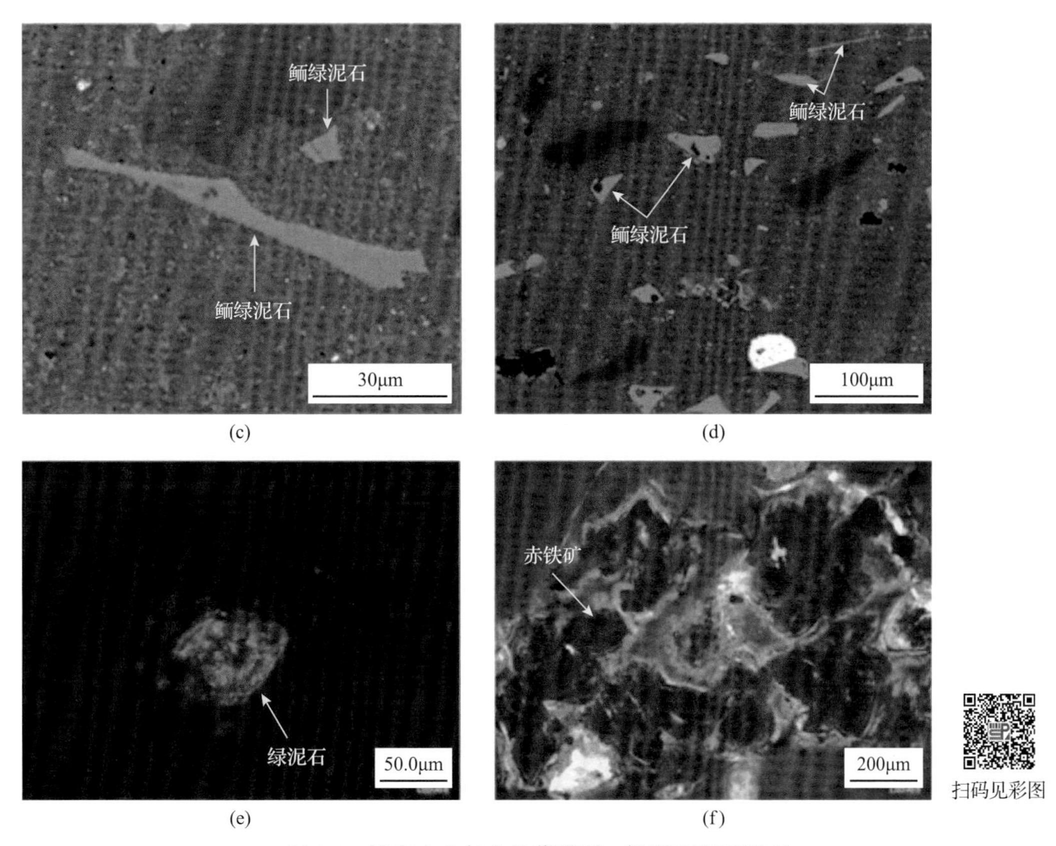

图 3.5　蚀变火山灰中的蒙脱石、伊利石和绿泥石

(a)蒙脱石赋存在边缘为伊利石的蚀变火山玻璃碎屑内部；(b)具有多个伊利石边缘的高岭石，其可能后生于浮岩；(c)、(d)由火山碎屑蚀变而来的鲕绿泥石；(e)可能是在冒泡的火山玻璃之后形成的高岭石和绿泥石；(f)后生于火山玻璃的伊利石和赤铁矿；(a)、(b)、(e)和(f)为四川绿水洞煤田乐平世煤系中的泥质凝灰岩(光学显微照片，油浸反射光)；(c)和(d)为云南东部乐平世煤系中的泥质凝灰岩(扫描电镜背散射电子图像)

(一)高岭石

高岭石通常是煤和煤系中蚀变火山灰及燧石黏土等类似岩石中最丰富的矿物，尽管在少数情况下其中也可能存在其他含量较高的黏土矿物。煤和煤系中非火山成因的高岭石通常是陆源碎屑或自生沉淀形成的(Ward，2016)。而蚀变火山灰中的高岭石主要来源于火山玻璃、黑云母(Dai et al.,2014a)、长石、角闪石和辉石的转变(Bohor and Triplehorn, 1993)。由火山灰向高岭石转变的关键因素包括淡水泥炭沼泽较低的 pH 和离子活度，以及相对开放的环境(Garrels and Christ，1965；Spears，2012)。

与煤层顶底板中主要的黏土矿物——无序结晶的高岭石相比，tonstein 中的高岭石和煤中的自生高岭石则具有典型的有序晶体结构(Dewison，1989；Ward，1989；Ward et al., 2001b，2001c)。蚀变火山灰中高岭石以隐晶质[图 1.1，图 1.2(a)、(b)、(e)]、蠕虫状集合体[图 1.1(a)～(d)，图 1.2(d)、(f)]、团粒状、像角砾状的有棱角的内碎屑、充填或交代植物组织、细粒状和大的块状等形式存在(Bohor and Triplehorn，1993；Ruppert and Moore，1993；Ward，2002；Dai et al.，2014a，2014c)。

高岭石的蠕虫状结构通常被认定为是煤层中黏土岩夹矸的火山灰成因的证据(Spears，1971，2012；Ruppert and Moore，1993；Zhao et al.，2012；Dai et al.，2014a)，它代表了空降火山灰层在非海相环境中沉积的结果(Bohor and Triplehorn，1993)。然而，蠕虫状高岭石的单晶集合体可能由于自生作用而形成于泥炭中 (Ward，2002；Valentim et al.，2016)以及表生碎屑沉积黏土中。蠕虫状高岭石集合体也被认为是黑云母高岭石化的结果(Knight et al.，2000)。但是正如Spears(2012)所指出的，蠕虫状高岭石晶体的结构以及它们与原始火山物质的关系仍需深入研究。此外，高岭石还可能以黑云母、长石、玻璃质或铁镁矿物假晶的形式存在。高岭石晶体的大小由几微米到几毫米不等，而较大的高岭石晶体则以分散的、肉眼可见的球粒形式存在(Bohor and Triplehorn，1993)。

（二）蒙脱石

煤层中蒙脱石的赋存状态和丰度不仅仅取决于原始火山灰的成分，还与沉积环境和蚀变程度有关。例如，蒙脱石在美国华盛顿州斯库库姆查克(Skookumchuck)组中性成分的火山灰层中普遍存在(Turner et al.，1983；Bohor and Triplehorn，1993)。在受海水影响的环境中，离子活度相对较高，蒙脱石是较为稳定的矿物相。例如，当火山灰降落并暴露于海水中时，蒙脱石赋存在边缘为伊利石的蚀变火山玻璃碎屑内部[图 3.5(a)]。大部分中生代斑脱岩都由蒙脱石组成(Spears，2012)。相对于高岭石赋存在厚层状火山灰的上部和下部，蒙脱石更容易赋存在遭受蚀变和淋溶作用较轻的中部(Triplehorn and Bohor，1981；Bouroz et al.，1983；Zaritsky，1985；Bohor and Triplehorn，1993)。同一煤系中，较薄的tonstein通常仅由高岭石组成。根据Bohor和Triplehorn(1993)的报道，在含蒙脱石的蚀变火山灰中，易分解的斑晶矿物如黑云母、铁镁矿物和长石的蚀变程度较轻。

厚层 tonstein 中蒙脱石和高岭石的变化表明，火山灰层的厚度是影响火山灰蚀变的主要因素之一。另外，不同来源火山灰(如镁铁质、长英质和中性)的演化也会影响tonstein的成分。层内中性和镁铁质蚀变凝灰岩的成分常常为蒙脱石，尽管这些凝灰岩层(＜10cm)比前面提到的厚层状凝灰岩要薄。蒙脱石-高岭石之间的分异也不尽相同[如美国阿拉斯加(Alaska)的新近纪蚀变凝灰岩；Triplehorn et al.，1977；Reinink-Smith，1990]。薄层状镁铁质或中性凝灰岩蚀变为蒙脱石而非高岭石的主要原因在于：淋溶作用过程中碱土元素的阳离子没有完全被迁移和/或淋洗量与淋洗率受限(Bohor and Triplehorn，1993)。

（三）伊利石

尽管伊利石和伊蒙混层矿物不是tonstein中的常见矿物，但它们在某些tonstein中也有被发现，尤其是在二叠纪[如澳大利亚(Kisch，1966)；中国，图 3.5(b) (Burger et al.，1990；Zhou et al.，2000)]和石炭纪(欧洲；Burger and Stadler，1984)的煤系tonstein中。由于其伊利石化的反应引入了钾，这些富伊利石的层位也被称作为钾质斑脱岩。tonstein中伊利石的形成与原始火山灰的成分和沉积环境中的水深密切相关(Bouroz et al.，1983)，尽管如此，正如Bohor和 Triplehorn(1993)所指出的，伊利石的这种形成机制并不通用，因为在北美西部类似沉积环境的tonstein中并没有鉴定出伊利石。Zaritsky(1985)

的研究表明，伊利石的形成与成岩阶段的不完全淋溶有关。伊利石可由火山灰蚀变的高岭石转化而来，或直接由黑云母(Bohor and Triplehorn，1993)或蒙脱石(Pollastro，1983)经过强烈的成岩作用转变形成。在埋藏成岩作用过程中，蒙脱石倾向于经伊蒙混层逐渐向伊利石转变(Spears，2012)，或在某些情况下仅转变为伊蒙混层(Spears and Duff，1984)。Burger 等(1990)指出，当相邻煤层中煤的挥发分高于 10%时，高岭石为 tonstein 的主要黏土矿物，但当挥发分低于 8%时，高岭石则会被伊利石、伊蒙混层或少量的绿泥石所取代。除了温度和压力，溶液中的碱金属离子和二价铁离子也决定了黏土矿物的成分(Burger et al.，1990)。Susilawati 和 Ward(2006)也报道了在印度尼西亚由于受到岩浆侵入的影响，随着煤的变质作用加强，低阶煤向高阶煤转化，同时夹矸(包括 tonstein)的矿物组成由以高岭石为主向有序的伊蒙混层矿物转化。Spears 和 Duff(1984)的一项类似的研究表明，在加拿大不列颠哥伦比亚地区皮斯里弗(Peace River)煤田海相 Moosebar 组的钾质斑脱岩中，伊利石的平均含量为 22%，与该组煤的煤级相一致。Permana 等(2013)报道了在澳大利亚 Bowen 盆地 South Walker Creek 地区的高阶煤中，煤层沉积后期高温流体的增加导致了 tonstein 变质结构的形成[图 3.6(a)、(b)]以及高岭石向铵伊利石的转变。在这种受热条件的影响下，煤的有机质中的氮得到释放，造成原始 tonstein 中的高

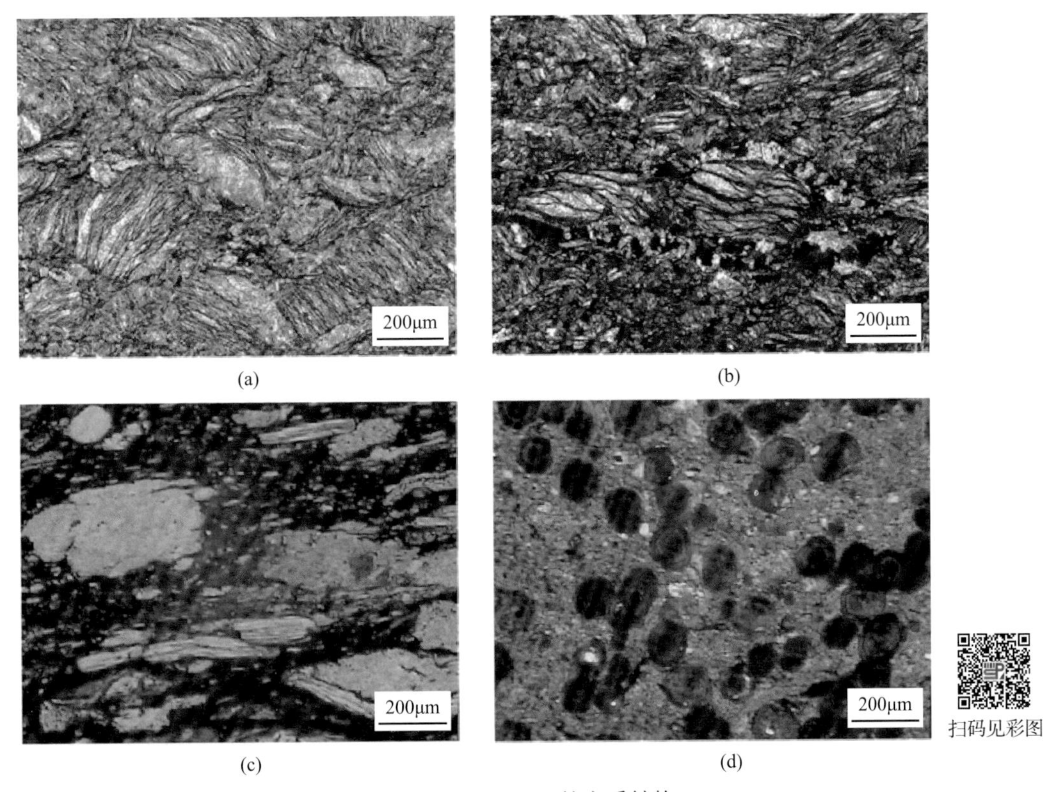

图 3.6　tonstein 的变质结构

(a)部分富含铵伊利石的 tonstein 条带(具有板状晶体的嵌合集合体)；(b)富含铵伊利石的 tonstein 条带被含有小块碳酸盐矿物(透明)的不透明显微组分条带包围；(c)澳大利亚 Bowen 盆地 tonstein 中的高岭石团块；(d)澳大利亚 Bowen 盆地 tonstein 中的铁质鲕粒；(a)和(b)为透射光，视域宽 1.0mm，引自 Permana 等(2013)；(c)和(d)为透射光，视域宽 1.4mm，照片由 Colin Ward 提供

岭石向铵伊利石转变，同时伴随着晶体的生长，即在嵌合集合体和岩屑中产生板状晶体[图 3.6(a)、(b)]。

四川华蓥山煤田绿水洞煤矿乐平世煤系底部泥质凝灰岩中的矿物主要为高岭石和不同含量的伊利石[图 3.5(b)]，以及微量的绿泥石[图 3.5(e)]和蒙脱石。虽然伊利石在凝灰岩剖面的中下部较少见到，但在剖面顶部的少数样品中伊利石相对富集，其含量可与高岭石相当。虽然原始火山灰的主要沉积环境为陆相环境，但在成岩作用早期，海水可能会渗透到火山灰层的顶部，导致形成环带状高岭石与伊利石互层的结核[图 3.5(b)](Zhao et al.，2017b)。

(四)沸石族矿物

沸石族矿物，如方沸石和斜发沸石，主要存在于一些低煤级煤中(Triplehorn et al.，1991；Ward et al.，2001b)。Querol 等(1997)分析了一些不同类型沸石矿物(包括方沸石和斜发沸石)的赋存状态，并认为这些沸石似乎是在碱性条件下，由原始泥炭中富 Na 或 Ca 的火山灰与富 Na 的地层水之间相互作用而形成。此外，在加拿大的一个煤层中也观察到了斜发沸石，其被认定为是源自火山灰的蚀变(Pollock et al., 2000)。Senkayi 等(1984，1987)则报道了美国得克萨斯州褐煤下伏 tonstein 层中细脉状、裂隙充填和树根化石替代物的斜发沸石，并将煤层中斜发沸石的沉积归因于长英质地下水由 tonstein 向褐煤中的迁移。

在蚀变的火山灰中也发现了其他痕量矿物，如碳酸盐矿物(如方解石、白云石和菱铁矿)、水磷铈矿、磷铝铈矿、石膏、烧石膏、黄钾铁矾、钠长石和黄铁矿)，但这些矿物在 tonstein 中几乎都是次生成因。

第三节　煤中火山灰的元素组成

一、常量元素

根据化学或矿物成分以及结构和颗粒大小，可将岩浆岩(包括侵入岩和喷出岩)划分为不同的类型。当矿物数据匮乏时，通常会采用全碱-二氧化硅含量图解(TAS 图解)对火成岩进行分类。长英质岩浆岩(如花岗岩和流纹岩)中的 SiO_2 含量>63%；中性岩浆岩(安山岩和英安岩)中的 SiO_2 含量为 52%～63%；镁铁质岩浆岩中的 SiO_2 含量为 45%～52%，典型的镁铁质岩(如辉长岩和玄武岩)中 Fe 和 Mg 的含量也很高；超镁铁质岩浆岩(如橄榄岩和科马提岩)中的 SiO_2 含量＜45%；碱性岩浆岩(如响岩和粗面岩)中的全碱含量(K_2O+Na_2O)为 5%～15%，全碱与二氧化硅含量的摩尔比>1∶6(Le Maitre，2002；Ma，2004)。

与岩浆岩不同，在煤系中，无论使用矿物成分还是 TAS 图解来解释蚀变火山灰的原始化学成分均不可靠，因为在火山灰的蚀变过程中不仅 K 和 Na 有所损失，Si 也有可能会损失(Dai et al.，2008a，2008b；Spears，2012)。碱金属和碱土元素(如 K、Na、Ca 和 Mg)在泥炭沼泽环境中的部分损失是淋溶作用造成的，但这种环境中二氧化硅损失的原因尚不清楚。火山灰与泥炭沼泽水之间的反应可能会溶蚀火山碎屑中的火山玻璃、长石以及其他矿物并释放二氧化硅。释放出的二氧化硅则重新沉淀在火山灰层的其他部位，或者沉淀在与火山灰层下部直接接触的泥炭孔隙中(Ward et al.，2001a)。Si、K、Na、Ca和Mg的损失提高了泥炭环境中Al和Ti的相对含量(Spears，2012)，因此，tonstein中Al和Ti的含量比其相对应的原始岩浆岩更高。tonstein的主要矿物成分是高岭石，因此可推断出 SiO_2 和 Al_2O_3 是 tonstein 的主要化学成分。与理想高岭石的化学成分(SiO_2/Al_2O_3= 1.18)相比，常见的tonstein中的 SiO_2/Al_2O_3 要略高，因为典型tonstein的矿物组成中还有少量的石英和透长石，有时还可能存在方石英(Arbuzov et al.，2016)。

根据蚀变火山灰中火山石英内玻璃质包裹体的化学成分来对 tonstein 进行成分的推断是一个比较可行的方法。Lyons等(1994)使用电子探针技术获得了欧洲和美国tonstein中高温火山石英内包裹体的常量元素含量数据，这些数据不仅为火山灰的流纹质成因提供了依据，也为盆地内和不同盆地间各个地层的对比提供了宝贵的化学指示。然而，矿物中的玻璃质包裹体并不容易发现，这限制了此分类方法在实际中的应用。

二、微量元素

Zr、Hf、Y、Nb、Ta、REE、Al和Ti等元素在低温水溶液中的溶解度比较低，因此在火山灰蚀变过程中通常比较稳定(Wesolowski，1992；Ziemniak et al.，1993；Hayashi et al.，1997)，在不同种类的岩浆中，这些元素的含量并不相同，因此相比单一元素的浓度，元素对或多元素组合可能对火山灰的分类效果更好，而且还可以避免在蚀变过程中其他元素的相对缺失导致单一元素的浓度升高。然而，在使用稳定元素时应谨慎，因为一些对火山碎屑沉积物的研究表明，风成分异作用会造成显著的化学差异(Fisher and Schmincke，1984)。

由于矿物的密度和粒度分异作用，火山碎屑物中也可能会出现元素分异的现象，但使用元素对或元素组合对原地蚀变的火山灰进行分类时，仍可有效地避免由陆源物质输入而导致泥炭沼泽中元素分异所造成的干扰。例如，沉积岩中 Al/Ti 通常在搬运过程中可保留其源岩的比值，而Zr/Al、Zr/Ti和Cr/Ni在搬运过程中则有可能改变，因为含有这些元素的矿物在密度上存在较大的差异。与母岩相比，Cr/V在岩石搬运过程中会有所下降，因为Cr一般存在于原生尖晶石中，因此其接近源岩；而V不稳定，多赋存于离源区较远的沉积物中。

岩浆岩的 TiO_2/Al_2O_3 一般随着 SiO_2 含量的增加而减小，因此，该值可以用来鉴别沉积物是源自镁铁质、中性还是长英质岩浆岩(Hayashi et al.，1997)。在使用 TiO_2/Al_2O_3 对蚀变火山灰进行分类时，有三个因素需要考虑：①火山灰中的 SiO_2 通常会有损失，从而导致 Al_2O_3 和 TiO_2 的相对含量增加；②部分遭受氧化作用的泥炭沼泽pH较低(pH＜3)，而Al在这种环境中具有可溶性(Loughnan，1969)，因此Al可以从火山灰中淋溶出来，并随着酸化的沼泽水流到泥炭沼泽中的其他部位；③一般认为Ti在火山灰的蚀变过程中相对稳定(Zielinski，1985；Kiipli et al.，2017)，但在微酸环境中(pH=5～6)，Ti的氢氧化物[Ti(OH)$_4$]比 Al_2O_3 具有更强的可溶性(Loughnan，1969)。正如第三章第二节第一小节中金红石和锐钛矿部分所讨论的，锐钛矿在tonstein中以多种形式存在，这意味着Ti

实际上是不稳定的。很多学者都认为 TiO_2/Al_2O_3 可能为煤中火山灰的成分分类提供有益的物源指示(Spears and Kanaris-Sotiriou，1979；Yudovich，1981；Addison et al.，1983；Zhou et al.，2000；Burger et al.，2002；Dai et al.，2011；Zou et al.，2014)，该值也同样被用于后生沉积物的分类(Hayashi et al.，1997；He et al.，2010)及煤中陆源碎屑物质来源的鉴别(Dai et al.，2015a；Hower et al.，2015b)，但使用 TiO_2/Al_2O_3 作为火山灰、煤和伴生沉积物的物源指示剂时仍需谨慎。镁铁质、中性(碱性)和长英质 tonstein 的典型 TiO_2/Al_2O_3 分别为>0.08(Zhou et al., 2000; Dai et al., 2011)、0.02～0.08 和<0.02 (Addison et al.，1983；Burger et al.，2002)(图 3.7)。

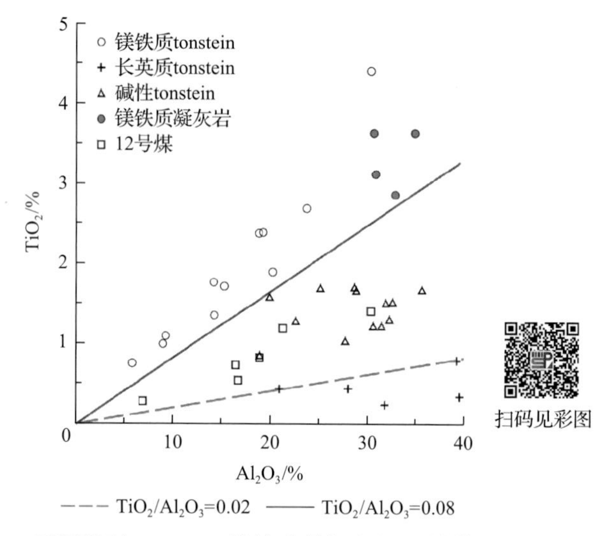

图 3.7　不同类型 tonstein、镁铁质凝灰岩和 12 号煤的 TiO_2/Al_2O_3 图解

尽管世界上大多数的 tonstein 都来源于长英质和中性-长英质的原始火山灰(Addison et al.，1983；Bieg and Burger，1992；Greb et al.，1999；Burger et al.，2000)，煤系中也不常见来源于镁铁质火山灰的凝灰岩，但使用 TiO_2/Al_2O_3 在中国西南地区二叠纪煤中却鉴定出了四种类型的 tonstein，即长英质(Zhou et al.，2000；Dai et al.，2011；Wang et al.，2016)、碱性(Dai et al.，2007，2014c；Zhao et al.，2012；Luo and Zheng，2016；Zhao and Graham，2016)、中性(Dai et al.，2014a)和镁铁质(Dai et al.，2011)的原始火山灰来源。尽管在中国西南地区乐平世早期和晚期的煤系中分别广泛发育了碱性和长英质 tonstein，但镁铁质 tonstein 在乐平世也有所发现(Dai et al.，2011)。俄罗斯 Azeisk 矿床中 tonstein 的 TiO_2/Al_2O_3 在 0.0094～0.015，指示其为长英质火山成因(Arbuzov et al.，2016)。Zhao 等(2017a)同样使用 Al_2O_3/TiO_2 区分来自沉积源区的非矿化岩石和碱性火山灰成因的 Nb(Ta)-Zr(Hf)-REY-Ga 矿床。

除了 TiO_2/Al_2O_3 外，其他的元素比值如 Zr/Al、Cr/Al 和 Ni/Al(Spears and Kanaris-Sotiriou，1979)也被用来表征不同类型蚀变火山灰的原始岩浆成分。Zhou 等(2000)使用不相容元素的含量和组合(如 Ti-V、Hf-Zr、Ta-Ti 和 Th-U)对中国西南地区的 tonstein 进行了鉴别，并发现乌拉尔期(Cisuralian)的 tonstein 主要是钙碱性的，原始物质成分与中性-长英质岩浆相似，而瓜德鲁普世—乐平世(Guadalupian—Lopingian)的 tonstein 更多的是长英质的，原始物质为富钾长英质岩浆。

Winchester 和 Floyd(1977)绘制的 Zr/TiO_2-Nb/Y 分类图也被广泛应用于火山灰来源分类的研究中(图 3.8；Dai et al.，2011；Spears，2012；Arbuzov et al.，2016；Wang et al.，2016)。Huff 和 Türkmenoglu(1981)首次采用该图研究斑脱岩，而 Spears 和 Duff(1984)则将此图用于 tonstein 的研究。为了克服蚀变过程对稳定元素含量的影响，需要对原始数据进行标准化处理(如对 Al 的标准化处理，Spears，2012)。根据 Zr/TiO_2-Nb/Y 图，Spears 等(1999)将英国威斯特法期的 tonstein 划分为两个截然不同的成分来源(碱性玄武岩和流纹英安岩/英安岩，如图 3.8 所示，将后者定义为长英质)(Spears，2012)。威尔士边境文洛克(Welsh borderland Wenlock)和拉德洛(Ludlow)岩系中的 tonstein 来源则为长英质火山灰(Spears and Teale，1986)。Zr/TiO_2-Nb/Y 图也被用来研究火山灰的演化，如 Zr/TiO_2-Nb/Y 图解的结果显示英国奔宁(Pennine)盆地纳缪尔期的 tonstein 少部分源自长英质岩浆，而大部分 tonstein 源自碱性岩浆，这表明火山灰经历了渐进演化的过程(Spears et al.，1999)。Grevenitz 等(2003)同样使用 Zr/TiO_2-Nb/Y 图解并结合构造识别图和稀土元素标准化模式，对澳大利亚悉尼盆地的凝灰岩进行了研究，结果表明该凝灰岩的原始岩浆为源自大陆火山弧的钙碱性中性-长英质至长英质岩浆。

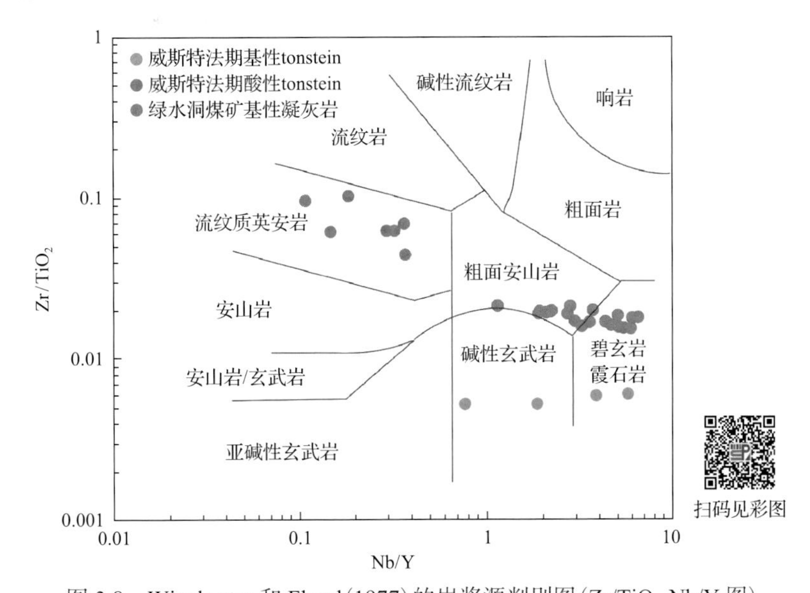

图 3.8　Winchester 和 Floyd(1977)的岩浆源判别图(Zr/TiO_2-Nb/Y 图)

样品为威斯特法期的长英质和镁铁质 tonstein(数据来源于 Spears，2012)与中国西南地区华蓥山煤田绿水洞煤矿的镁铁质凝灰岩

煤和煤系中蚀变火山灰的稳定微量元素也可以用来推断原始火山灰形成的构造环境，即判断其为板内火山岩或火山弧火山岩(Ruffell et al.，2002；Spears，2012)。Leat 等(1986)使用 TiO_2-Zr 散点图区分了源自板内火山岩的 tonstein 和源自火山弧的 tonstein。因为 TiO_2-Zr 散点图是针对火山岩进行研究的，所以将它应用于 tonstein 来源的研究时，需要将 tonstein 中稳定微量元素的含量进行标准化处理，以避免蚀变作用的影响。Spears 和 Lyons(1995)假定火山灰中初始 Al_2O_3 的含量为 15%，并重新计算了火山灰中的微量元

素含量。

与 Hf、Ta 和 La 等元素相比，Zr、Nb 和 Y 在泥炭堆积环境中相对不稳定(Eskenazy，1987a，1987b，1987c；Crowley et al.，1989；Hower et al.，1999；Seredin，2004b；Dai et al.，2014a，2014c，2014d；Zhao et al.，2015)。这可能会造成利用 Zr/TiO_2-Nb/Y 图解(Winchester and Floyd，1977)在研究火山灰起源时并不是那么可靠。在样品处理时，使用氧化锆研磨机可能会污染样品，造成火山灰(及其他样品)中测得的 Zr/TiO_2 比从 Zr/TiO_2-Nb/Y 图解中预测的值要低(Zhao et al.，2015)。火山灰中 Zr、Nb 和 Y 的含量由于淋溶作用而降低，再加上潜在的 Zr 污染，图 3.8 中样品的投点可能会受到较大影响。在这种情况下，将 Zr/TiO_2-Nb/Y、TiO_2/Al_2O_3、REY 配分模式、元素对(如 Zr/Al、Cr/Al 和 Ni/Al)以及其他地球化学指示剂结合起来，可能会更适合进行物源分析。

稀土元素和钇(REE 和 Y，简称 REY)在不同地球化学过程中都比较稳定，其配分模式亦可预测(Van der Flier-Keller，1993；Bau et al.，1996，2014；Seredin and Dai，2012)，因此其被广泛用作煤系中蚀变火山灰的地球化学指示剂(Hower et al.，1999；Zhou et al.，2000；Dai et al.，2011；Arbuzov et al.，2016)。稀土元素的配分模式包括对氧化还原条件敏感的 Ce 和 Eu 元素及其含量上的异常，轻、中和重稀土元素的富集或亏损等(Dai et al.，2016c)。

考虑到煤和煤系中的蚀变火山灰为岩浆成因，并在沉降后遭受到沉积作用(地表环境的蚀变作用)的影响，tonstein 中的稀土元素一般使用球粒陨石(Hower et al.，1999；Zhou et al.，2000；Burger et al.，2000，2002；Dai et al.，2011；Arbuzov et al.，2016；Zhao and Graham，2016)、上地壳均值、北美页岩均值(NASC)和后太古代澳大利亚页岩(PAAS)(Seredin and Dai，2012；Dai et al.，2014a，2014c，2016c；Wang et al.，2016)进行标准化处理。蚀变火山灰的球粒陨石标准化稀土元素配分模式主要用来研究其原始岩浆物质，而沉积物标准化模式不仅用来鉴定原始岩浆物质，还可以用来评价成岩和后生阶段的蚀变作用。

煤系和外生碎屑沉积岩中火山灰的稀土元素配分模式，特别是 Eu 异常，主要受陆源物质的影响。Eu^{3+}向 Eu^{2+}的转变需要高度还原和高温两个条件(Sverjensky，1984；Elderfield，1988；Bau，1991)，而这两个条件最常在岩浆环境中出现(Rard，1985)，在地表环境下并不容易实现(Bau，1991)。因此，tonstein 中的 Eu 异常通常不会在沼泽环境及泥炭层中发生变化，除非火山灰在沉积后遭受了高温(>200℃)热液流体的作用(Dai et al.，2016c)。

La、Ce、Y 和 Gd 等元素的异常，以及轻、中、重稀土元素的富集和亏损都有可能在泥炭堆积环境中发生(Dai et al.，2016c)。其中，Eu 异常是火山灰来源的重要指标，一般在表生环境下 Eu 不发生变化。Eu 异常的计算公式如下：

$$\mathrm{Eu_N / Eu_N^* = Eu_N / (0.5Sm_N + 0.5Gd_N)} \tag{3.1}$$

为了避免 Gd 异常对 Eu 异常的干扰，煤系蚀变火山灰中的 $\mathrm{Eu_N / Eu_N^*}$ 可通过式(3.2)计算：

$$Eu_N / Eu_N^* = Eu_N / (Sm_N \times 0.67 + Gd_N \times 0.33) \quad (3.2)$$

长英质火山灰稀土元素配分模式以明显的 Eu 负异常为特征，相对于 Eu 负异常较弱的火山灰，长英质火山灰中轻稀土的含量较高，这可能是由于原始岩浆中长石的结晶分异程度较高和/或来源于原始的含长石的岩浆较低程度的部分熔融(Cullers，2000)。

中国西南地区四川上三叠统须家河组煤层中的 5 层 tonstein 以强烈的 Eu 负异常为特征，因此推断其来源于长英质岩浆。例如，其中的 K6b 号 tonstein(85 号样品)的 Eu_N / Eu_N^* 为 0.56(Burger et al.，2002)。又如，美国肯塔基东部 fire clay 煤层中的长英质 tonstein(4724 号样品)表现出强烈的 Eu 负异常，其 Eu_N / Eu_N^* 为 0.25(Hower et al.，1999)。

沉积源区陆源物质的输入以及热液流体均会影响 tonstein 中的 Eu 含量。云南宣威新德煤矿 C3 煤层中发现的两层 tonstein 源自中性岩浆(Dai et al.，2014c)，但它们并没有呈现显著的 Eu 负异常，且轻稀土含量也不高。Eu 负异常不明显是因为这两层 tonstein 中混入了以玄武岩为主的康滇古陆的陆源物质，轻稀土含量不高是因为 Tonstein 受到了热液或地下水的淋溶作用(Dai et al.，2014c)。与英安岩显著的 Eu 负异常相比，康滇古陆的玄武岩在经过 UCC 标准化处理后的稀土元素配分模式以 Eu 的正异常为特征(Dai et al.，2014c)。

四川华蓥山煤田乐平世煤中发现的三层 tonstein 源自碱性长英质火山灰(Dai et al.，2014a)。与中国某些碱性花岗岩(赵振华和周玲棣，1994)类似，这些 tonstein 中的稀土元素以强的 Eu 负异常和高含量的轻稀土元素为特征。重庆磨心坡煤田同一煤层一个夹矸样品也具有强烈的 Eu 负异常，表明其亦源自碱性火山灰(Dai et al.，2017b)。与长英质 tonstein 相比，这些碱性 tonstein 高度富集 Nb、Ta、Zr、Hf 和 REE。

三、微量元素的矿物载体

通常来说，煤和煤系中镁铁质、中性和长英质火山灰中大部分高含量的微量元素都赋存于其独立的矿物中。例如，长英质火山灰中的 Zr 主要赋存于锆石中；REE 和 Y 均赋存于含稀土元素和钇的磷酸盐矿物(如水磷铈矿、独居石、磷铝铈矿和磷钇矿)和碳酸盐矿物(氟碳钙铈矿)中；Ti 主要赋存于金红石和锐钛矿中，有时可能会替代高岭石中的 Al(Ward et al.，1999；Dai et al.，2015b；Ward，2016)。然而，碱性 tonstein 中的微量元素并不一定主要赋存于其独立矿物中。例如，虽然长英质火山灰中 Zr 和 REY 的含量比碱性火山灰要低得多，但长英质 tonstein 中的锆石和稀土元素矿物却很常见，而这些矿物在碱性 tonstein 或碱性泥质凝灰岩中则罕见(Zhou et al.，2000；Dai et al.，2011，2016d)。又如，在云南东部新德煤矿的两层长英质 tonstein 中，Zr 的浓度分别为 158μg/g 和 329μg/g(Dai et al.，2014a)，而在四川华蓥山煤田的两层碱性长英质 tonstein 中，Zr 的含量分别为 1338μg/g 和 1232μg/g(Dai et al.，2014c)。长英质 tonstein 中锆石是 Zr 的主要载体(Zhou et al.，1994；周义平和任友谅，1994)，但碱性 tonstein 中 Zr 可能以离子吸附态存在于黏土矿物中(Zhou et al.，2000；Zhao et al.，2017a)。锆石是抗蚀变矿物，但也可能被地下水或热液溶蚀。碱性 tonstein 中部分呈离子吸附态的 Zr 和 REY 则可能会被热液流体或地下水淋出，随后再次沉淀为次生矿物(如自生锆石；Dai et al.，2014c)或被有机质吸附。

总体而言，镁铁质 tonstein 以高含量的 Sc、V、Cr、Co 和 Ni、Eu 的正异常以及中稀土富集的配分模式为特征。而碱性 tonstein 的独特之处在于其含有异常高含量的关键金属，如 Nb、Ta、Zr、Hf、REE 和 Ga 等(Zhou et al.，2000；Dai et al.，2011)，并伴随着明显的 Eu 负异常。与碱性 tonstein 相比，长英质 tonstein 中 REY 含量较低，Eu 的负异常不明显，但轻重稀土元素之间的分异较为显著。

不同类型蚀变火山灰的元素组成可能与当时的大地构造背景和地球动力学控制因素有关。例如，Dai 等(2011)和 Zhao 等(2017a)指出，中国西南地区的碱性 tonstein 可能来源于峨眉山地幔柱衰退期的岩浆活动。通过整理已发表的地球化学数据，Zhao 和 Graham(2016)证实了这些碱性 tonstein 源自同时期峨眉山大火成岩省晚期的碱性岩浆活动。欧洲 tonstein 与北美 tonstein 形成的构造背景不同(Lyons et al.，1994)，欧洲煤层中的火山灰层可能与海西期造山运动有关，而北美火山灰的来源较为复杂，(宾夕法尼亚世)火山灰可能与沃希托(Ouachita)构造活动、尤卡坦(Yucatan)板块的火山喷发、南美洲和北美洲板块碰撞以及联合古陆的形成有关(Lyons et al.，1994)。Chesnut(1983)则认为 fire clay 煤层的火山灰来源于阿巴拉契亚山前地带(Appalachian piedmont)，很可能就在现在的北卡罗来纳州附近。

第四节　不同类型 tonstein 的矿物学与地球化学组成

尽管在煤层中发现的在泥炭堆积时期由空气带入的火山碎屑物形成的 tonstein 已有了很多报道(Loughnan，1971a，1971b，1978；Dewison，1989；Burger et al.，1990；Bohor and Triplehorn，1993；Ruppert and Moore，1993；Spears and Lyons，1995；Hower et al.，1994，1999；Zhou et al.，1982，1989，1994，2000；Mardon and Hower，2004；Lyons et al.，2006；Guerra-Sommeret al.，2008a；周义平和任友谅，1994)，但是却缺少对不同类型的 tonstein 进行系统的矿物学和地球化学研究。Burger 等(2002)和 Zhou 等(1982,2000)的研究表明，在中国西南地区(包括贵州西部、云南东部、重庆和四川南部)乐平世的含煤地层中，tonstein 广泛发育(图 2.1)。Zhou 等(2000)认为，二叠纪早期的 tonstein 以碱性为主，而乐平世中后期的 tonstein 则以长英质和中性-长英质为主。

本节以重庆松藻煤田(Dai et al., 2011)为例介绍不同类型 tonstein 的矿物学和地球化学组成。松藻煤田位于重庆东南部，包含 6 座煤矿：渝阳(YY)、石壕(SH)、逢春(FC)、松藻(SZ)、同华(TH)和打通(DT)。该煤田长约 39.5km(南北向)，宽 2～15km(东西向)，总面积达 235.5km^2。截至 2003 年，松藻煤田的煤炭储量估计为 811Mt(李吴波，2007)，约占重庆煤炭总储量的 42.6%，是重庆储量最高的煤田之一。该煤田的含煤地层为龙潭组(P_2l，二叠纪晚期)，厚度为 72.2～83.44m(平均 77.6m)。龙潭组由泥岩、薄层灰岩、砂岩、砂质泥岩、粉砂岩和 6～11 个煤层组成。6 号、7 号、8 号、11 号和 12 号煤层是松藻煤田的主要煤层(图 3.9)。5 号和 9 号煤层中不含夹矸。6 号、10 号和 12 号煤层含两层 tonstein，7 号和 11 号煤层含三层 tonstein，而松藻煤田最厚的 8 号煤层仅含 1 层 tonstein(表 3.1)。

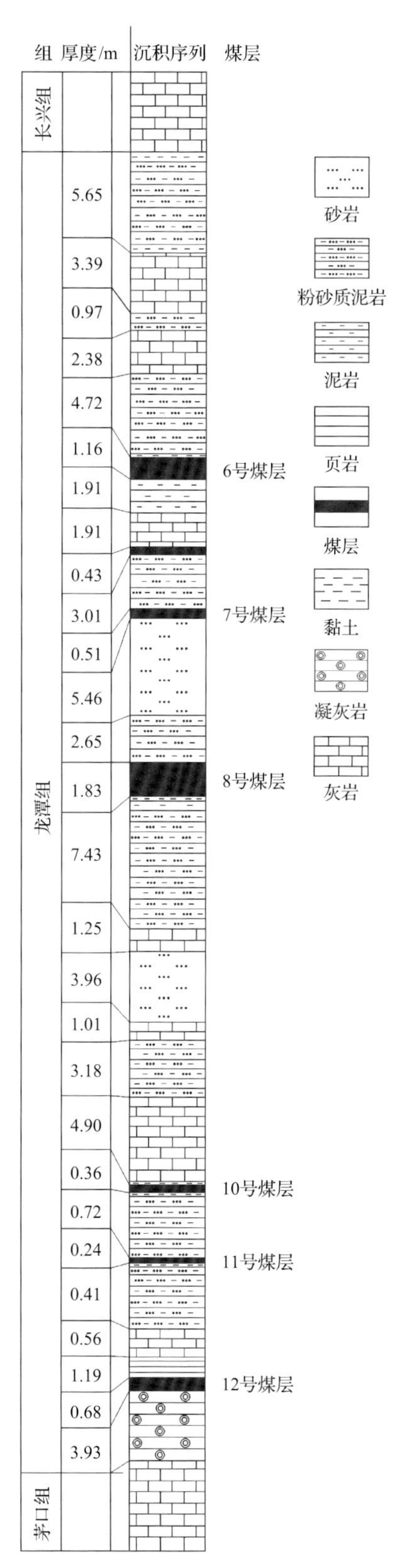

图 3.9　重庆松藻煤田的地层沉积层序[据 Dai 等(2010a)，有所修改]

表 3.1　重庆松藻煤田 tonstein 和凝灰岩样品采集信息表

煤矿名称	tonstein 层的数量及其在煤中的相对位置						镁铁质凝灰岩
	6 号煤(两层 Ts)	7 号煤(三层 Ts)	8 号煤(一层 Ts)	10 号煤(两层 Ts)	11 号煤(三层 Ts)	12 号煤(两层 Ts)	
渝阳	n/a	YY7-1P(长英质 Ts，顶部) YY7-2P(镁铁质 Ts，中部) YY7-3P(长英质 Ts，底部)	n/a	YY10-P(镁铁质 Ts，顶部)	YY11-1P1(碱性 Ts，顶部) YY11-1P2(碱性 Ts，顶部) YY11-2P(碱性 Ts，底部)	YY12-1P1(镁铁质 Ts，顶部) YY12-1P2(镁铁质 Ts，顶部) YY12-2P1(镁铁质 Ts，底部) YY12-2P2(镁铁质 Ts，底部)	YY-Al
石壕	SH6-1P(镁铁质 Ts，顶部) SH6-2P(长英质 Ts，底部)	n/a	n/a	SH10-P(碱性 Ts，底部)	SH11-1P(碱性 Ts)	n/a	SH-Al
逢春	FC6-1P(镁铁质 Ts)	n/a	n/a	FC10-P(碱性 Ts，底部)	FC11-1P1(碱性 Ts，顶部) FC11-1P2(碱性 Ts，顶部) FC11-3P(碱性 Ts，底部)	n/a	FC-Al
松藻	n/a	n/a	n/a	SZ10-P(碱性 Ts，底部)	SZ11-1P1(碱性 Ts，顶部) SZ11-1P2(碱性 Ts，顶部) SZ11-1P2(碱性 Ts，中部) SZ11-3P(镁铁质 Ts，底部)	SZ12-2P(镁铁质 Ts)	SZ-Al
同华	n/a	n/a	n/a	TH10-1P(镁铁质 Ts，顶部) TH10-2P(碱性 Ts，底部)	TH11-1P(镁铁质 Ts)	TH12-2P(镁铁质 Ts)	n/a
打通	DT6-1P1(镁铁质 Ts，顶部) DT6-1P2(镁铁质 Ts，顶部) DT6-2P1(长英质 Ts，底部) DT6-2P2(长英质 Ts，底部)	n/a	DT8-P(镁铁质 Ts)	n/a	n/a	n/a	n/a

注：n/a 表示未获取；Ts 表示 tonstein；YY-Al、SH-Al、FC-Al、SZ-Al 分别表示采自 YY、SH、FC、SZ 的含 Al 镁铁质凝灰岩[样品信息见 Dai 等(2010a)]。

一、不同类型 tonstein 的岩石学与矿物学特征

松藻煤田的 tonstein 厚度在 2～7cm 范围内，与上下煤层紧密接触，在大面积范围内的横向上连续分布，以及矿物和地球化学成分的总体相似性表明它们是火山灰成因而不是来源于陆源碎屑。根据岩石学和矿物学特征，发现松藻煤田含有三种不同类型的 tonstein(表 3.1；镁铁质、长英质和碱性)，碱性和长英质 tonstein 分别出现在乐平世的下部(10 号煤和 11 号煤)和上部(6 号煤和 7 号煤)，除了不含 tonstein 的 5 号和 9 号煤外，乐平世下部和上部的其他煤层均包含一层或两层镁铁质 tonstein。

长英质 tonstein 的颜色大多为棕黑色或褐色。抛光后的样品表面光滑，呈贝壳状或不规则状断口。XRD(表 3.2)和 SEM-EDX 分析表明，尽管长英质 tonstein 中存在少量的伊蒙混层矿物，但大部分为高岭石。与凝灰岩和其他类型的 tonstein 相比，长英质 tonstein 中的石英含量最高，而锐钛矿的含量则最低(表 3.2)。高岭石晶体[图 3.10(a)、(b)，表 3.3]、长石、石英[图 3.10(c)，表 3.3]、黑云母假晶和一些植物碎片分布在隐晶质高岭石基质中。有时高岭石会发生重结晶。

表 3.2 不同类型 tonstein 和凝灰岩的 X 射线衍射分析半定量结果 （单位：%）

样品编号	石英	锐钛矿	黄铁矿	碳酸盐矿物	非晶质	黏土矿物			
						全黏土	伊蒙混层	高岭石	*R*
TH10-1P(镁铁质 tonstein)	0.4	5.9	2.2		27.9	63.6	77	23	25
DT6-1P2(镁铁质 tonstein)	0.7	3.3	17.4	3.0	37.1	38.2	10	90	35
YY11-1P1(碱性 tonstein)	1.9		5.7		40.2	52.2	28	72	35
SH11-1P(碱性 tonstein)						100	nd	nd	nd
SH10-P(碱性 tonstein)	7.1	1.0		1.7		90.2	nd	nd	nd
DT6-2P1(长英质 tonstein)	6.2		5.2		43.2	45.4	15	85	35
SH6-2P(长英质 tonstein)	8.7		2.3			89	nd	nd	nd
YY-Al(凝灰岩)	0.2	4.6	4.7		25.2	65.3	26	74	20
SH-Al(凝灰岩)		4.5	6.7			88.8	nd	nd	nd

注：*R* 表示伊蒙混层矿物中蒙脱石的含量；nd 表示无数据。

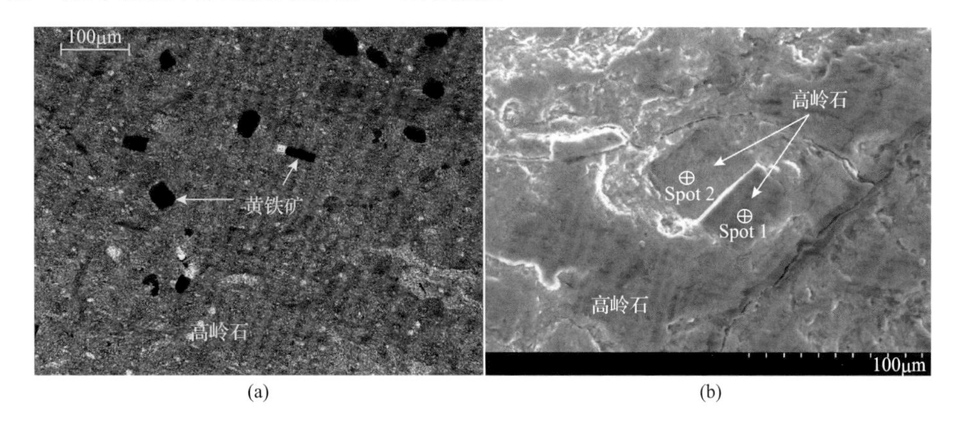

(a) (b)

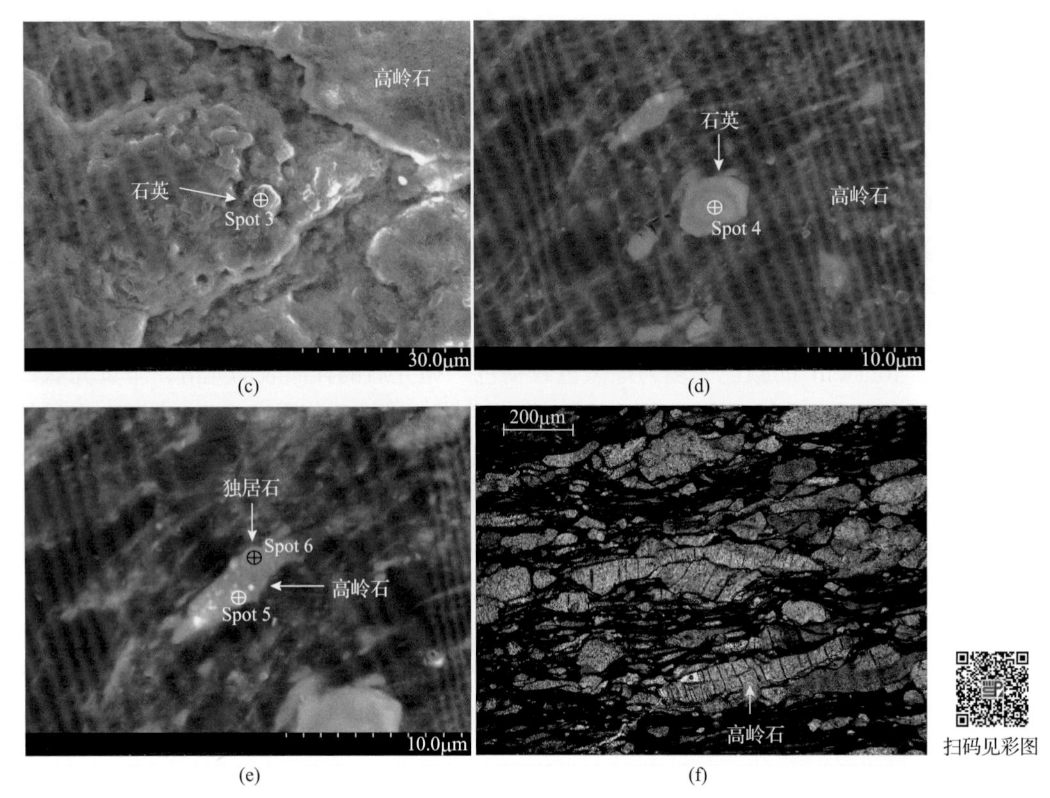

图 3.10　重庆松藻煤田不同类型 tonstein 和凝灰岩中矿物的扫描电镜背散射电子图像和光学显微镜下图像

(a) 长英质 tonstein 中的高岭石和黄铁矿；(b) 长英质 tonstein 中的高岭石晶体；(c) 长英质 tonstein 中的高温石英；(d) 碱性 tonstein 中的高温石英；(e) 碱性 tonstein 中的独居石和高岭石；(f) 镁铁质凝灰岩中的高岭石；(a) 和 (f) 为单偏振光学显微镜图像；(b)～(e) 为扫描电镜背散射电子图像

表 3.3　图 3.10 中不同类型 tonstein 和凝灰岩中矿物的能谱数据　　(单位：%)

元素	点 1	点 2	点 3	点 4	点 5	点 6
O	58.24	66.05	51.8	52.1	65.39	61.67
Na	0.25	0.44	0.12	0.11	0.39	0.17
Mg	0.18	0.17	0.11	0.12	0.48	0.17
Al	19.39	15.01	0.45	0.68	12.75	12.73
Si	21.15	17.02	47.8	46.9	15.03	8.91
P	bdl	bdl	0.01	0.01	0.02	3.99
S	bdl	bdl	bdl	bdl	0.11	0.16
K	0.13	0.47	0.22	0.22	1.54	0.68
Ca	bdl	bdl	bdl	bdl	0.2	0.08
Ti	0.24	0.1	bdl	0.11	0.2	0.21
V	0.02	0.09	bdl	bdl	bdl	bdl
Fe	0.41	0.59	bdl	bdl	0.56	
Ga	bdl	0.07	bdl	bdl	bdl	0.19
Sr	bdl	bdl	bdl	bdl	bdl	1.74
Zr	bdl	bdl	0.11	0.11	2.59	1.32
Nb	bdl	bdl	bdl	bdl	0.64	0.99

续表

元素	点 1	点 2	点 3	点 4	点 5	点 6
La	bdl	bdl	bdl	bdl	bdl	2.67
Ce	bdl	bdl	bdl	bdl	bdl	4.32
Nd	bdl	bdl	bdl	bdl	0.11	0.91
Hf	bdl	bdl	bdl	bdl	0.15	bdl

注：bdl 表示低于检测限(0.01%)。

碱性 tonstein 表面呈灰黑色，质地致密，为块状结构，断口光滑，有时呈贝壳状，宏观特征上类似于 Burger 等(2002)所描述的 tonstein。在光学显微镜下通常能观察到植物碎片，矿物主要为高岭石及伊蒙混层(表 3.2)。除了黄铁矿和微量石英[图 3.10(d)]以外，在碱性 tonstein 中还观察到了副矿物[如锐钛矿和独居石；图 3.10(e)，表 3.3]。然而，在碱性 tonstein 中却很少能观察到碱性岩石的主要成岩矿物。

镁铁质 tonstein 主要呈棕褐色或灰黑色，块状结构，质地致密。除了主要的黏土矿物(高岭石及伊蒙混层矿物)之外，在镁铁质 tonstein 中还可以观察到锐钛矿、黄铁矿、石英和少量的变质白云石与石膏。

二、不同类型 tonstein 的地球化学特征

表 3.4、表 3.5 和表 3.6 分别列出了重庆松藻煤田镁铁质 tonstein、碱性 tonstein、长英质 Tonstein 和镁铁质凝灰岩中的常量元素氧化物和微量元素含量，以及部分选定元素的含量比值。所有 tonstein 样品的烧失量较高且变化较大，表明了它们形成于沼泽环境(代世峰等，2007)。

(一)常量元素

tonstein 中的常量元素氧化物主要是 Al_2O_3 和 SiO_2，并且 SiO_2/Al_2O_3 高于高岭石的理论值(1.18)，表明存在游离态的 SiO_2，但是除了高岭石以外，没有其他游离态的 Al_2O_3 或富含氧化铝的矿物。tonstein 中的矿物和化学成分主要源自火山灰。但是，在沼泽环境中，它们很可能也受到了来自沉积物源区陆源碎屑物质的输入。tonstein 中的一部分 SiO_2 可能是由含硅溶液沉淀而成的，该溶液来源于康滇古陆玄武岩的风化作用。康滇古陆位于含煤盆地的西部，是二叠纪晚期的主要沉积物源区(中国煤田地质局，1996；Dai et al.，2007，2008b)。来源于康滇古陆的自生石英在中国西南地区乐平世的煤中很常见(任德贻，1996；Dai et al.，2008b)。

镁铁质 tonstein 中硫的含量比较高(12.9%)，而碱性 tonstein 中的硫含量却较低(1.92%)。在松藻煤田所研究的 35 个 tonstein 样品中，硫与 Fe_2O_3 呈正相关，相关系数为 0.97。显微镜下观察和 XRD 的数据分析表明，硫主要存在于硫化物中。镁铁质 tonstein 中的 Fe_2O_3 和黄铁矿含量较高，表明来源于镁铁质岩浆的一部分铁与来自海水中的硫发生反应而形成了黄铁矿。然而，碱性 tonstein 中的 Fe_2O_3 含量较低(2.35%)。虽然 K 和 Na 在地表条件下很容易发生淋溶，但碱性 tonstein 仍然富含 K_2O 和 Na_2O，而其在长英质 tonstein 和镁铁质 tonstein 中的含量却较低(表 3.4～表 3.6)。镁铁质 tonstein 中 MgO

表 3.4　重庆松藻煤田镁铁质 **tonstein** 中的常量元素氧化物和微量元素含量(以干燥和不含有机质为基准)

元素	SH6-1P	DT6-1P1	DT6-1P2	FC6-1P	YY7-2P	DT8-P	YY10-P	TH10-1P	TH11-1P	FC11-3P	SZ11-3P	YY12-1P1	YY12-1P2	YY12-2P1	YY12-2P2	SZ12-2P	TH12-2P	WA
Na_2O	0.89	0.65	0.79	1.13	0.69	2.26	0.89	3.05	2.19	0.3	0.71	0.58	0.77	0.48	0.25	0.46	0.51	1.23
MgO	0.65	0.5	1.23	0.69	0.63	0.32	0.69	0.62	0.88	0.19	1.38	0.96	1.11	2.34	0.93	1.48	0.88	0.71
Al_2O_3	33.17	37.86	28.32	23.93	20.17	36.35	38.47	35.89	26.78	10.29	20.69	42.09	39.74	16.56	41.17	38	40.49	28.36
SiO_2	41.9	45.47	32.8	47	24.25	44.6	51.4	48.5	47.53	83.6	67.74	49.84	46.05	17.68	47.45	43.05	46.41	48.62
P_2O_5	0.09	0.08	0.06	0.22	0.04	0.09	0.11	0.06	0.2	0.05	0.07	0.14	0.1	0.12	0.17	0.23	0.15	0.1
K_2O	1.26	0.91	0.56	1.57	0.52	0.86	1.14	1.55	1.89	0.34	1.07	0.93	1.04	0.26	0.48	0.77	0.6	1.06
CaO	0.13	0.12	3.43	0.39	1.1	0.23	0.4	0.28	0.32	0.12	0.29	0.22	0.75	21.39	0.58	1.16	0.21	0.62
TiO_2	3.71	4.78	2.68	2.96	2.22	4.11	3.6	5.2	3.32	1.32	2.43	1.94	1.76	0.67	2.31	1.23	1.76	3.3
MnO	0.043	bdl	0.059	0.168	0.045	0.015	bdl	0.024	0.014	bdl	bdl	bdl	0.024	0.215	0.019	0.023	0.043	0.053
Fe_2O_3	17.75	9.23	25.28	21.47	49.35	10.45	2.61	3.61	16.43	3.5	5.02	2.5	7.73	26.36	4.94	11.95	8.21	14.97
LOI	53.91	50.39	49.57	40.62	55.38	34.85	47.47	15.53	28.22	43.35	55.15	27.89	58.61	58.15	48.41	56.05	53.35	43.13
Li	286	454	359	90.1	127	246	466	201	94.7	95.1	150	883	1099	163	694	760	630	234
Be	6.23	15.1	7	3.59	2.49	11.2	10.7	11.5	7.27	1.52	3.46	16.8	61.1	6.02	44.6	35	23.8	7.28
F	317	314	252	466	238	304	1942	1288	2562	547	1521	164	1684	83.6	1277	4733	2193	886
S	15.2	8.87	23.2	17.7	40.1	10.4	1.66	4.23	14.7	2.52	2.85	0.71	5.07	21.1	2.23	8.94	8.96	12.9
Cl	369	1371	1969	143	1342	817	649	283	1346	754	763	119	614	454	659	193	913	891
Sc	44	24.2	25.6	33.3	17.9	37.8	66.8	35	27.2	23.5	58.2	15.7	25.4	54.5	40.5	34.1	19.2	35.8
V	365	540	444	312	437	381	904	399	261	214	511	173	645	480	2847	197	171	433
Cr	214	193	212	190	149	137	198	192	94.6	98.3	177	76.3	157	119	275	145	123	169
Co	64	60.5	327	52.4	122	34.5	18.3	25.9	42.5	36.2	21	8.54	26.6	34.2	25.8	30.7	16	73.1
Ni	85.1	107	252	68	126	95.8	55.2	77.4	48.3	44.5	42.6	69.5	111	226	139	149	76.5	91.1
Cu	183	226	214	148	280	180	653	310	142.1	52.8	276	36.6	41.3	152	176	95.1	103	242
Zn	113	79.4	70.4	84.7	119	93.8	72.9	98	108	55.6	78.3	42.7	61.4	156	66.5	150	52.1	88.5
Ga	41.4	50	28.8	30.5	24.9	54.8	64.9	51.9	41.4	15.7	36.1	78.2	82.4	42.8	94.4	107	80.2	40
Ge	0.5	0.54	bdl	0.34	0.67	bdl	0.32	bdl	bdl	0.09	0.27	bdl	7.42	bdl	1.2	3.28	1.59	0.39
Rb	33	27.8	17	46	13.1	16.3	20.4	13.4	42.9	8.42	29.7	20.4	24.6	5.73	12.6	23.9	14.2	24.4
Sr	523	417	617	600	363	658	623	657	818	129	618	412	488	705	299	501	360	547

续表

元素	SH6-1P	DT6-1P1	DT6-1P2	FC6-1P	YY7-2P	DT8-P	YY10-P	TH10-1P	TH11-1P	FC11-3P	SZ11-3P	YY12-1P1	YY12-1P2	YY12-2P1	YY12-2P2	SZ12-2P	TH12-2P	WA
Y	54.2	41.7	35.5	53.9	40.8	39.9	105	33	72.2	56.3	151	98.3	220	459	362	771	257	62.1
Zr	571	613	631	414	347	922	959	1090	1241	362	540	754	614	5912	1677	623	1173	699
Nb	70.1	90.9	51.4	52.2	41	90.7	125	118	135	45.2	96.1	66.6	67.9	104	185	68.5	136	83.2
Mo	31.5	101	343	5.69	336	1.12	3.16	2.14	7.8	2.79	3.12	3.62	14.9	5.52	5.83	4.57	10.6	76.1
Cd	0.56	0.69	2.18	0.45	2.67	1.07	0.32	1.09	0.77	0.25	0.13	0.73	1.88	6.4	14.8	5.46	1.2	0.93
In	0.15	0.14	0.26	0.15	0.15	0.34	0.33	0.36	0.22	0.06	0.15	0.22	0.22	0.59	0.41	0.35	0.23	0.21
Sn	8.64	7.36	1.41	7.09	7.44	9.84	13	24	6.26	7.11	12.4	8.28	11.1	19.1	18.2	11.1	13.2	9.51
Sb	1.32	1.58	3.29	0.93	5.18	1.2	0.67	0.46	0.29	0.88	1.16	2.01	8.94	15.7	6.34	11.9	7.67	1.54
Cs	4.23	3	2.1	3.84	1.08	2.1	2.91	1.82	3.29	2.51	5.82	6.8	3.17	1.03	1.45	3.07	2.08	2.97
Ba	241	188	163	232	128	258	170	161	196	48	168	111	132	46.8	78.1	85.6	64.7	178
Hf	13	15.2	18.6	10.1	7.75	27.2	21.9	39.1	36.1	7.7	12.6	23.7	14.5	79.6	37.2	15.1	30	19
Ta	4.8	6.71	5	3.4	3.09	8.26	8.76	9.02	10.5	3.3	5.33	7.57	4.86	4.64	13.2	4.28	14.1	6.2
W	9.29	8.61	3.01	19.7	26.2	6.17	5.43	3.41	8.39	26.8	27	4.7	4.86	96.8	4.63	5.87	12.9	13.1
Re	0.091	0.244	0.424	0.024	0.390	0.002	0.019	0.001	0.004	0.009	0.013	0.452	1.232	1.443	5.059	1.593	1.072	0.111
Tl	0.46	0.85	2.54	0.28	3.52	0.12	0.07	0.11	0.31	0.02	0.08	0.11	0.12	0.19	0.19	0.15	0.15	0.76
Hg	0.911	1.24	2.415	0.983	6.605	1.268	0.301	0.242	0.404	0.731	1.452	0.243	1.856	0.411	0.764	2.000	2.399	1.505
Pb	26.3	36.1	52.9	24.1	37	31.3	24.7	25.5	22.8	17.3	22.3	12.4	36.2	191	87.6	78.7	53.6	29.1
Bi	0.57	0.71	0.75	0.29	0.53	0.43	0.95	0.34	0.28	0.5	1.01	1.79	1.41	0.48	1.86	1.6	1.85	0.58
Th	18.9	21.8	18.2	13.1	10.7	23.5	36.7	11.3	25.4	22.2	35.9	39.9	35	23.6	41.7	25.5	29.6	21.6
U	47.5	130	89.8	9.94	114	4.82	8.95	3.85	8.08	5.12	9.21	47	280	43	339	79.4	132	39.2
SiO_2/Al_2O_3	1.26	1.20	1.16	1.96	1.20	1.23	1.34	1.35	1.77	8.12	3.27	1.18	1.16	1.07	1.15	1.13	1.15	2.17
TiO_2/Al_2O_3	0.112	0.126	0.095	0.124	0.110	0.113	0.094	0.145	0.124	0.128	0.117	0.046	0.044	0.040	0.056	0.032	0.043	0.12
Th/U	0.40	0.17	0.20	1.32	0.09	4.88	4.10	2.94	3.14	4.34	3.90	0.85	0.13	0.55	0.12	0.32	0.22	2.32
Nb/Ta	14.60	13.55	10.28	15.35	13.27	10.98	14.27	13.08	12.86	13.70	18.03	8.80	13.97	22.41	14.02	16.00	9.65	13.62
Ga/Al_2O_3	1.25	1.32	1.02	1.27	1.23	1.51	1.69	1.45	1.55	1.53	1.74	1.86	2.07	2.58	2.29	2.82	1.98	1.41
Zr/Hf	43.92	40.33	33.92	40.99	44.77	33.90	43.79	27.88	34.38	47.01	42.86	31.81	42.34	74.27	45.08	41.26	39.10	39.42

注：WA 表示镁铁质 tonstein 中元素含量的厚度加权平均值；bdl 表示低于检测限；LOI 表示烧失量，单位为%；表中常量元素氧化物单位为%，微量元素单位为 μg/g；12 号煤层中 tonstein 的数据不包含在平均值计算中。

数据来源：Dai 等(2011)。

表 3.5　重庆松藻煤田碱性 tonstein 中的常量元素氧化物和微量元素含量(以干燥和不含有机质为基准)

元素	TH10-2P	FC10-P	SH10-P	SZ10-P	SZ11-1P1	SZ11-1P2	SZ11-1P3	FC11-1P1	FC11-1P2	YY11-1P1	YY11-2P2	YY11-2P	SH11-1P	WA
Na_2O	1.91	0.53	0.72	1.52	2.03	1.74	1.61	0.67	0.49	0.92	1.11	1.17	0.37	1.14
MgO	0.65	0.3	0.44	0.83	0.74	1.15	1.15	0.59	0.24	0.44	0.58	0.42	0.23	0.6
Al_2O_3	39.04	38.99	39.19	28.08	37.8	35.49	35.64	37.81	41	41.62	39.38	41.04	43.62	38.36
SiO_2	53.39	54.34	52.44	60.27	53.18	54.06	52.47	55.01	51.92	51.86	53.68	53.32	52.35	53.71
P_2O_5	0.04	0.07	0.09	0.09	0.02	0.03	0.09	0.13	0.09	0.05	0.05	0.03	0.02	0.06
K_2O	1.69	0.83	1.17	2.23	2.45	3.85	1.5	0.95	0.62	0.78	1.81	1.27	0.38	1.5
CaO	0.31	0.09	0.73	0.45	0.4	0.41	1.02	0.39	0.23	0.5	0.31	0.29	0.36	0.42
TiO_2	1.85	2.25	2.63	1.26	1.51	1.38	2.83	2.14	2.44	1.55	1.84	1.65	2.05	1.95
MnO	bdl	0.014	0.016	0.015	bdl	bdl	bdl	bdl	bdl	bdl	bdl	bdl	bdl	0.015
Fe_2O_3	1.04	2.22	1.62	4.17	1.55	1.66	2.42	1.98	2.38	9.64	0.74	0.47	0.64	2.35
LOI	18.33	26.1	35.83	32.79	19.11	11.45	44.14	40.26	30.2	33.42	33.42	21.34	18.36	28.06
Li	251	348	400	138	273	215	218	397	438	305	202	310	385	298
Be	9.29	5.37	7	8.38	14.3	8.75	14.8	9.59	6.29	12.4	8.66	13.5	19	10.6
F	1306	1066	1360	2349	2265	3878	1541	1302	957	1353	2287	1649	793	1700
S	0.62	1.88	1.04	3.23	0.7	0.23	0.93	1.16	1.76	12.8	0.19	0.17	0.23	1.92
Cl	64.9	143	165	238	76.6	70	152	104	244	293	103	327	348	179
Sc	9.97	14.9	16.4	14.6	1.99	4.89	20.2	16.6	12.5	5.75	5.99	4.41	4.46	10.2
V	68.3	34.4	51.4	70.4	18.3	21.6	87	64.3	23.8	15.9	41.4	9.05	16.2	40.2
Cr	14.2	24.6	19.8	21.3	5.24	3.61	42.8	28.3	14.3	7.19	21.5	11	4.21	16.8
Co	5.45	13.9	5.86	11.7	0.63	1.48	10.2	3.65	11.6	4.15	1.96	0.34	0.99	5.53
Ni	30.7	26.1	15.9	33.9	4.04	2.88	27	12.9	22.3	13	5.62	4.59	3.21	15.6
Cu	11.5	15	18.2	32.1	6.6	6.05	46.2	9.56	24.4	21.8	19.2	11.3	5.7	17.5
Zn	53.4	48.8	68.3	58.8	27.6	53.9	67.1	34.7	42	32	389	36.1	22.8	71.9

续表

元素	TH10-2P	FC10-P	SH10-P	SZ10-P	SZ11-1P1	SZ11-1P2	SZ11-1P3	FC11-1P1	FC11-1P2	YY11-1P1	YY11-2P2	YY11-2P	SH11-1P	WA
Ga	82	70.2	58.8	55.6	65.8	78.7	68.4	77.8	68.3	66.5	76.2	79.2	70.6	70.6
Ge	bdl	bdl	bdl	bdl	bdl	bdl	0.54	bdl	0.26	bdl	0.17	0.16	bdl	0.28
Rb	20.2	12.9	17	37.6	31.5	66.1	26.5	17.4	11.6	12	28	20.2	6.46	23.7
Sr	883	395	533	809	384	746	979	424	282	496	388	540	329	553
Y	114	137	193	168	16.2	40.3	235	176	118	86.7	32.3	40.8	36.1	107
Zr	2036	3314	3140	3052	1218	2151	2223	4772	1658	2251	1273	859	903	2219
Nb	476	651	535	314	333	425	548	475	567	452	480	425	555	480
Mo	1.04	0.39	0.62	2.29	1.84	0.99	1.88	2.28	1.21	9.31	1.7	3.57	3	2.32
Cd	1.07	1.12	0.7	0.48	1.24	1.47	0.73	1.34	0.59	0.95	1.12	0.31	1.16	0.94
In	0.61	0.72	0.61	0.51	0.43	0.59	0.62	0.67	0.73	0.48	0.5	0.35	0.37	0.55
Sn	22.3	22.9	7.65	bdl	31.5	42.6	17.3	34.1	15.6	12.7	26	19	33.6	23.8
Sb	0.17	0.54	0.44	0.57	0.07	0.03	0.5	0.6	0.89	0.96	0.13	0.09	bdl	0.42
Cs	2.4	1.5	2.24	2.57	2.48	3.67	2.52	2.91	4.17	2.4	2.29	1.93	1.73	2.53
Ba	211	122	164	312	378	434	276	124	92	108	174	195	74.7	205
Hf	91	122	107	101	52.4	163	61.8	142	59	70	57.1	30.3	39.7	84.4
Ta	35.8	55.3	30.1	26.8	25	10.5	33.8	37.7	46.4	33.5	41.9	26.6	49.1	34.8
W	4.3	10.2	2.46	3.79	2.77	1.83	7.75	10.2	4.61	26.3	5.1	5.4	3.74	6.80
Re	0.001	0.004	0.005	0.004	0.001	bdl	0.018	0.003	0.009	0.003	0.001	0.006	0.001	0.005
Tl	0.09	0.04	0.06	0.14	0.14	0.2	0.05	0.09	0.02	0.19	0.05	0.05	0.04	0.09
Hg	0.454	0.779	0.918	bdl	0.199	0.456	0.72	0.407	0.699	0.668	0.318	0.146	0.032	0.483
Pb	14.9	22.6	19	14.3	10	4.33	17.7	11.7	34.1	88.9	6.11	0.71	2.49	19
Bi	1.76	1.85	2.18	1.68	0.91	0.91	2.11	1.47	2.36	0.98	0.6	0.76	0.77	1.41
Th	74.1	128	131	78.6	11.1	97	85.2	116	106	53	63.2	32.9	29.4	77.3

续表

元素	TH10-2P	FC10-P	SH10-P	SZ10-P	SZ11-1P1	SZ11-1P2	SZ11-1P3	FC11-1P1	FC11-1P2	YY11-1P1	YY11-2P2	YY11-2P	SH11-1P	WA
U	9.66	7.65	9.44	11.2	4.04	5.25	13.8	12.5	8.15	6.77	6.31	5.28	6.16	8.17
SiO_2/Al_2O_3	1.37	1.39	1.34	2.15	1.41	1.52	1.47	1.45	1.27	1.25	1.36	1.30	1.20	1.42
TiO_2/Al_2O_3	0.047	0.058	0.067	0.045	0.040	0.039	0.079	0.057	0.060	0.037	0.047	0.040	0.047	0.05
Th/U	7.67	16.73	13.88	7.02	2.75	18.48	6.17	9.28	13.01	7.83	10.02	6.23	4.77	9.52
Nb/Ta	13.30	11.77	17.77	11.72	13.32	40.48	16.21	12.60	12.22	13.49	11.46	15.98	11.30	15.51
Ga/Al_2O_3	2.10	1.80	1.50	1.98	1.74	2.22	1.92	2.06	1.67	1.60	1.93	1.93	1.62	1.85
Zr/Hf	22.37	27.16	29.35	30.22	23.24	13.20	35.97	33.61	28.1	32.16	22.29	28.35	22.75	26.83

注：WA 表示碱性 tonstein 中元素含量的厚度加权平均值；bdl 表示低于检测限；LOI 表示烧失量，单位为%；表中常量元素氧化物单位为%，微量元素单位为 μg/g；12 号煤层中 tonstein 的数据不包含在平均值计算中。

数据来源：Dai 等(2011)。

表 3.6　重庆松藻煤田长英质 tonstein 和镁铁质凝灰岩中的常量元素氧化物和微量元素含量(以干燥和不含有机质为基准)

元素	长英质 tonstein						镁铁质凝灰岩				
	DT6-2P1	DT6-2P2	SH6-2P	YY7-1P	YY7-3P	WA-S	SZ-Al	FC-Al	YY-Al	SH-Al	WA-T
Na_2O	1.21	0.48	1.16	1.32	0.61	0.96	0.64	0.8	1.36	1.07	0.97
MgO	0.65	0.37	0.46	0.43	0.5	0.48	0.47	0.24	0.36	0.46	0.38
Al_2O_3	72.72	41.78	51.53	39.87	39.92	49.16	40.28	36.75	38.6	35.95	37.9
SiO_2	94.49	52.97	68.48	50.04	54.84	64.16	49.29	41.21	45.09	43.26	44.71
P_2O_5	0.11	0.07	0.04	0.01	0.06	0.06	0.08	0.05	0.04	0.05	0.06
K_2O	0.72	0.34	0.85	1.22	0.55	0.74	0.95	0.31	0.81	1.52	0.9
CaO	0.56	0.25	0.27	0.16	0.11	0.27	0.88	0.49	0.13	0.26	0.44
TiO_2	1.47	0.66	0.44	0.3	0.88	0.75	4.18	4.36	3.35	3.63	3.88
MnO	bdl	bdl	0.013	bdl	bdl	0.013	bdl	0.012	bdl	0.012	0.012

续表

元素	长英质 tonstein						镁铁质凝灰岩				
	DT6-2P1	DT6-2P2	SH6-2P	YY7-1P	YY7-3P	WA-S	SZ-Al	FC-Al	YY-Al	SH-Al	WA-T
Fe_2O_3	13.27	2.74	7.16	6.48	2.36	6.4	2.67	14.24	9.39	13.12	9.86
LOI	46.11	32.94	23.31	20.24	47.52	34.02	13.43	16.69	14.89	14.30	14.83
Li	716	734	466	374	762	610	248	241	254	235	245
Be	10.4	10.6	3.09	5.99	9.53	7.92	7.03	4.63	6.47	7.48	6.40
F	206	209	274	369	212	254	1332	671	936	811	938
S	7	1.71	6.31	5.13	1.73	4.38	2.19	8.81	7.92	8.65	6.89
Cl	559	254	370	2123	1462	954	122	256	229	72.3	170
Sc	12.1	6.9	14.5	11.8	15.3	12.1	28.1	28.7	31.1	31.4	29.8
V	70.9	59.5	31.4	25.3	60.2	49.5	490	669	461	685	576
Cr	34.9	45.3	7.93	24.2	65.2	35.5	520	545	644	488	549
Co	6.96	3.28	3.66	2.82	3.32	4.01	15.9	50.2	36	49.6	37.9
Ni	22.8	17.9	12.9	12.1	21.5	17.4	131	156	169	198	164
Cu	16.6	18.3	10.7	31.1	22.9	19.9	204	118	112	237	168
Zn	26.7	34.9	19.3	16.5	29.5	25.4	70.7	84.3	135	513	201
Ga	41.8	38.5	39.5	43.8	43.1	41.3	41.8	32.6	36.4	51.8	40.7
Ge	bdl	0.21	bd	0.13	0.27	0.2	bdl	bdl	bdl	bdl	bdl
Rb	9.2	8.41	16.4	27.8	17.3	15.8	32.1	7.38	24.2	41	26.2
Sr	343	236	404	558	383	385	469	268	360	389	372
Y	20.6	12.8	8.24	11.5	30.7	16.8	81.4	88.9	112	96.6	94.7
Zr	321	169	181	85.9	261	204	1501	1044	1659	1305	1377
Nb	12.2	12.2	21.6	21.2	12.8	16	127	96	134	117	119

续表

元素	长英质 tonstein						镁铁质凝灰岩				
	DT6-2P1	DT6-2P2	SH6-2P	YY7-1P	YY7-3P	WA-S	SZ-Al	FC-Al	YY-Al	SH-Al	WA-T
Mo	1.28	2.07	1.79	25.5	5.39	7.2	1.47	11.1	1.36	4.01	4.49
Cd	0.78	0.2	1.04	0.22	0.19	0.49	1.89	2.86	4.75	10.9	5.10
In	0.17	0.08	0.23	0.13	0.1	0.14	0.55	0.54	0.46	1.39	0.74
Sn	1.91	8.04	22.9	10.6	9.62	10.6	13.6	14.3	13.2	14	13.8
Sb	1.08	1.28	0.6	1.17	1.14	1.05	3.14	7.53	5.33	8.23	6.06
Cs	1.6	1.07	2.53	2.32	2.4	1.98	5.13	1.54	5.28	7.43	4.85
Ba	89.1	83.2	110	246	131	132	64.7	52.8	85.8	144	86.8
Hf	12.6	5.5	8.87	3.66	8.1	7.75	46.1	33.2	46.2	40.6	41.5
Ta	4.42	3.04	4.06	3	4.04	3.71	10.3	7.6	10.6	9.32	9.46
W	11.9	3.53	23.5	10.6	6.1	11.1	9.33	22	21.5	20.5	18.3
Re	0.004	0.004	0.003	0.011	0.017	0.008	0.001	0.002	0.004	0.002	0.002
Tl	0.05	0.02	0.08	0.13	0.05	0.07	0.9	0.16	0.48	0.92	0.62
Hg	0.289	0.191	0.151	0.379	0.231	0.248	0.281	0.166	0.109	0.426	0.245
Pb	21.5	12.5	11	69.7	17.4	26.4	29.6	51.9	37.8	75.4	48.7
Bi	2.76	2.54	1.19	1.12	2.82	2.09	2.41	2.28	2.14	2.82	2.41
Th	72.7	41.3	39	22.8	79.8	51.1	38	28.6	38	36.5	35.3
U	7.35	7.08	3.7	6.76	8.92	6.76	13.1	28.7	13.2	15.6	17.6
SiO_2/Al_2O_3	1.30	1.27	1.33	1.26	1.37	1.306	1.22	1.12	1.17	1.20	1.18
TiO_2/Al_2O_3	0.020	0.016	0.009	0.008	0.022	0.015	0.104	0.119	0.087	0.101	0.1
Th/U	9.9	5.83	10.54	3.37	8.95	7.72	2.90	1	2.88	2.34	2.28
Nb/Ta	2.76	4	5.32	7.07	3.17	4.47	12.33	12.63	12.64	12.55	12.53
Ga/Al_2O_3	0.57	0.92	0.77	1.10	1.08	0.888	1.04	0.89	0.94	1.44	1.08
Zr/Hf	25.48	30.73	20.41	23.47	32.22	26.46	32.56	31.45	35.91	32.14	33.02

注：WA-S 表示长英质 tonstein 中元素含量的厚度加权平均值；WA-T 表示镁铁质凝灰岩中元素含量的厚度加权平均值；bdl 表示低于检测限；LOI 表示烧失量，单位为%；表中常量元素氧化物单位为%，微量元素单位为 μg/g；12 号煤层中 tonstein 的数据不包含在平均值计算中。

数据来源：Dai 等(2011)。

的含量高于长英质 tonstein 和碱性 tonstein（表 3.4～表 3.6）。

TiO_2/Al_2O_3 可以作为指示不同来源 tonstein 的指标（Spears and Kanaris-Sotiriou，1979）。Addison 等（1983）和 Burger 等（2002）认为长英质 tonstein 的 TiO_2/Al_2O_3 大于 0.02。松藻煤田 tonstein 样品 DT6-2P1、DT6-2P2、SH6-2P、YY7-1P 和 YY7-3P 的 TiO_2/Al_2O_3 非常低（范围从 0.008 到 0.02；表 3.6），表明其为长英质火山岩成因。碱性 tonstein 的 TiO_2/Al_2O_3 为 0.037～0.079，平均值为 0.05（表 3.5）。镁铁质 tonstein 的 TiO_2/Al_2O_3 相对较高，为 0.032～0.145（平均值为 0.12）（表 3.4）。不同类型 tonstein 的 TiO_2/Al_2O_3 在其鉴别图中分布在不同的区域（图 3.7），以两条斜率分别为 0.02 和 0.08 的线为边界，表明它们的来源不同。然而，松藻煤田 12 号煤层中的镁铁质 tonstein 没有达到预期的 TiO_2/Al_2O_3（>0.08），而与碱性 tonstein（0.05）具有相似的值（平均值为 0.04）（图 3.7），这是因为它们的化学成分可能受到了镁铁质凝灰岩的影响。Dai 等（2010a）的研究表明，12 号煤层中的元素主要来自镁铁质凝灰岩，还有少量来自康滇古陆。与中国煤均值相比较，松藻煤田 12 号煤层的 TiO_2/Al_2O_3 较低，而 Al_2O_3 含量较高（Dai et al.，2010a）。12 号煤层中的 tonstein 具有较高的 Al_2O_3 含量，这可能与它来自镁铁质凝灰岩（Al_2O_3 含量平均值为 37.9%）有关，其含量远高于沉积源区的镁铁质玄武岩（平均值为 15.1%；周义平，1999）。高含量的 Al_2O_3 同时造成了 12 号煤层及其层内 tonstein 的 TiO_2/Al_2O_3 降低。

Ti 在 tonstein 中的主要载体为锐钛矿。XRF 测定的 TiO_2 含量与 XRD 半定量的锐钛矿含量相符。XRD 半定量分析结果表明，松藻煤田镁铁质 tonstein 中锐钛矿的含量为 5.9%，但锐钛矿在碱性 tonstein 和长英质 tonstein 中的含量非常低甚至低于检测限（表 3.2）。

（二）微量元素

不同类型的 tonstein 具有不同的微量元素组合特征。镁铁质 tonstein 富含 Sc 和过渡元素（包括 V、Cr、Co 和 Ni），碱性 tonstein 则显著富集高场强元素（HFSE，包括 Nb、Ta、Zr、Hf、Th、REE）和 Ga，相比之下，长英质 tonstein 中的 Nb 和过渡元素明显亏损，但轻稀土和重稀土之间的分异较为显著。

1. Sc

Sc 由于在风化和蚀变过程中相对稳定，可以作为确定黏土组分来源的可靠化学指标（Zhou et al.，2000）。松藻煤田镁铁质 tonstein 中 Sc 的含量较高（35.8μg/g），而长英质 tonstein 中 Sc 的含量急剧降低至 12.1μg/g，碱性 tonstein 中 Sc 的含量则为 10.2μg/g。岩浆中 Sc 的含量从岩浆演化的早期到晚期逐渐降低（Zhou et al.，2000）。在中国镁铁质岩（共 1060 件样品）中 Sc 的平均含量为 29μg/g，中性岩（共 1287 件样品）中 Sc 的平均含量为 19μg/g，长英质岩（共 6665 件样品）中 Sc 的平均含量为 5.3μg/g（迟清华和鄢明才，2007）。Sc 在碱性岩石中含量最低，如霞石正长岩中 Sc 的含量仅为 2～3μg/g（刘英俊和曹励明，1993）。松藻煤田镁铁质 tonstein 中 Sc 的含量与陆源碎屑黏土岩相似（平均 32.2μg/g；周义平和任友谅，1994；Zhou et al.，2000），而陆源碎屑黏土岩来源为含煤盆地西缘的康滇古陆玄武岩。

2. V、Cr、Co 和 Ni

V、Cr、Co 和 Ni 是亲铁元素，在松藻煤田镁铁质 tonstein 中的含量远高于碱性 tonstein 和长英质 tonstein（表 3.4～表 3.6）。碱性 tonstein 和长英质 tonstein 中这些元素的含量较低且相似。在四川南部与重庆周边地区的陆源碎屑沉积物（共 888 件样品）中，V 的含量为 441μg/g、Cr 的含量为 206μg/g、Co 的含量为 31μg/g 以及 Ni 的含量为 61μg/g（Hong，1993），这些值与松藻煤田镁铁质 tonstein 中的值相近，表明正常碎屑沉积物和镁铁质 tonstein 的岩浆来源相同。西南地区陆源碎屑沉积和乐平世煤的沉积物源均为康滇古陆富 V、Cr、Co 和 Ni 的峨眉山玄武岩（Dai et al.，2005，2008b）。沉积源区玄武岩中的碱性斜长石、辉石等暗色矿物在风化条件下容易分解，然后以络合物阴离子的形式进入正常沉积物中。

3. Ga

Ga 是一种典型的分散元素，很少以集中的形式在矿床中出现。松藻煤田碱性 tonstein 富含 Ga（平均 70.6μg/g），具有最高的 Ga/Al_2O_3 值（1.85），而镁铁质 tonstein 的 Ga/Al_2O_3 值（1.41）、镁铁质凝灰岩的 Ga/Al_2O_3 值（1.08）和长英质 tonstein 的 Ga/Al_2O_3 值（0.89）却较低。Zhou 和 Ren（1981）指出，新鲜的镁铁质玄武岩中 Ga/Al_2O_3 值为 1.19。沼泽环境中 tonstein 的化学成分受到沉积物来源的影响，Zhou 和 Ren（1981）的研究表明，在沉积物原始物质的初始化学分解过程中，主要的风化产物，即电活性 $SiO_2 \cdot nH_2O$ 的胶体聚集体能够吸附 Ga^{3+} 离子，最终通常是以不溶性化合物的形式快速沉淀并形成石英和玉髓等矿物，但在随后的成煤过程中，Ga^{3+} 又被黏土矿物吸附（Zhou and Ren，1981），导致镁铁质 tonstein 中的 Ga/Al_2O_3 值高于镁铁质凝灰岩。

松藻煤田所采样品 Ga 与 Al 呈正相关（相关系数为 0.61），与 Fe 呈负相关（相关系数为−0.57），以及与 Zn 呈弱正相关（相关系数为 0.18），表明在岩浆演化过程中分异出了含 Fe 和含 Zn 的矿物，且 Ga 主要赋存于高岭石中。由于具有相似的地球化学特性，煤和煤层内夹矸中的 Ga 通常与 Al 呈类质同象（Dai et al.，2008c，2010a）。

4. 镁铁质 tonstein 和凝灰岩中的不相容元素及其来源的指示意义

除了遭受风化作用外，松藻煤田镁铁质 tonstein 和凝灰岩还经历了淋滤作用，导致了 Na 和 K 元素的淋溶，因此岩浆岩的全碱（Na_2O+K_2O）和 SiO_2（TAS）分类（Le Bas et al.，1992）不适用于凝灰岩和 tonstein 成因的研究。但是，不相容元素特别是高场强元素如 Zr、Nb、Hf、Ta、REE 以及 Th 和 U 表现出与早期分异的不相容性和在蚀变过程中的稳定性（Huemer，1997）。

图 3.11 展示了松藻煤田 tonstein 和凝灰岩中不相容元素的原始地幔标准归一化蛛网图。由于受到地表条件下淋滤作用的影响，大离子亲石元素（LILE，如 Cs、Rb、Ba 和 Sr）在镁铁质凝灰岩和所有的 tonstein 中含量均很少（图 3.11）。

相对于松藻煤田碱性 tonstein，松藻煤田镁铁质 tonstein、长英质 tonstein 和凝灰岩中的 Y 略有亏损。除了长英质 tonstein 中的 Nb 具有明显的负异常，在镁铁质 tonstein 和凝灰岩中的 Nb 均为弱的负异常，在碱性 tonstein 中的 U 呈轻度亏损，大多数样品中的 Ti 呈负异常（图 3.11），tonstein 和镁铁质凝灰岩中的高场强元素（如 Th、U、Nb、Ta、Zr、

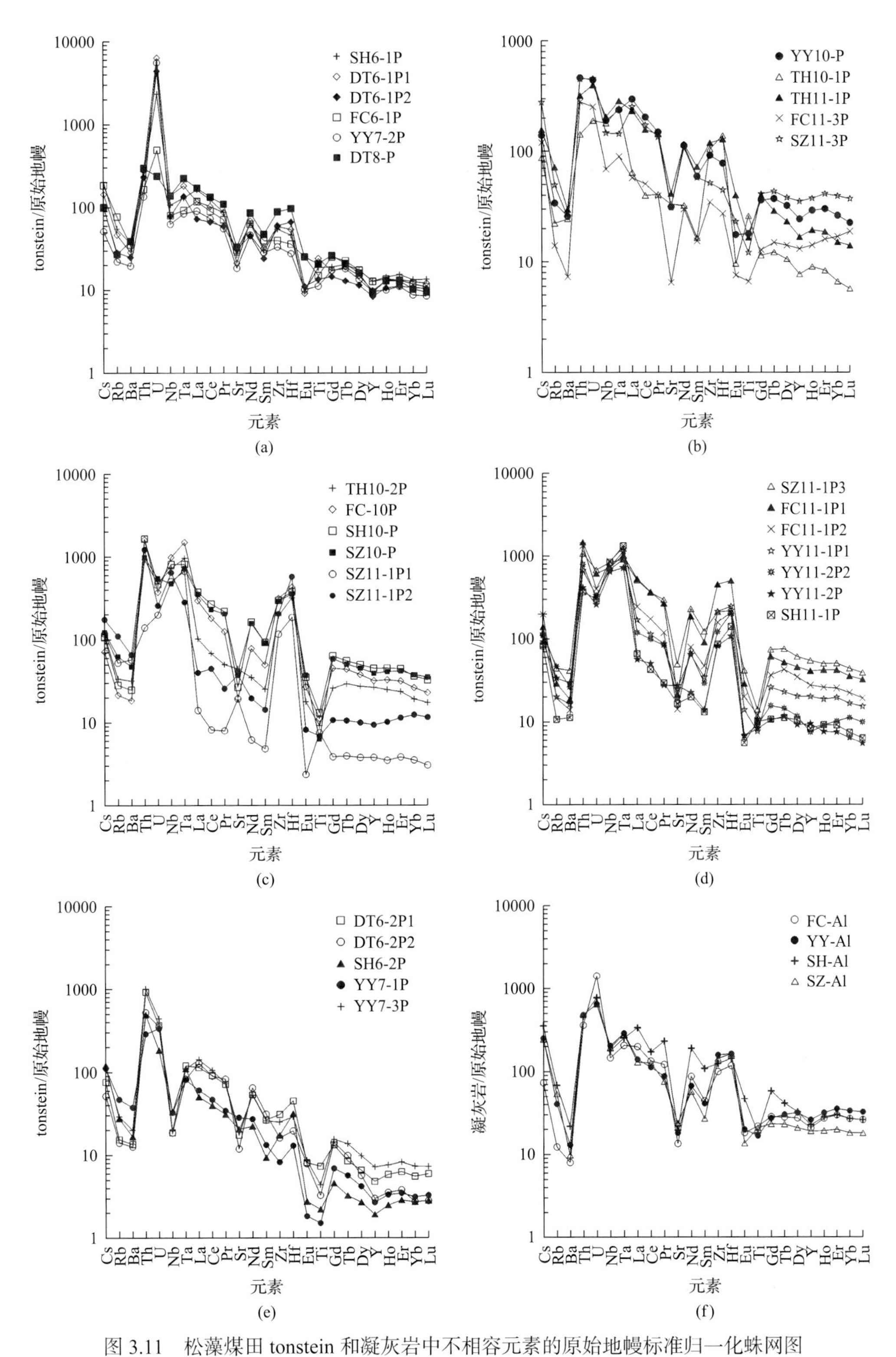

图 3.11　松藻煤田 tonstein 和凝灰岩中不相容元素的原始地幔标准归一化蛛网图

(a)、(b)镁铁质 tonstein；(c)、(d)碱性 tonstein；(e)长英质 tonstein；(f)镁铁质凝灰岩；元素丰度被标准化为 McDonough 和 Sun(1995)的原始地幔值

Hf 和 LREE）相对富集（图 3.11），表明凝灰岩和 tonstein 来自地幔的岩浆源（Barth et al., 2000；Grevenitz et al., 2003；Li et al., 2008）。Zr 与 Nb 的对比图（图 3.12）也表明 tonstein 和凝灰岩具有富地幔岩浆源的特征。

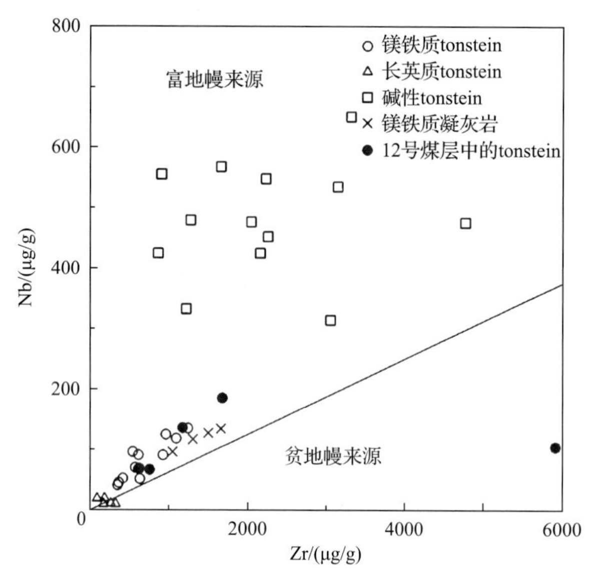

图 3.12　松藻煤田的 tonstein 和凝灰岩中 Nb 与 Zr 的对比关系图

1）稀土元素

松藻煤田不同来源 tonstein 中的 REE 含量差异很大（表 3.7，图 3.13）。镁铁质凝灰岩和碱性 tonstein 的稀土元素含量较高，分别平均为 614μg/g 和 632μg/g。碱性 tonstein 中的稀土元素含量高，说明玄武岩演化晚期的岩浆富含稀土元素。此外，镁铁质凝灰岩中稀土元素的富集可能归因于在地表条件下淋滤和风化过程中稀土元素的稳定性（Dai et al., 2010a）。

尽管镁铁质凝灰岩中的一部分稀土元素可以被淋出，但与镁铁质 tonstein 相比，镁铁质凝灰岩中的稀土元素浓度（614μg/g）高于镁铁质 tonstein（455μg/g），这可能是 tonstein 中稀土元素的大量淋溶所致。Hower 等（1999）和 Dai 等（2008c）发现在早期成岩过程中，煤层夹矸中的稀土元素可能遭受到地下水的严重淋溶，从而导致下伏煤层中的稀土元素富集。

松藻煤田长英质 tonstein 中的稀土元素含量较低（283μg/g），与镁铁质 tonstein（10.14；64.1μg/g）、镁铁质凝灰岩（7.76；94.7μg/g）和碱性 tonstein（9.14；107μg/g）相比，其 $(La/Yb)_N$（24.69）较高且 Y 值（16.8μg/g）较低。这表明长英质 tonstein 中的 LREE 富集，其可能是由相对稳定的石榴子石低程度的部分熔融所致。tonstein 的地幔熔融程度较低可能是由于岩石圈相对较厚和地热地温较低。

镁铁质凝灰岩的形成早于碱性和镁铁质 tonstein，而长英质 tonstein 在煤层中最晚沉积，这表明了演化后期的岩浆富含 LREE。

松藻煤田长英质 tonstein 的 $(La/Sm)_N$ 和 $(Gd/Lu)_N$ 平均值分别为 4.8 和 2.62，高于镁铁质凝灰岩、镁铁质 tonstein 和碱性 tonstein（表 3.7）。碱性 tonstein 的 $(La/Sm)_N$ 也很高

3.7　重庆松藻煤田 tonstein 和镁铁质凝灰岩中的稀土元素(以干燥和不含有机质为基准)

	样品编号	La	Ce	Pr	Nd	Sm	Eu	Gd	Tb	Dy	Ho	Er	Tm	Yb	Lu	REE	LREE	HREE	L/H	Eu_N/Eu_N^*	Ce_N/Ce_N^*	$(La/Yb)_N$	$(La/Sm)_N$	$(Gd/Lu)_N$
镁铁质 tonstein	SH6-1P	105	207	22.1	79.8	12.2	1.47	10.2	1.98	11.6	2.1	6.64	0.9	5.79	0.9	468	428	40.1	10.66	0.39	0.96	12.3	5.46	1.42
	DT6-1P1	76.2	171	22	84.9	13	1.4	9.13	1.86	9.92	1.91	5.79	0.86	5.48	0.81	404	369	35.8	10.3	0.37	0.97	9.39	3.69	1.41
	DT6-1P2	46.8	111	15	56.5	9.64	1.68	7.79	1.26	7.61	1.56	4.82	0.68	4.64	0.69	270	241	29.1	8.28	0.58	0.98	6.82	3.06	1.4
	FC6-1P	76.1	151	18	78.1	16	3.86	13.5	2.21	11.6	2	5.68	0.81	5.15	0.73	385	343	41.7	8.23	0.78	0.93	9.98	3	2.31
	YY7-2P	58.5	122	14	57.6	11.4	1.54	9.28	1.77	8.92	1.47	4.77	0.63	3.79	0.56	296	265	31.2	8.5	0.44	0.98	10.44	3.23	2.05
	DT8-P	111	223	27.6	107	19	3.82	14.1	2.04	10.6	1.9	5.54	0.68	4.47	0.63	531	491	40	12.3	0.68	0.92	16.74	3.66	2.79
	YY10-P	192	341	37.9	140	24	2.7	19.6	3.67	21.7	4.34	13.2	1.73	11.6	1.52	815	738	77.4	9.53	0.37	0.89	11.24	5.05	1.61
	TH10-1P	41.4	66.5	10.3	40.3	6.65	1.47	6.22	1.21	7.11	1.34	3.63	0.43	2.91	0.38	190	167	23.2	7.17	0.69	0.74	9.61	3.92	2.02
	TH11-1P	150	262	36.4	143	29.1	6.13	21.6	2.86	15.6	2.88	8.19	1.03	6.65	0.95	686	627	59.8	10.49	0.72	0.81	15.3	3.25	2.84
	FC11-3P	37.1	84.6	9.99	37.4	6.25	1.16	6.97	1.48	9.48	2.1	7.01	1.17	7.45	1.27	213	177	36.9	4.78	0.53	1.02	3.36	3.73	0.68
	SZ11-3P	163	288	34.1	133	23.4	3.55	22.3	4.28	25.6	5.57	18	2.63	17.3	2.5	743	645	98.2	6.57	0.47	0.87	6.38	4.39	1.11
	YY12-1P1	433	800	93.1	348	55.6	7.28	43.1	4.67	21.5	3.8	11.8	1.62	11	1.69	1836	1737	99.2	17.51	0.44	0.9	26.52	4.9	3.17
	YY12-1P2	459	631	82.9	319	47.8	5.56	38.7	5.87	30	5.7	17.5	2.51	14.8	2.21	1663	1545	117	13.17	0.38	0.71	21.01	6.04	2.18
	YY12-2P1	202	521	78.6	361	88.6	12	81	13.9	91.5	19.7	63.8	9.13	60.9	8.7	1612	1263	349	3.62	0.43	0.97	2.24	1.43	1.16
	YY12-2P2	591	721	134	541	94.4	12.2	82	13.3	66.3	12.5	39.2	5.72	38.8	6.11	2358	2094	264	7.93	0.42	0.58	10.31	3.94	1.67
	SZ12-2P	1238	2250	321	1247	214	25.3	201	31.4	149	26.6	75.8	9.99	60.8	9.28	5859	5295	564	9.39	0.37	0.82	13.77	3.64	2.7
	TH12-2P	540	995	122	467	72	8.12	59.2	8.79	42.9	7.78	24.7	3.22	19.5	2.98	2373	2204	169	13.04	0.37	0.88	18.71	4.72	2.47
	WA	96.2	184	22.5	87.1	15.5	2.62	12.8	2.24	12.7	2.47	7.57	1.05	6.84	0.99	455	408	46.7	8.74	0.55	0.91	10.14	3.86	1.79
碱性 tonstein	TH10-2P	66.2	114	12.7	43.7	10.2	2.75	14.1	2.9	18.4	3.7	10.3	1.33	8.46	1.17	310	250	60.4	4.13	0.7	0.87	5.29	4.07	1.49
	FC10-P	192	303	31.7	97.4	20.2	4.15	24.5	4.33	25.4	4.86	13.8	1.79	11.5	1.54	736	648	87.7	7.39	0.57	0.84	11.25	6	1.98
	SH10-P	245	453	55.8	203	37.4	5.44	34.4	5.49	33.5	6.72	19.5	2.42	15.9	2.2	1120	1000	120.1	8.32	0.46	0.88	10.4	4.12	1.95
	SZ10-P	229	390	52.1	195	37	5.73	31.7	5	30.4	6.07	18.3	2.38	16.5	2.38	1022	909	112.7	8.06	0.5	0.81	9.38	3.89	1.66

续表

	样品编号	La	Ce	Pr	Nd	Sm	Eu	Gd	Tb	Dy	Ho	Er	Tm	Yb	Lu	REE	LREE	HREE	L/H	Eu_N/Eu_N^*	Ce_N/Ce_N^*	$(La/Yb)_N$	$(La/Sm)_N$	$(Gd/Lu)_N$
碱性 tonstein	SZ11-1P1	9.11	13.7	2.03	7.68	1.95	0.36	2.09	0.39	2.53	0.52	1.67	0.22	1.55	0.21	44	35	9.2	3.79	0.54	0.72	3.98	2.94	1.27
	SZ11-1P2	25.9	74.8	6.53	24.5	5.8	1.26	5.83	1.05	6.73	1.51	4.99	0.7	5.47	0.78	166	139	27.1	5.13	0.66	1.32	3.2	2.8	0.93
	SZ11-1P3	331	609	75.4	288	49.6	6.43	40.3	7.47	41	7.47	22.2	3.06	19.3	2.63	1503	1359	143.4	9.48	0.43	0.88	11.58	4.2	1.91
	FC11-1P1	343	618	68.1	233	36.8	4.45	33.3	5.14	30.8	6.26	18.4	2.36	15.6	2.18	1417	1303	114.0	11.43	0.38	0.9	14.86	5.87	1.91
	FC11-1P2	159	291	29.9	98.9	19.1	3.09	19.9	4.21	23.4	3.88	11.1	1.59	9.84	1.3	676	601	75.2	7.99	0.48	0.93	10.92	5.25	1.9
	YY11-1P1	109	189	22.1	80.2	13.9	2.15	14.1	2.27	13.7	2.79	8.59	1.1	7.34	1.03	467	416	50.9	8.18	0.46	0.86	10	4.91	1.7
	YY11-2P2	76.9	165	21.2	83.4	11.8	1.04	8.52	1.44	7.89	1.36	4.48	0.7	4.94	0.67	389	359	30.0	11.98	0.3	0.95	10.52	4.09	1.58
	YY11-2P	36.5	84.2	7.02	28	5.68	1.05	5.75	1.15	6.23	1.14	3.31	0.48	2.83	0.37	184	162	21.3	7.64	0.55	1.17	8.7	4.04	1.93
	SH11-1P	42.7	71.8	7.44	25	5.33	0.86	5.84	1.11	7.1	1.37	4.01	0.52	3.29	0.43	177	153	23.7	6.47	0.47	0.88	8.77	5.05	1.69
	WA	143	260	30.2	108	19.6	2.98	18.5	3.23	19	3.67	10.8	1.43	9.43	1.3	632	564	67.4	8.37	0.5	0.92	9.14	4.4	1.68
长英质 tonstein	DT6-2P1	73.7	153	18.1	66.4	10.7	1.24	7.16	0.84	4.4	0.86	2.75	0.36	2.43	0.4	342	323	19.2	16.83	0.41	0.96	20.48	4.32	2.24
	DT6-2P2	82.9	151	20.9	80.7	12.5	1.2	7.65	0.97	3.8	0.52	1.66	0.21	1.21	0.19	365	349	16.2	21.54	0.35	0.83	46.38	4.17	5.03
	SH6-2P	32.2	65.8	7.8	27.6	3.76	0.42	2.48	0.32	1.81	0.37	1.25	0.16	1.2	0.19	145	138	7.8	17.68	0.4	0.95	18.14	5.4	1.62
	YY7-1P	39.1	77.5	8.64	33.7	5.35	0.28	3.74	0.56	2.82	0.49	1.52	0.22	1.38	0.22	176	165	11.0	15.03	0.18	0.95	19.17	4.6	2.11
	YY7-3P	91.3	176	18.6	65.5	10.4	1.32	8.38	1.35	6.57	1.12	3.58	0.47	3.2	0.49	388	363	25.2	14.43	0.42	0.96	19.27	5.52	2.13
	WA	63.8	124	14.8	54.8	8.55	0.89	5.88	0.81	3.88	0.68	2.15	0.28	1.88	0.3	283	267	15.9	16.82	0.35	0.93	24.69	4.8	2.62
镁铁质凝灰岩	SZ-Al	83.6	211	19.2	71.3	10.9	2.09	12.6	2.28	14	2.86	8.71	1.14	7.97	1.21	449	398	50.8	7.84	0.54	1.2	7.09	4.83	1.29
	FC-Al	128	223	30.7	109	18	2.8	15.4	2.76	18.4	4.03	13	1.8	11.8	1.75	580	512	68.9	7.42	0.5	0.81	7.36	4.49	1.09
	YY-Al	90.2	188	22.2	83.8	16.6	3.07	14.8	2.97	21.3	4.7	15.4	2.16	14.7	2.17	482	404	78.2	5.16	0.59	0.96	4.15	3.43	0.85
	SH-Al	217	288	58.8	237	44	7.2	31.7	4.07	21.8	4.19	13.2	1.75	11.8	1.75	942	852	90.3	9.44	0.56	0.59	12.44	3.11	2.26
	WA	130	228	32.7	125	22.4	3.79	18.6	3.02	18.9	3.95	12.6	1.71	11.6	1.72	614	542	72.1	7.52	0.55	0.89	7.76	3.96	1.37

注：WA 表示元素含量的加权平均值；L/H 表示 LREE 与 HREE 的比值；$Eu_N/Eu_N^*=2Eu_N/(Sm_N+Gd_N)$；$Ce_N/Ce_N^*=2Ce_N/(La_N+Pr_N)$；稀土元素单位为 μg/g。

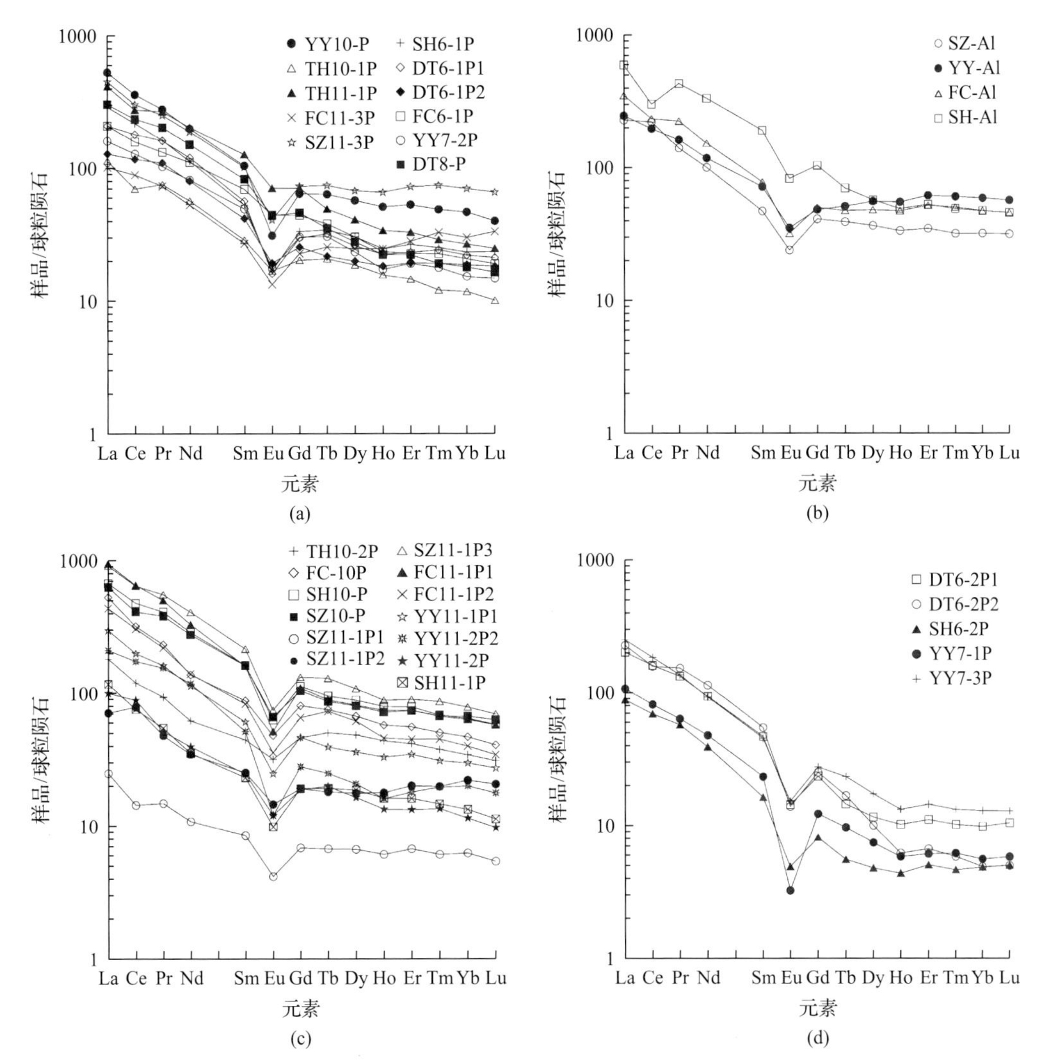

图 3.13　松藻煤田 tonstein 和凝灰岩的球粒陨石标准化稀土元素配分模式图

(a)镁铁质 tonstein；(b)镁铁质凝灰岩；(c)碱性 tonstein；(d)长英质 tonstein；按照 Taylor 和 McLennan(1985)的球粒陨石值进行标准化处理

(4.4)。这表明 LREE 和 HREE 的分异程度随岩浆演化而增加。

镁铁质凝灰岩和所有 tonstein 的高$(La/Sm)_N$(>1)值，表明其为 LREE 富集和地幔柱类型(Sun and McDonough，1989)，与 Xu 等(2001)、肖龙等(2003)和 Xiao 等(2004)报道的峨眉山玄武岩成因一致。

除了松藻煤田 12 号煤中的 tonstein 受到作为沉积物来源的镁铁质凝灰岩输入的影响外，REE 与 La/Yb 之间的关系(图 3.14)表明其为碱性玄武岩来源，这与 Dai 等(2010a)的研究一致。Zr/TiO_2与 Nb/Y 的判别图，表明镁铁质凝灰岩的原始岩浆具有碱性玄武岩的成分。

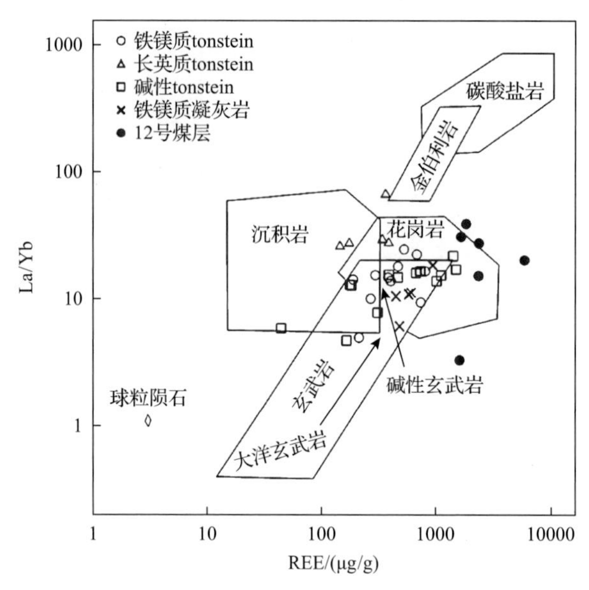

图 3.14 松藻煤田 REE 与 La/Yb 之间的关系图

大洋中脊玄武岩的特征为轻稀土元素和不相容元素亏损、低$(La/Sm)_N$（>0.7）和高$(La/Ta)_N$（~18）值（Ma，2004），与正常大洋中脊玄武岩（N-MORB）的元素特征有所不同，凝灰岩和长英质tonstein则富含HFSE，具有高$(La/Sm)_N$和低$(La/Ta)_N$值（表3.4~表3.7）。并且凝灰岩和长英质tonstein的HFSE富集程度随着它们不相容性的增加而增加（图3.11），与洋岛玄武岩（OIB）类似，表明凝灰岩和长英质tonstein中的HFSE富集程度与地幔的部分熔融有关。

凝灰岩和不同类型的tonstein具有轻微的Ce_N/Ce_N^*负异常（表3.7）。在原始地幔标准归一化蛛网图的某些样品中则观察到了Eu的负异常（图3.11）。Ce/Ce^*的负异常（尤其是镁铁质样品，SH-Al和TH10-1P）可能表明了热液蚀变。镁铁质tonstein和镁铁质凝灰岩的Eu_N/Eu_N^*表现出相似的负异常（均为0.55）。长英质tonstein具有明显的Eu负异常，Eu_N/Eu_N^*平均为0.35。Eu的负异常是长英质火山作用的特征（Burger et al.，2002；Wang，2009）。碱性tonstein的Eu_N/Eu_N^*介于镁铁质和长英质tonstein之间。长英质和碱性tonstein明显的Eu负异常表明，随着岩浆的演化，从Eu^{3+}中分离出更多的Eu^{2+}。Eu的负异常表明在部分熔融过程中Eu残留在长石中，或者通过斜长石的部分结晶而被去除（Pearce et al.，1995）。

12号煤层中镁铁质tonstein的LREE富集与下伏的镁铁质凝灰岩有关（Dai et al.，2011）。Dai等（2010a）的研究表明，镁铁质凝灰岩作为12号煤层的沉积物源对12号煤层的矿物学和地球化学组成具有显著的影响。12号煤层内镁铁质tonstein中的REE不仅来自直接渗入泥炭沼泽中的火山灰，而且还来自镁铁质凝灰岩。LREE比HREE更易浸出，并具有更强的有机物和黏土亲和力（Tatsumi et al.，1986；Dai et al.，2008c）。来自镁铁质凝灰岩中的HREE比LREE的浸出作用更强，且在迁移到泥炭沼泽后又被有机质和tonstein中的黏土矿物吸附，从而导致镁铁质tonstein中的HREE比LREE含量高。

2）Nb、Ta、Zr 和 Hf

在各种地质过程中，Nb 和 Ta 具有非常相似的地球化学行为。Nb/Ta 在大多数地质体中被认为是恒定的，因此其可作为岩浆源识别的重要指标（Wolff，1984；Hofmann，1988；Green，1995；Dostal and Chatterjee，2000）。但是，在岩浆演化的过程中，这两种元素可能相互分离（Dostal and Chatterjee，2000；赵振华等，2008），Nb/Ta 可以用来确定岩浆作用的过程（赵振华等，2008）。Nb 和 Ta 的分布也可以用来识别各种 tonstein 的不同来源类型（Zhou et al.，2000）。

Zhou 等（1994）认为 Nb 和 Ta 的含量随岩浆成分的变化（从镁铁质到长英质）而逐渐增加，并在碱性岩浆中达到最大。然而，与中国镁铁质岩（Nb 的平均值为 19μg/g，Ta 的平均值为 1.1μg/g；共 1060 件样品）、长英质岩（Nb 的平均值为 15μg/g，Ta 的平均值为 1.2μg/g；共 4322 件样品）（迟清华和鄢明才，2007）和峨眉山玄武岩（Nb 的平均值 68μg/g，Ta 的平均值为 4.14μg/g；共 76 件样品；Xiao et al.，2004；张招崇等，2006）相比，松藻煤田碱性 tonstein 中 Nb 和 Ta 的含量很高，分别平均为 480μg/g 和 34.8μg/g（表 3.5，表 3.6），而长英质 tonstein 中 Nb 和 Ta 的含量要低得多，分别为 16μg/g 和 3.71μg/g。因此，不同含量的 Nb 和 Ta 可以区分不同类型的 tonstein（碱性、镁铁质和长英质）。

原始岩浆的性质和岩浆中 Ti 的含量是决定 Nb 和 Ta 含量的主导因素（Spears and Kanaris-Sotiriou，1979；刘英俊和曹励明，1993；Rudnick et al.，2000）。Nb 和 Ta 经常替代含钛矿物中的 Ti。然而，松藻煤田碱性 tonstein 和镁铁质凝灰岩中的 Nb 和 Ta 含量较高。峨眉山大火成岩省（ELIP）的高钛玄武岩不仅仅来源于地幔柱，还可能是岩石圈和软流圈互相作用的产物（Xu et al.，2001；肖龙等，2003）。

Xu 等（2001）将峨眉山玄武岩分为低 Ti 和高 Ti 两大岩浆类型。Nb、Ta 和 Nb/Ta 较低的厚层低 Ti 熔岩主要分布在峨眉山大火成岩省的西部（肖龙等，2003）。低 Ti 熔岩可能记录了溢流玄武岩侵位的主要阶段（Xu et al.，2001）。ELIP 东部上覆的高 Ti 熔岩较少，Nb、Ta 和 Nb/Ta 较高，可能意味着地幔柱活动减弱（Xu et al.，2001；肖龙等，2003）。此外，tonstein 的形成时期接近高 Ti 熔岩，因此位于 ELIP 以东的松藻煤田 tonstein 可能位于峨眉山大火成岩省的外围。

松藻煤田碱性 tonstein 的 Nb/Ta 最高（平均为 15.51），而长英质 tonstein 的 Nb/Ta 最低（平均为 4.47），表明在长英质 tonstein 中的 Ta 相对于 Nb 富集。镁铁质凝灰岩和镁铁质 tonstein 具有相似的 Nb/Ta，分别为 12.53 和 13.62。镁铁质凝灰岩和所有 tonstein 的 Nb/Ta 均低于原始地幔和幔源熔体，包括 MORB 和 OIB（17.5±0.2；Hofmann，1988；Green，1995）的 Nb/Ta。所有 tonstein 和镁铁质凝灰岩的 Nb/Ta 也低于峨眉山玄武岩（Xiao et al.，2004；张招崇等，2006）。

Nb 和 Ta 在风化与蚀变过程中都相对稳定，并且往往在这些过程中得到富集（Zhou et al.，2000）。镁铁质凝灰岩中 Nb 和 Ta 的含量高于镁铁质 tonstein，因为火山灰降落后，镁铁质凝灰岩因风化作用而发生了显著变化（中国煤炭地质局，1996）。松藻煤田镁铁质凝灰岩中的 Nb 和 Ta 在严重风化和淋滤过程中几乎没有发生过分异（Dai et al.，2010a）。因此，流体分异作用可能是岩浆演化过程中 Nb 和 Ta 分异的重要过程（Dostal and Chatterjee，2000），并导致了不同类型的 tonstein 和镁铁质凝灰岩 Nb/Ta 的变化。

如上所述，含煤地层中 tonstein 的化学变化(Nb 和 Ta 的浓度以及 Nb/Ta)与低 Ti 和高 Ti 熔岩一样(Xu et al.，2001；肖龙等，2003)，不能用普通的母源岩浆结晶来解释。在 Nb-Ta 和 Ti-Ta 散点图[图 3.15(a)、(b)]中，不同类型的 tonstein 落在孤立的区域中，表明不同地幔岩浆的原始成分不同。峨眉山溢流玄武岩可能是地幔柱开始形成的结果。tonstein 可能来自于不同的地幔源，在石榴子石稳定场中，经历了不同程度的部分熔融作用，并经历了岩石圈地幔流体的分异和浸染，类似于 Xu 等(2001)报道的高 Ti 熔岩。

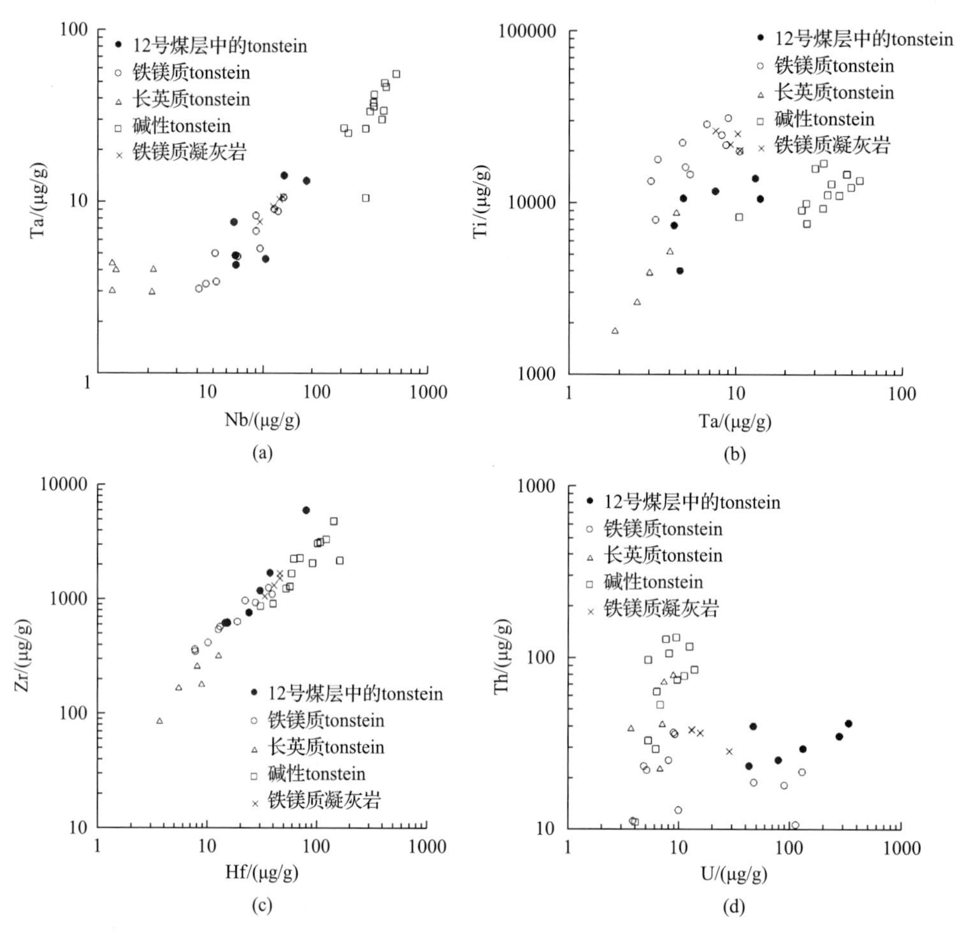

图 3.15　不同类型 tonstein 和凝灰岩的 Nb-Ta、Ta-Ti、Hf-Zr 和 U-Th 散点图

(a) Nb-Ta 散点图；(b) Ta-Ti 散点图；(c) Hf-Zr 散点图；(d) U-Th 散点图

虽然碱性 tonstein 中高度富集 Nb，但是在光学显微镜、SEM-EDS 和 XRD 中都没有发现含 Nb 的矿物。Nb 与 Al_2O_3 和 SiO_2 呈正相关，相关系数分别为 0.4 和 0.41。Nb-Fe_2O_3 和 Nb-S 之间的相关系数分别为–0.48 和–0.45。碱性 tonstein 中的矿物主要为高岭石，黄铁矿为次要矿物，因此推断，Nb 可能是通过离子吸附的形式赋存于高岭石中，类似于 Zhou 等(2000)的研究。

Zr 和 Hf 在地球化学特征上非常相似，并且在自然界中通常也紧密相关。与镁铁质和长英质 tonstein 以及镁铁质凝灰岩相比，松藻煤田碱性 tonstein 中 Zr(2219μg/g) 和

Hf(84.4μg/g)的含量最高(表3.4～表3.6)，并且Zr和Hf呈强正相关性，相关系数为0.84。中国长英质岩中Zr(160μg/g；共6665件样品)和Hf(5μg/g；共6665件样品)的平均含量高于镁铁质岩(分别为150μg/g和3.5μg/g；共1060件样品)(迟清华和鄢明才，2007)。

Zr在镁铁质岩和中性岩中含量相对较高，在长英质衍生物中的含量也可能会升高(Watson and Harrison，1983)，但是在长英质tonstein中却非常贫乏(图3.11，表3.2)。锆石的结晶分异作用导致岩浆中的HREE和Y亏损(Watson and Harrison，1983；Ma，2004)，从而造成了长英质tonstein中LREE的富集，以及Y的亏损(图3.11)。

Zhou等(2000)发现西南地区正常碎屑黏土岩中Zr和Hf的含量分别为327μg/g和15.5μg/g，低于松藻煤田镁铁质凝灰岩和镁铁质tonstein中Zr和Hf的含量，这可能是由于它们在正常碎屑黏土岩的表生环境中的稳定性强。Zhou等(2000)研究表明，长英质tonstein和镁铁质tonstein中的Zr和Hf含量或Zr/Hf似乎没有显著差异。然而，在Zr-Hf判别图中[图3.15(c)]，镁铁质和长英质tonstein均落在孤立的分布区域。这两种元素在长英质tonstein中含量非常低[表3.2，图3.15(c)]。

虽然松藻煤田碱性tonstein中的Zr(2219μg/g)远高于长英质tonstein中Zr(204μg/g)的含量，但是锆石却在长英质tonstein中普遍存在，而在碱性tonstein中非常少见。由此可以推断，碱性tonstein中Zr与锆石的相关性较弱。

长英质tonstein的Zr主要赋存在锆石中(Zhou et al.，1994；周义平和任友谅，1994)，而碱性tonstein的Zr却可能以离子吸附的形式存在于黏土矿物中(Zhou et al.，2000；Dai et al.，2007)。

3) Th和U

与长英质tonstein(51.1μg/g)和镁铁质tonstein(21.6μg/g)相比，松藻煤田碱性tonstein中Th的含量最高(平均77.3μg/g)。碱性岩中的Th也较为富集(刘英俊和曹励明，1993)。在测井曲线中，含碱性tonstein煤层的自然伽马射线剖面显示出强的正异常，可能是由于其具有高含量的Th(周义平，1999；Dai et al.，2010b)。

中国镁铁质和长英质岩中Th的平均含量分别为2.8μg/g(共1060件样品)和14.5μg/g(共6665件样品)(迟清华和鄢明才，2007)。由于U和Th的浓度低，离子半径大，在岩浆作用早期很难与镁铁质岩结合，在低镁铁质岩中U和Th含量很低，也不可能出现含U和含Th的矿物。U和Th的含量随着由镁铁质向长英质和碱性岩浆的演化而逐渐增加(刘英俊和曹励明，1993)。

镁铁质tonstein(21.6μg/g和39.1μg/g)和镁铁质凝灰岩(35.3μg/g和17.6μg/g)中Th和U的平均含量高于中国镁铁质岩浆岩中的Th、U含量(2.8μg/g和0.7μg/g；迟清华和鄢明才，2007)，其可能的原因为：①Th和U的含量与岩浆的冷却结晶程度有关。它们在快速冷凝的火山玻璃中含量很高，并分散在基质中(刘英俊和曹励明，1993)。②Th相对稳定，可以在表生环境中进一步富集。镁铁质凝灰岩中Th的含量(35.3μg/g)高于镁铁质tonstein(21.6μg/g)，这也可能是其在表生环境中的稳定性所致。

镁铁质tonstein和镁铁质凝灰岩中的低Th/U(分别为2.32和2.28)以及碱性tonstein和长英质tonstein中的高Th/U(分别为9.52和7.72)表明，由镁铁质向长英质和碱性岩浆的演化过程中，Th 相对于 U 较为富集[图 3.15(d)]。镁铁质 tonstein 和镁铁质凝灰岩的 Th/U 与西南地区正常碎屑黏土岩的 Th/U 相近(<4；Zhou et al.，2000)。正常碎屑黏土岩的沉积源区为康滇古陆，主要由含煤盆地西缘的玄武岩组成。

第五节　本 章 小 结

煤和煤系中蚀变火山灰层存在的证据包括：野外识别标志、含有火山成因的矿物、具有火山结构以及与邻近的煤层及碎屑沉积岩不同的元素组合特征。

虽然煤中与有机质混合的火山灰很难被鉴别，但是 tonstein 在野外却有一些相对容易辨别的特征：①横向上通常相对连续分布；②厚度通常只有 2～8 cm(大部分为 3～5 cm)；③与周围煤层之间的接触几乎总是清晰明显的，没有沉积层序渐变的迹象；④几乎完全没有树木原地保留下来的痕迹；⑤通常具有贝壳状和燧石状断口。

蚀变火山灰的矿物可以分为原生和次生矿物两大类，前者保留了大部分的原始晶形和地球化学组成，而后者主要由原始火山物质蚀变而来。并且原始岩浆的成分也可通过火山成因的矿物来反映。蚀变火山灰中的原生矿物主要有高温石英、长石(包括斜长石和透长石)、锆石、磷灰石和其他磷酸盐矿物、云母、金红石、锐钛矿以及一些可能存在的抗蚀变能力强的矿物(如钛铁矿、独居石、黄玉、磷钇矿、磁铁矿、褐帘石、辉石、角闪石，甚至石榴子石和电气石等)。蚀变火山灰中的次生矿物主要有高岭石、蒙脱石、伊利石、伊蒙混层、绿泥石族(如鲕绿泥石)、沸石族矿物(如方沸石和斜发沸石)以及一些其他的微量的矿物(如方解石、白云石、菱铁矿、水磷铈矿、磷铝铈矿、石膏、烧石膏、黄钾铁矾、钠长石和黄铁矿等)。

根据岩石学和矿物学特征可以确定不同类型的 tonstein：①长英质 tonstein 的颜色大多为棕黑色或褐色，抛光后的样品表面光滑，裂缝呈贝壳状或不规则状。矿物成分主要为高岭石，也可能存在少量的伊蒙混层矿物。长英质 tonstein 与其他类型 tonstein 相比，具有最高的石英含量和最低的锐钛矿含量。②碱性 tonstein 呈灰黑色，质地致密，块状结构，断口细而光滑，有时呈贝壳状。通常在光学显微镜下能观察到植物碎片，矿物主要为高岭石和伊蒙混层，也可能存在黄铁矿、微量石英和一些其他的副矿物(如锐钛矿、独居石)。然而却很少能观察到碱性岩石的主要成岩矿物。③镁铁质 tonstein 主要呈棕褐色或灰黑色，块状结构，质地致密。除了主要的黏土矿物(高岭石和伊蒙混层矿物)之外，在镁铁质 tonstein 中还可以观察到锐钛矿、黄铁矿、石英和少量的变质白云石与石膏。

不同类型蚀变火山灰的元素组成与当时的大地构造背景和地球动力学控制因素有关。镁铁质蚀变火山灰以高含量的 Sc 和过渡元素(V、Cr、Co 和 Ni)、Eu 的正异常以及中稀土富集的配分模式为特征。而碱性蚀变火山灰的特点在于其含有异常高含量的稀有金属，如 Nb、Ta、Zr、Hf、REE 和 Ga，并伴随着明显的 Eu 负异常。与镁铁质和碱性 tonstein 相比，长英质 tonstein 中 Nb 和过渡元素明显亏损，REY 含量较低，Eu 的负异常不明显，但轻、重稀土之间的分异较为显著。

第四章　煤和煤系中火山灰的研究意义和应用

第一节　火山灰对煤质及煤的元素地球化学和矿物学的影响

火山灰对煤质及煤的元素地球化学和矿物学组成的影响主要集中在以下四个方面：①蚀变火山灰层可能会与其所赋存的煤层一起采出，这些夹矸如果在选煤厂没有被剔除，则很可能会混入煤中（Hower et al.，1994；Ward，2002）。②火山碎屑通过火山活动进入并分散于泥炭沼泽中，经历后期成岩作用的改变成为煤中矿物质（Ward，2002；Dai et al.，2008a，2008b）。③tonstein 中的元素可能被淋滤出来并进入下部的有机质（泥炭）中。④降落在含煤盆地边缘或盆地内隆起上的火山灰也是盆地中煤层的陆源碎屑物质来源（Dai et al.，2017b）。由于 tonstein 比较薄，前两种情况下，火山灰可能会在采矿时与煤混合，从而使开采出来的煤中的矿物质含量增高。

一、煤层内火山灰的淋溶作用

煤层中 tonstein 以及外生沉积的夹矸遭受地下水或热液流体的淋溶现象是很常见的，淋溶出来的元素随即进入煤的有机质中。根据对晚白垩世 C 煤层[美国犹他州曼科斯（Mancos）页岩中的含铁砂岩段]的地球化学研究，Crowley 等（1989）指出火山灰混入泥炭或者其发生淋溶作用，会导致 tonstein 直接下伏或上覆的煤层中某些元素（如 Be、Zr、Nb、U、Th 和 Ge）富集。Crowley 等（1989）认为 tonstein 造成煤中微量元素富集的机理有三类：①火山灰被地下水淋滤出的元素随即被有机质吸收；②火山灰遭受淋溶后，元素进入次生矿物中；③火山矿物进入泥炭中。

Hower 等（1999）发现位于 fire clay 夹矸（长英质 tonstein，Eu_N/Eu_N^*为 0.25）之下的煤层富集稀土元素和钇（1965～4198μg/g，灰基），富稀土的自生独居石（还可能是水磷铈矿）和含钇的纤磷钙铝石赋存于裂隙和细胞腔中。tonstein 及其直接下伏的煤层（或伊利石页岩）中 LREE 和 HREE 之间的分异是由地下水的淋溶作用造成的。

在四川绿水洞煤田乐平世煤中发现了三层由碱性流纹岩蚀变而来的 tonstein（Dai et al.，2014c）。绿水洞煤田煤中 Nb/Ta、Zr/Hf 和 U/Th 的平均值高于 tonstein，这是 tonstein 受到了活跃地下水的淋溶作用，元素 Nb、Zr 和 U 在煤中沉积下来的结果（Dai et al.，2014c）。此外，还在煤层中发现了含 Zr 和 Si 的水磷铈矿，这些 Zr 和 Si 是随地下水一同从 tonstein 中淋滤出来的，随即与富含 REY 的热液流体一起沉淀形成了含硅的水磷铈矿。Spears（2012）也指出，长英质 tonstein 中 SiO_2 的损失很可能是由地下水的淋溶作用造成的。松藻煤田乐平世煤层层间碱性 tonstein 中 Nb、Ta、Zr、Hf、Th、U、REE 和 Y 的含量较高，由于受到地下水淋溶作用的影响，tonstein 邻近的煤层中也趋向于富集这些元素（Zhao et al.，2015）。保加利亚晚始新世普切拉罗沃（Pchelarovo）矿区和新近纪埃尔霍沃（Elhovo）矿区煤层中高含量的 Be 也被认为是火山灰在遭受到淋溶作用后，Be 在 tonstein 直接上覆和下伏煤层中沉淀下来的结果（Eskenazy，2006）。

在许多煤矿中都发现了类似的从 tonstein 中被地下水淋溶出的微量元素随即在其上覆或下伏煤层中重新沉积的现象。例如，保加利亚 Dobrudza 煤矿的晚宾夕法尼亚世煤（Eskenazy，2009）、俄罗斯远东地区、哈萨克斯坦和蒙古国的某些宾夕法尼亚世—二叠纪煤（Arbuzov et al.，2011）以及南非 Karoo 盆地西瓦特贝格（West Waterberg）煤田富含微量元素（如 Ba、Sr）和稀土元素的煤（Spears et al.，1988）。巴西南里奥格兰德州坎迪奥塔（Candiota）煤田二叠纪煤有高含量的 Rb 和 Sr，这些高含量的 Rb 和 Sr 也很可能与煤层内的 tonstein 有关（Kalkreuth et al.，2006）。

除了层间 tonstein 外，以煤层顶板形式存在的火山灰也可能会被地下水或热液淋溶，导致其下伏煤层中某些微量元素与次生矿物富集。四川盆地长河煤矿晚三叠世煤中高含量的 Be（8.4μg/g）、Zr（302μg/g）、Nb（26μg/g）、U（5.8μg/g）、Ga（16.1μg/g）和 REE（153.6μg/g）可能就是煤层顶板的长英质 tonstein 遭受淋溶作用的结果（Wang，2009）。火山灰中淋溶出来的 REE 随即进入次生矿物如水磷铈矿［(Ce, La, Nd)$(PO_4)\cdot H_2O$］中，而 Wang（2009）则暂时将它鉴定为自生独居石。但是，煤中尚未发现自生成因的独居石，独居石的来源只有外生沉积和火山碎屑两种，这两种来源的独居石都是碎屑成因而不是从溶液中析出的。

二、火山灰作为陆源物质供给对煤层元素地球化学的影响

降落在盆地边缘或盆地内隆起上的火山灰可作为泥炭沼泽的供给物源。中国西南地区乐平世龙潭组之下存在着厚度为 3～5m 的镁铁质凝灰岩层，该凝灰岩层与其下伏的瓜德鲁普世茅口组灰岩呈不整合接触（中国煤田地质局，1996）。位于重庆磨心坡煤田 K1 煤层之下的镁铁质凝灰岩层，是泥炭堆积的直接基底，也是盆地低洼区的沉积物源，而 K1 煤层以低 Al_2O_3/TiO_2（10.09～14.24）（Dai et al.，2017b）、Eu 的正异常、中稀土富集的配分模式［图 4.1（a）］和具有陆源碎屑成因的方解石［图 4.1（b）］为特征。其他地区也曾报道过类似的例子，如澳大利亚维多利亚州低阶煤中的一些矿物就是来自物源区遭受了风化和侵蚀作用的玄武质熔岩和凝灰岩（Durie，1961；Gloe and Holdgate，1991；Grigore and Sakurovs，2016）。此外，还有很多学者都报道了中国西南地区乐平世中晚期产出的长英质 tonstein 的地球化学特征（高连芬等，2005；Tian，2005；Dawson et al.，2012；Dai et al.，2014e）。川南煤田筠连矿区 2 号煤层与芙蓉矿区 B2 和 B4 煤层的夹矸均为长英质 tonstein（李霄，2015），并且由于受到长英质 tonstein 的影响，煤层中微量元素 V、Co、Cr、Ni、Cu 和 Zn，以及 Nb、Ta、Zr 和 Hf 的含量均较低。广西来宾和云南播乐的煤系中含有 4 层 tonstein（李霄，2015），这些 tonstein 的主要矿物为高岭石，黏土矿物以隐晶质基质的形式存在，还发现有蠕虫状高岭石产出；其副矿物包括尖角状石英、锐钛矿、独居石、锆石（可见有气泡空洞）和磷灰石，可通过矿物组合特征推断这些 tonstein 来源于长英质火山灰；而其地球化学特征表现为较低的 SiO_2/Al_2O_3（接近高岭石的理论值 1.18）、V、Co、Ni、Cu、Zn 和 Nb/Ta 以及稀土元素配分模式为具有 Eu 负异常的富中-重稀土型，这更加印证了播乐煤中 4 层 tonstein 的物质来源为长英质火山灰。此外，还在广西来宾

和云南播乐的煤分层样品中发现了高温 β 石英，说明煤层也受到了火山灰的影响。部分顶板样品中的 XRD 矿物组合、元素组合特征以及稀土元素的配分模式均与 tonstein 层相似，因此认为其可能与 tonstein 层具有相同的物质来源。云南播乐煤的底板具有高含量的 TiO_2、Sc、V、Co、Ni、Cu 和 Zn，并且 Nb 和 Zr 的含量高于其他顶底板，与峨眉山高钛玄武岩相似；稀土元素配分模式表现为具有 Eu 正异常的重稀土富集型；但是其黏土矿物高岭石以隐晶质基质的形式存在，且未发现有沉积层理，并可见到大量的锐钛矿碎片分布在高岭石基质中，其很可能来源于火山玻屑，因此推断播乐煤底板属于镁铁质凝灰质黏土岩。

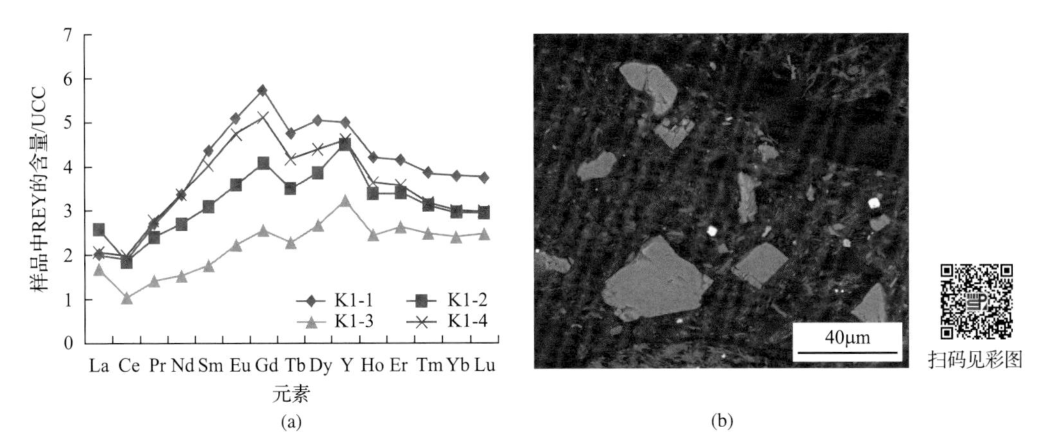

(a)　(b)

图 4.1　重庆磨心坡煤田 K1 煤的 REY 配分模式与扫描电镜背散射电子图像

(a) REY 配分模式显示 Eu 正异常；(b) 陆源碎屑方解石；REY 是由 UCC 标准化（Taylor and McLennan，1985）后的结果

第二节　不同性质火山灰的输入对煤层矿物学和地球化学的影响

一、碱性火山灰的影响

大量的研究表明，不同地质年代的含煤沉积中广泛分布的 tonstein 的原始物质主要是同沉积的长英质和中性-长英质火山灰。近年来，也有许多学者发现了同沉积碱性火山灰形成的 tonstein，并对其进行了详细的报道。周义平等（1992）、周义平和任友谅（1994）在 20 世纪 90 年代初对滇东—黔西乐平世含煤建造中的 tonstein 进行了岩石学、矿物学和地球化学分析，认为该 tonstein 的原始物质为碱性火山灰。张玉成（1994）对四川东南部 3 层 tonstein 中的微量元素组成特征进行了研究，也得出了相同的结论。

根据碱性 tonstein 自然伽马测井曲线的正异常，在重庆、云南东部以及四川南部乐平世的含煤地层中发现了碱性火山成因的 Nb（Ta）-Zr（Hf）-REE-Ga 矿化层。

所有在中国西南地区发现的碱性 tonstein 均位于宣威组和龙潭组的底部（周义平，1999；Zhou et al.，2000；Dai et al.，2011，2014c）。这些碱性 tonstein 的分布如图 4.2 所示。Zhao 等（2016c）对中国西南地区碱性 tonstein 的地质成因和地球化学等特征进行研究得到了以下认识。

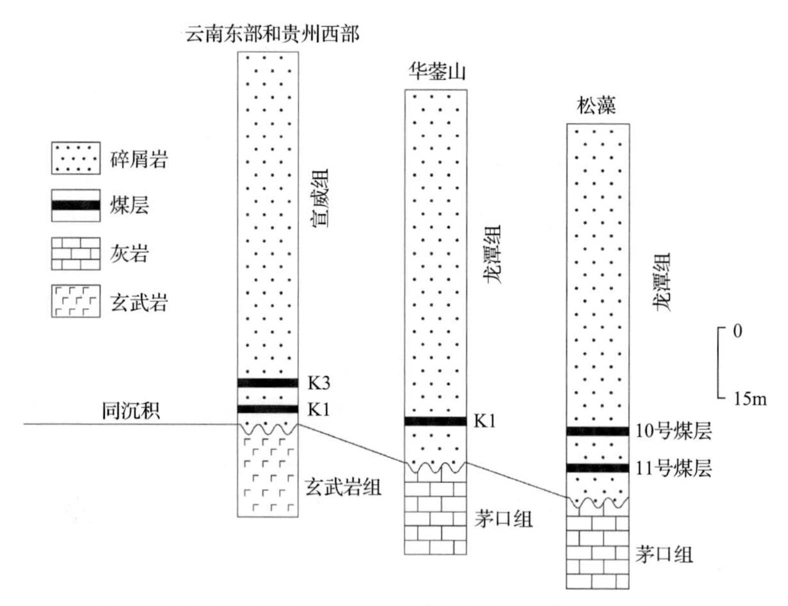

图 4.2　西南地区吴家坪期碱性 tonstein 的层位分布图[据 Dai 等(2011，2014c)和 Zhou 等(2000)，有所修改]

(1)除了大量的玄武岩外，长英质岩石的成分从过铝质到偏铝质和偏碱性均有出现(Shellnutt，2014)。Shellnutt(2014)提出，偏碱性的 ELIP 岩浆直接来自高钛玄武岩，对地壳物质的浸染很小，这可能是由于 ELIP 形成末期的岩浆供应率较低。由于 Nb-Ta 矿化正长岩通常呈碱性(Wang et al.，2015)，这种富集 Nb-Ta 岩浆的侵入作用也应该晚于 ELIP 玄武岩火山作用的主要阶段，即晚于康滇古陆的形成(He et al.，2007)。Dai 等(2010b，2012a)研究发现，富集 Nb-Zr-REE 的凝灰岩层总数由云南东部的 4 层减少到重庆的 1 层，这表明源岩浆可能在研究区以西，即在 ELIP 中心喷发。因此，受到富 Nb-Ta 岩浆作用影响的火山灰可能存在于吴家坪组(宣威组和龙潭组)的下段。

由于 ELIP 玄武岩火山作用的主要阶段发生在瓜达鲁普世-乐平世的界限处，并在短时间内终止(在 259.1Ma±0.5Ma 前；Zhong et al.，2014)，且所有的碱性 tonstein 都位于宣威组和龙潭组的下部(图 4.2)，碱性 tonstein 原始火山灰的年龄一定晚于 ELIP 火山作用的主要阶段(约 260Ma 前)。因此，在 ELIP 中心同期富含 Nb-Ta 矿化的碱性岩浆作用在时间和空间上都可能是碱性 tonstein 的主要来源。

(2)不相容微量元素的地球化学特性和 Al_2O_3/TiO_2 在地表环境下是稳定的，常被用来指示火山岩的原始来源(Hayashi et al.，1997；周义平，1999；He et al.，2010；Dai et al.，2011；Spears，2012)。根据 Al_2O_3/TiO_2(12.6～34.2，平均为 22.0；Zhou et al.，2000；Dai et al.，2011，2014c；Zhao et al.，2013)，可以认定中国西南地区的碱性 tonstein 为中性-长英质火山灰成因($8<Al_2O_3/TiO_2<70$；Hayashi et al.，1997)。经过球粒陨石标准化处理，中国西南地区的碱性 tonstein 具有轻稀土富集和 Eu 负异常的特征(0.17～0.70，平均为 0.46；Dai et al.，2011，2014c；Zhou et al.，2000)。由于 δEu 是从源岩中继承而来的，并且在泥炭沼泽中保持稳定(唐修义和黄文辉，2004)，LREE 富集和 Eu 的负异常可用于识

别碱性 tonstein 的岩浆来源。为了更好地了解碱性 tonstein 的岩浆来源，不仅分析了 Nb-Ta 矿化正长岩，还对 ELIP 的长英质岩(过碱性、偏铝质和过铝质的火山岩和深成岩)进行了深入的研究。在球粒陨石归一化处理后，包括 Nb-Ta 矿化正长岩在内的碱性硅酸盐岩显示出了类似于碱性 tonstein 的 LREE 富集模式(图 4.3)。在 $Eu_N/EuEu_N^*$-Al_2O_3/TiO_2、TiO_2-Ta、Zr/Yb-Nb 和 Th/Yb-Ta/Yb 的散点图中(图 4.4)，碱性 tonstein 与 ELIP Nb-Ta 矿化正长岩位于同一区域内，这意味着它们具有很强的地球化学亲和性，而 ELIP 的过碱性、偏铝质和过铝质长英质岩属于三个不同的区域。由于 ELIP Nb-Ta 矿化正长岩通常是过碱性的，ELIP 过碱性长英质岩对比图[4.4(a)～(c)]中的偏铝质和过铝质长英质岩更接近碱性 tonstein。

中国西南地区吴家坪组下段出现的碱性 tonstein，是由 ELIP 同时期碱性 Nb-Ta 矿化岩浆的喷发活动引起的。这种源于 ELIP 的碱性火山碎屑沉积矿床，增强了我们对 ELIP 喷出碱性岩浆成矿的认识，可能标志着与峨眉山地幔柱活动有关的矿化作用的最后阶段。

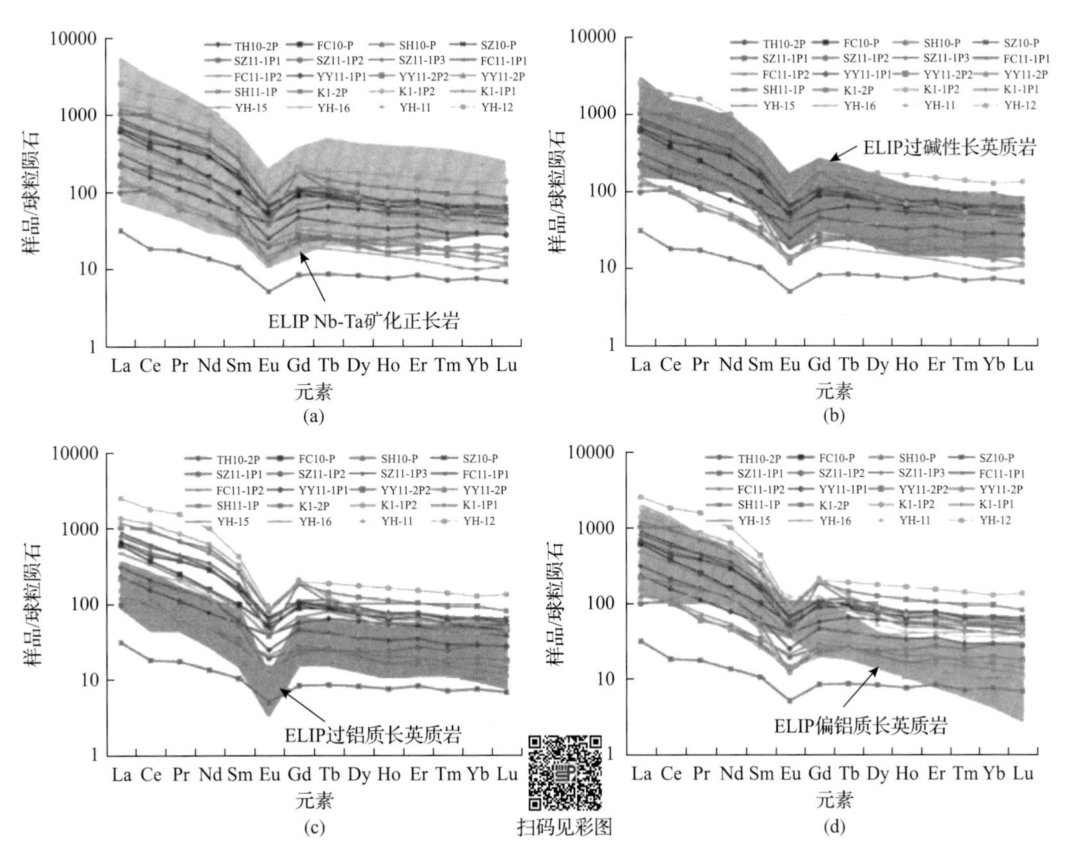

图 4.3　西南地区碱性 tonstein 的球粒陨石归一化稀土元素配分模式图

(a)与 ELIP Nb-Ta 矿化正长岩相比；(b)与 ELIP 过碱性长英质岩相比；(c)与 ELIP 过铝质长英质岩相比；(d)与 ELIP 偏铝质长英质岩相比；ELIP Nb-Ta 矿化正长岩数据引自 Wang 等(2015)；ELIP 过碱性、过铝质和偏铝质长英质岩的数据引自 Shellnutt 和 Zhou(2007)与 Xu 等(2010)；球粒陨石稀土值的数据引自 Sun 和 McDonough(1989)

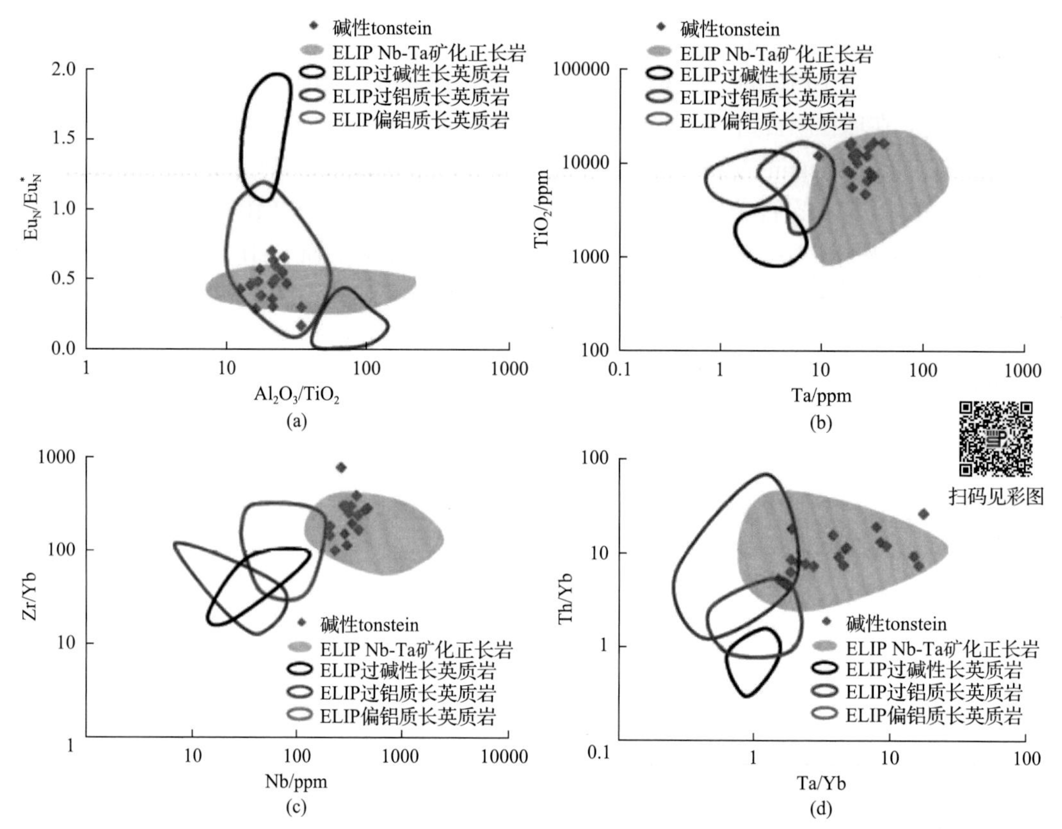

图 4.4　碱性 tonstein、ELIP Nb-Ta 矿化正长岩与 ELIP 过碱性、过铝质和偏铝质长英质岩的 Eu_N/Eu_N^*-Al_2O_3/TiO_2、TiO_2-Ta、Zr/Yb-Nb 和 Th/Yb-Ta/Yb 散点图

(a) Eu_N/Eu_N^*-Al_2O_3/TiO_2 散点图；(b) TiO_2-Ta 散点图；(c) Zr/Yb-Nb 散点图；(d) Th/Yb-Ta/Yb 散点图；ELIP Nb-Zr 矿化正长岩数据引自 Wang 等(2015)；ELIP 过碱性、过铝质和偏铝质长英质岩的数据引自 Shellnutt 和 Zhou(2007)与 Xu 等(2010)

二、长英质和镁铁质火山灰的影响

乐平世峨眉山地幔柱事件引发了中国西南地区频繁的火山活动(何斌等，2003；Shellnutt，2014)，喷发出的火山灰降落到泥炭沼泽中并沉积下来，在特定的地质条件下形成以高岭石为主要成分的薄层状火山灰蚀变黏土岩(Loughnan，1978；Lyons et al.，1994；Spears，2012)。解盼盼(2019)在黔西月亮田煤矿乐平世龙潭组煤、夹矸和底板样品中发现了呈尖角状和正六边形的高温 β 石英(图 4.5)，由于火山碎屑石英通常作为中性-长英质火山岩或火山灰输入煤层的直接证据，推测黔西月亮田煤矿乐平世煤层受到了火山活动的影响。借助扫描电镜分析，在月亮田煤中除了发现自生成因的高岭石外(图 4.6)，还发现了碎屑颗粒状高岭石、书页状高岭石及大量蠕虫状高岭石(图 4.7)，同时夹杂着磷铝铈矿[图 4.7(c)、(d)]等稀土元素矿物。此外，在月亮田煤中还发现了晶形较好的锆石颗粒[图 4.8(a)]，锆石有时和蠕虫状高岭石共同出现[图 4.8(b)]。锆石表面粗糙，呈现高温裂纹，长宽比为 1∶2，根据其晶体形态、宏观特征和赋存状态判断其可能为火山碎屑来源(周义平等，1992)。除了以上矿物学证据外，月亮田煤矿煤分层样品中 Ce 显示出微弱的正异常(图 4.9)，这可能是镁铁质火山灰降落到泥炭沼泽中而形成的(Dai et al.，2014a，2016b)。

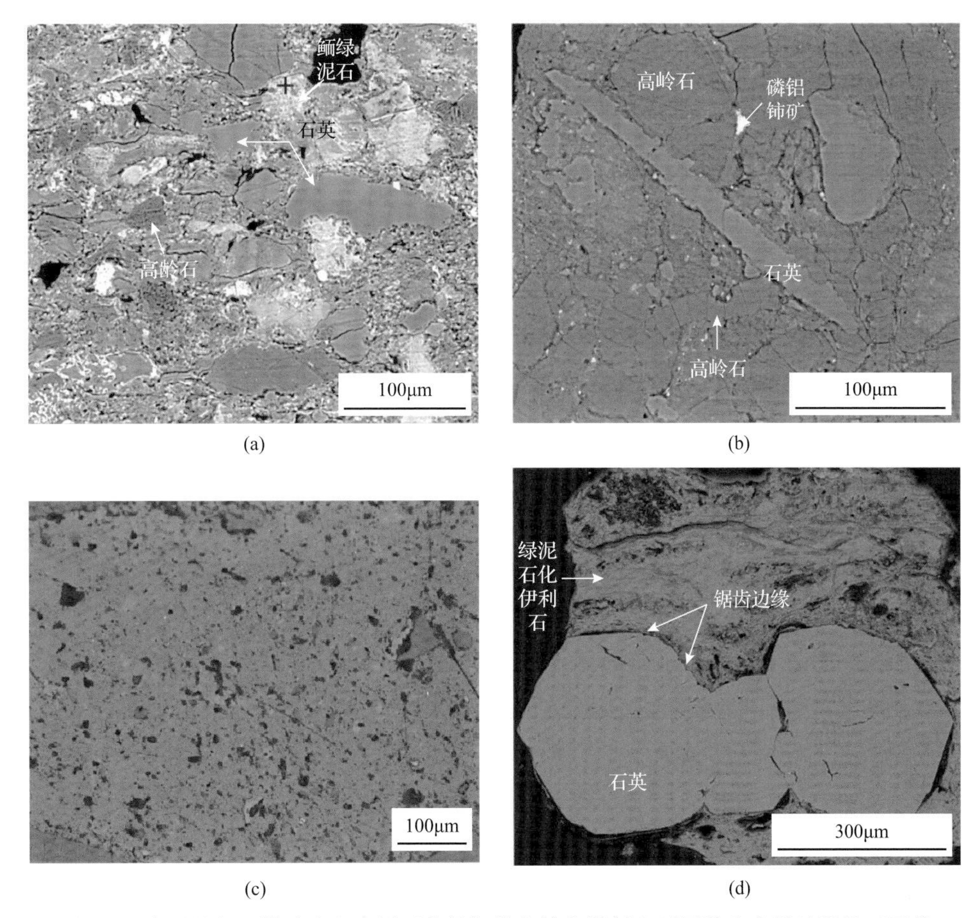

图 4.5　黔西月亮田煤矿火山碎屑石英的扫描电镜背散射电子图像和光学显微镜下图像

(a)底板样品(YLT6L-6F)中的高温石英；(b)煤样(YLT12-5)中的石英和蠕虫状高岭石；(c)tonstein(YLT12-3P)中的尖角状和不规则状高温石英；(d)煤样(YLT16-3)中具有锯齿边缘的石英；(a)、(b)和(d)为扫描电镜背散射电子图像；(c)为光学显微镜下图像

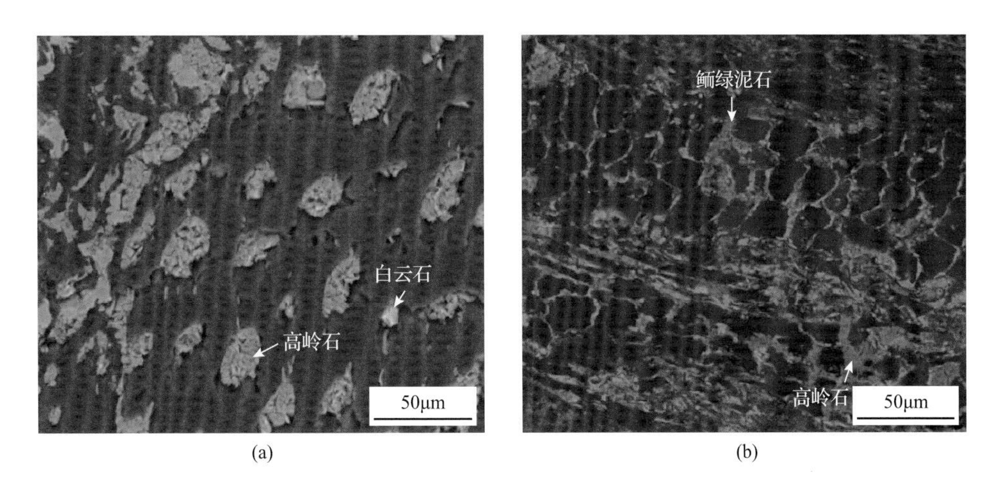

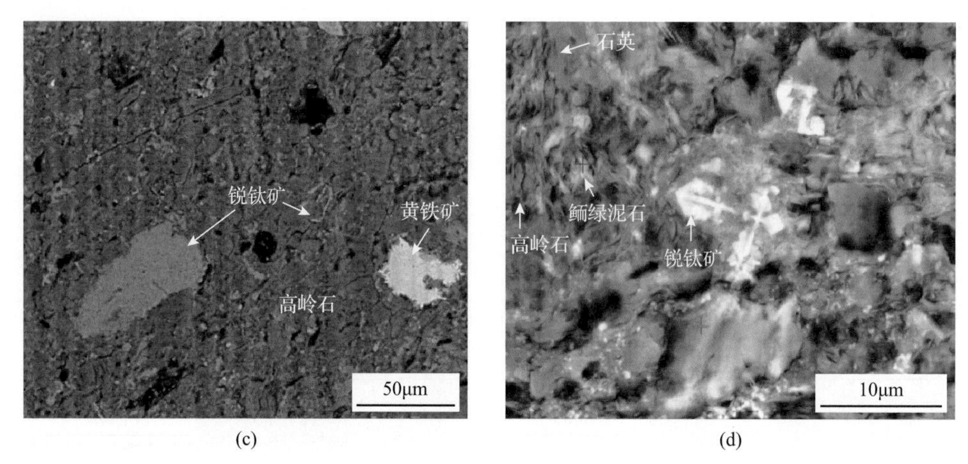

(c)　　(d)

图 4.6　黔西月亮田煤矿煤岩样品中自生高岭石的扫描电镜背散射电子图像

(a) 细胞充填状高岭石 (YLT12-4)；(b) 裂隙充填状高岭石 (YLT16-3)；(c) 基质状高岭石 (YLT6L-4P)；(d) 絮状高岭石 (YLT6L-6F)

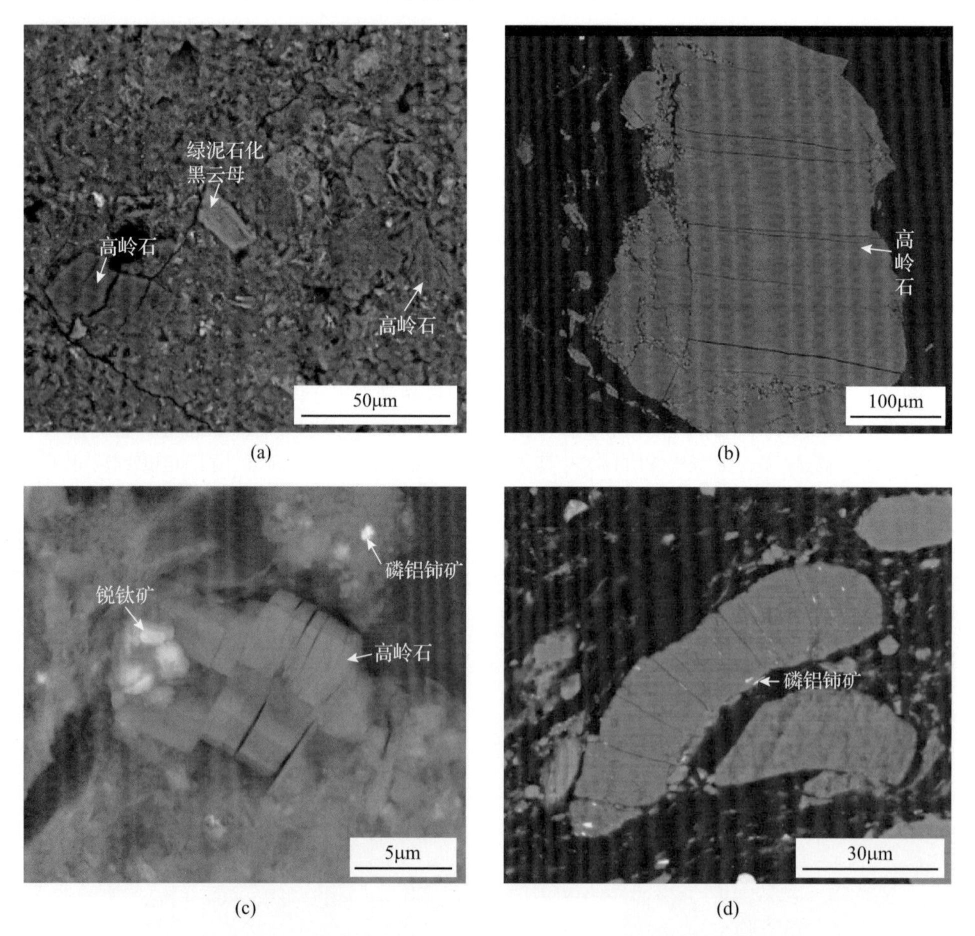

(a)　　(b)

(c)　　(d)

图 4.7　黔西月亮田煤矿煤与夹矸中碎屑高岭石的扫描电镜背散射电子图像

(a)、(b) 碎屑颗粒状高岭石；(c) 书页状高岭石；(d) 蠕虫状高岭石；(a)、(c) 为夹矸样品 YLT6L-4P、YLT6U-10P；(b)、(d) 为煤样品 YLT12-5、YLT12-5

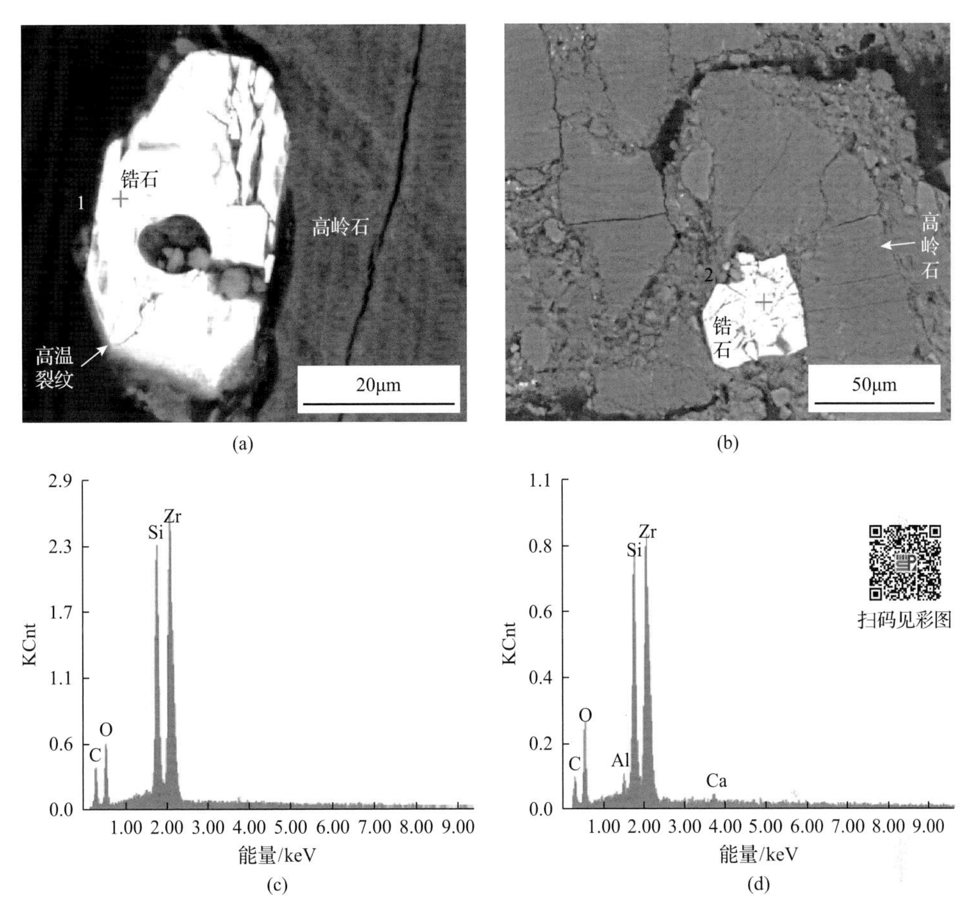

图 4.8　黔西月亮田煤矿煤中锆石的扫描电镜背散射电子图像及其能谱数据

(a)晶型较好的锆石(YLT12-5)；(b)锆石与蠕虫状高岭石(YLT12-5)；(c)图(a)锆石上点 1 的能谱数据；(d)图(b)锆石上点 2 的能谱数据

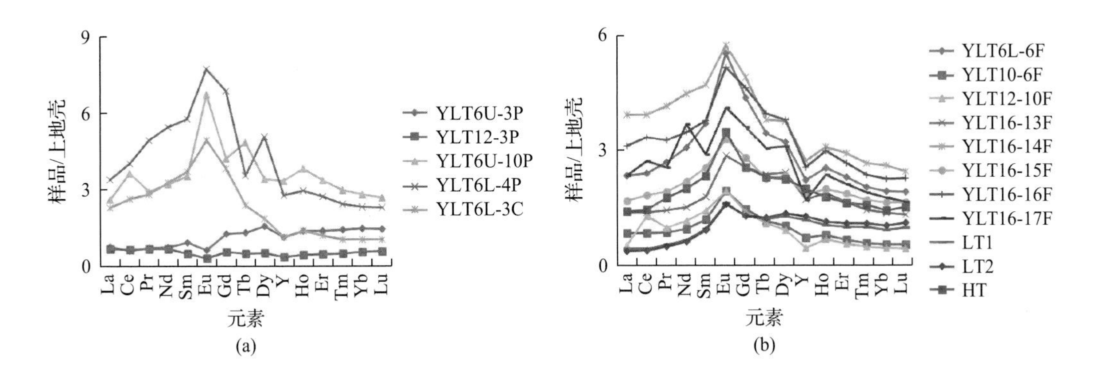

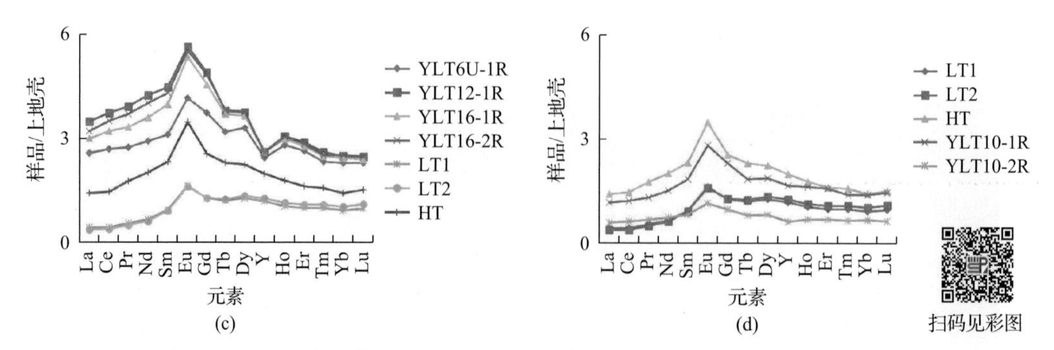

图 4.9　黔西月亮田煤矿顶底板、夹矸和煤分层样品的稀土元素配分模式图

(a)夹矸样品；(b)煤层底板样品及峨眉山高 Ti 与低 Ti 玄武岩；(c)、(d)煤层顶板样品及峨眉山高 Ti 与低 Ti 玄武岩；LT-低钛玄武岩；HT-高钛玄武岩

火山活动通常在煤层顶底板中会留有印迹，在月亮田煤矿煤层底板样品中就发现了高温石英和竹节状磷灰石[图 4.10(a)]。该自形磷灰石晶形较好，表明未经历过搬运作用，可能是火山碎屑来源，火山碎屑为其提供磷源(Ward et al.，1996；Zhao et al.，2012)。

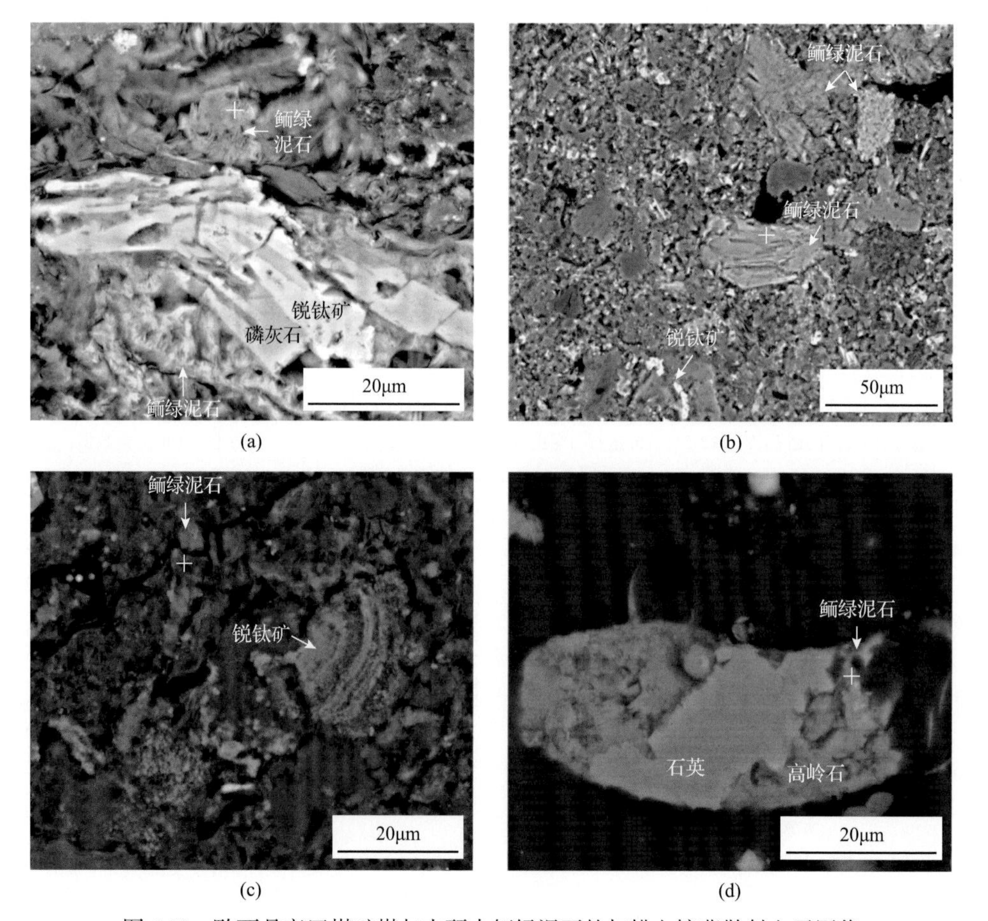

图 4.10　黔西月亮田煤矿煤与夹矸中鲕绿泥石的扫描电镜背散射电子图像

(a)放射状鲕绿泥石(YLT6L-6F)；(b)颗粒状鲕绿泥石(YLT6U-1R)；(c)裂隙充填状鲕绿泥石(YLT6L-4P)；(d)细胞充填状鲕绿泥石(YLT12-5)

并且在样品的鲕绿泥石表面发现有溶蚀的痕迹(图 4.10)，说明其遭受过热液侵蚀。此外，月亮田煤矿煤层底板样品的稀土元素配分模式[图 4.9(b)]与云南新德煤矿煤层底板样品[图 4.11(b)]的配分模式相似，Ce 显示明显的正异常，表明其可能为镁铁质火山灰和陆源碎屑混染沉积所形成。

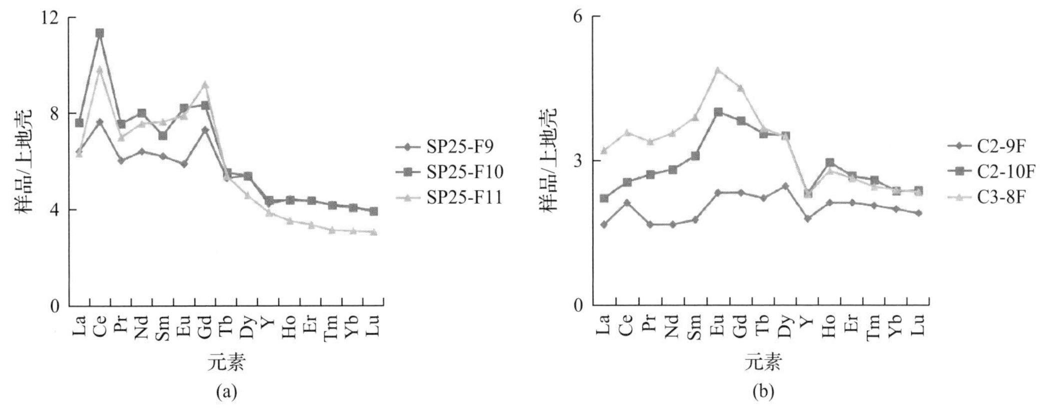

图 4.11　镁铁质凝灰岩组成的底板中稀土元素的配分模式图

(a)四川古叙煤矿，引自(Dai et al.，2016b)；(b)云南新德煤矿，引自(Dai et al.，2014a)

上述的矿物学和地球化学证据表明黔西月亮田煤矿在成煤阶段有小型火山喷发，但喷发的强度小，落入泥炭沼泽的火山灰数量较少，不足以形成 tonstein(Dai et al.，2014a)。然而，仍有数量较多的火山灰降落到煤层中，黏土岩夹矸发生蚀变从而形成 tonstein。月亮田煤矿共有 4 层夹矸(图 4.12)，夹矸样品中的矿物以黏土矿物为主，黏土矿物含量为 83.4%～92.5%，其矿物组成和元素富集特征与煤分层和顶底板截然不同。根据矿物学和地球化学特征推断这 4 层夹矸均为 tonstein。然而，这 4 层 tonstein 却为不同性质的火山灰降落到泥炭沼泽中所形成。下面将对黔西月亮田煤矿长英质和镁铁质火山灰作为物源输入形成的 tonstein 分别进行介绍。

(一)长英质火山灰输入的证据

在月亮田煤矿由长英质火山灰降落到泥炭沼泽中形成的 tonstein 包含 YLT6U-3P 和 YLT12-3P 两层夹矸，其矿物学与地球化学证据如下。

(1)夹矸 YLT6U-3P 和 YLT12-3P 的厚度分别为 3cm 和 2cm。矿物以黏土矿物为主，含量分别为 88.9%和 92.5%，且主要为高岭石(解盼盼，2019)。利用扫描电镜的分析，在夹矸 YLT6U-3P 中发现了蠕虫状高岭石。一般认为蠕虫状高岭石是在非海相的成煤环境中，由火山灰降落后经过重结晶作用而形成的(Bohor and Triplehorn，1993)。此外，还在 YLT12-3P 中发现了尖角状和各种不规则形状的高温 β 石英[图 4.5(c)]，此类高温石英被认为起源于岩浆房或火山颈(周义平和任友谅，1983b；Dai et al.，2014a)。高温石英在煤系地层的长英质火山灰蚀变黏土岩夹矸中普遍产出(周义平和任友谅，1983b；Bohor and Triplehorn，1993；Ward，2002；Wang et al.，2012；Dai et al.，2014a)。

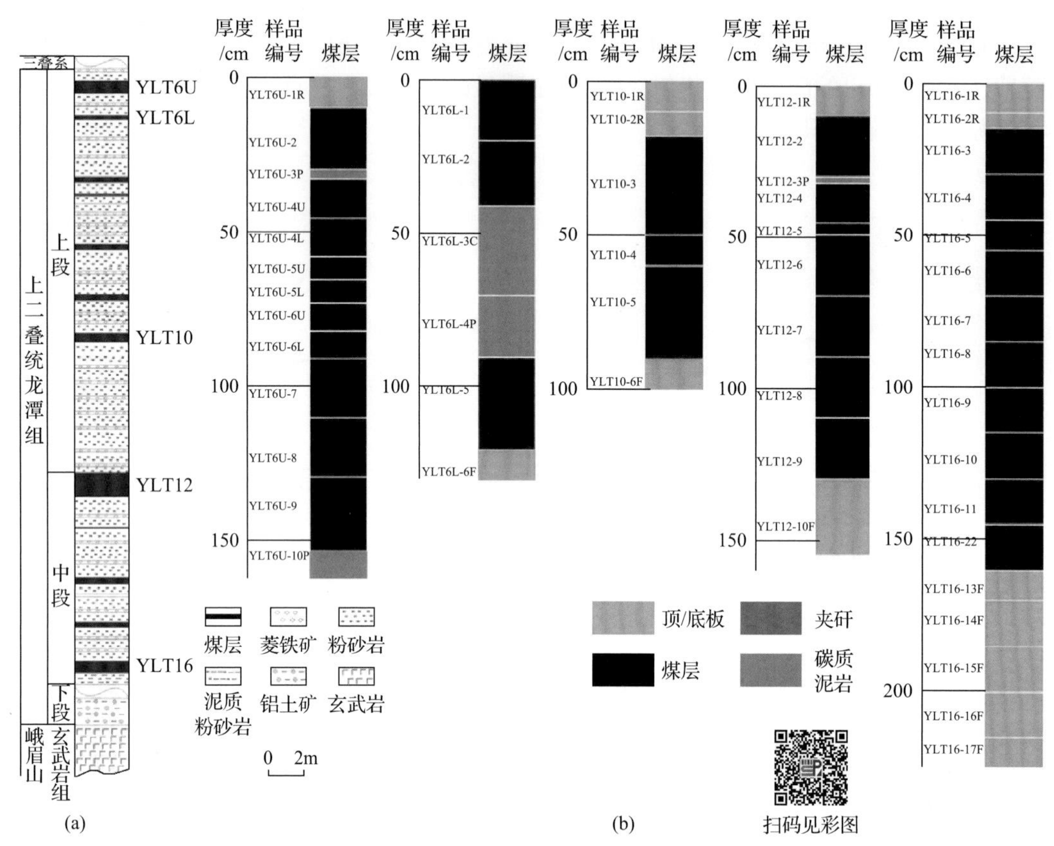

图 4.12　黔西月亮田煤矿地层柱状图及煤层剖面图

(a)地层柱状图；(b)煤层剖面图

(2)康滇古陆是黔西乐平世煤的主要物源供给区，峨眉山玄武岩为含煤盆地提供了大量的碎屑物质。一般而言，乐平世煤层中 Ti、Sc、V、Co、Ni 和 Zn 含量会相对比较富集。然而，YLT6U-3P 和 YLT12-3P 两层 tonstein 中 TiO_2 的含量分别为 0.25%和 0.44%，远低于世界黏土中 TiO_2 的含量(0.78%)，并且过渡元素 Sc、V、Cr、Co 和 Ni 的含量均低于煤层中对应元素的含量(图 4.13)，接近或略低于重庆松藻煤田长英质 tonstein 中对应元素的含量。此外，这两层 tonstein 中高场强元素的含量与重庆松藻煤田长英质 tonstein 中对应元素的含量相当，印证了这两层夹矸的长英质火山灰来源(解盼盼，2019)。

(3)夹矸 YLT6U-3P 和 YLT12-3P 的 REY 含量分别为 136.56μg/g 和 103.64μg/g(岩石基)，低于峨眉山玄武岩中 REY 的含量(166.64μg/g)，且 Eu 显示负异常，同四川须家河组长英质 tonstein 中 Eu 的负异常相似(Burger et al.，2002)。这与其来源于长英质火山灰经过空降落入泥炭沼泽中的推论相互印证。

(4)YLT6U-3P 和 YLT12-3P 中的 Al_2O_3/TiO_2 分别为 112.42 和 60.25，在 Al_2O_3 和 TiO_2 的二元图(图 4.14)中均落入长英质岩区域($Al_2O_3/TiO_2>21$)，表明有长英质碎屑物质输入这两层夹矸中，进一步印证了这两层夹矸的长英质火山灰来源。

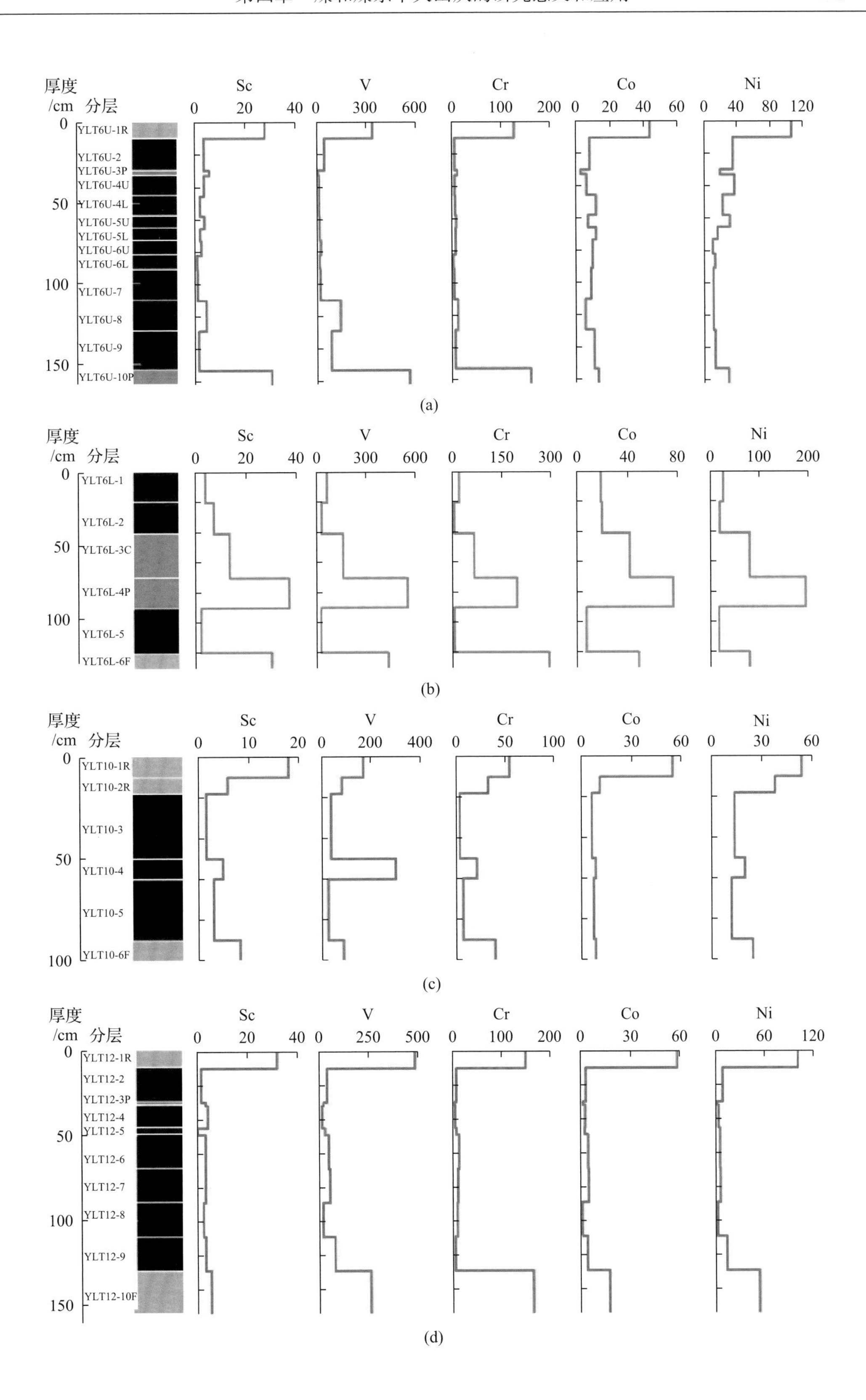
厚度
/cm
分层
Sc
V
Cr
Co
Ni
YLT6U-1R
YLT6U-2
YLT6U-3P
YLT6U-4U
YLT6U-4L
YLT6U-5U
YLT6U-5L
YLT6U-6U
YLT6U-6L
YLT6U-7
YLT6U-8
YLT6U-9
YLT6U-10P
(a)
YLT6L-1
YLT6L-2
YLT6L-3C
YLT6L-4P
YLT6L-5
YLT6L-6F
(b)
YLT10-1R
YLT10-2R
YLT10-3
YLT10-4
YLT10-5
YLT10-6F
(c)
YLT12-1R
YLT12-2
YLT12-3P
YLT12-4
YLT12-5
YLT12-6
YLT12-7
YLT12-8
YLT12-9
YLT12-10F
(d)

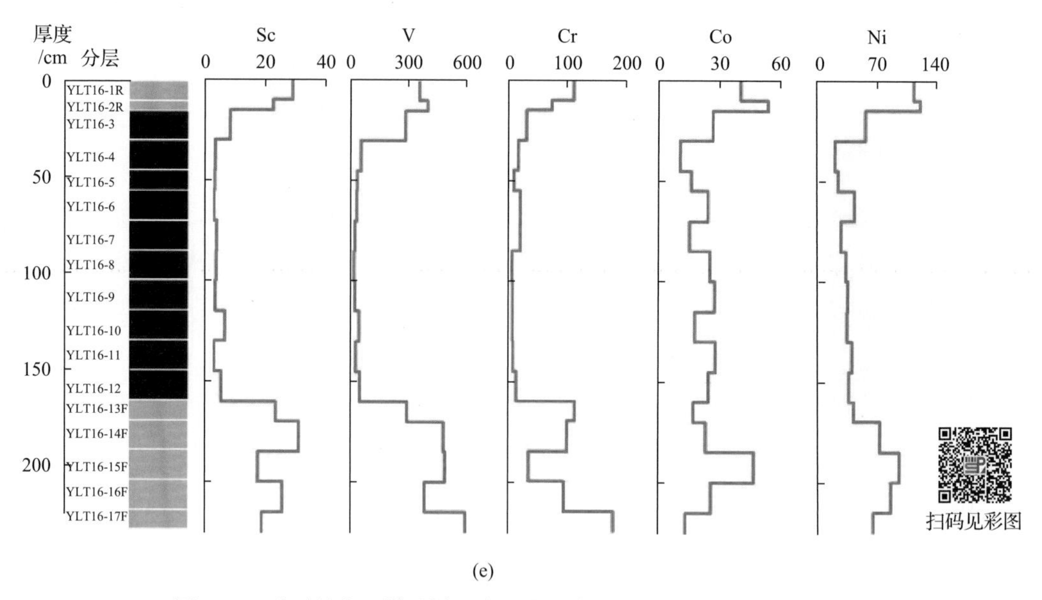

图 4.13　黔西月亮田煤矿样品中过渡元素的剖面变化图(单位：μg/g)

(a) YLT6U 煤层；(b) YLT6L 煤层；(c) YLT10 煤层；(d) YLT12 煤层；(e) YLT16 煤层

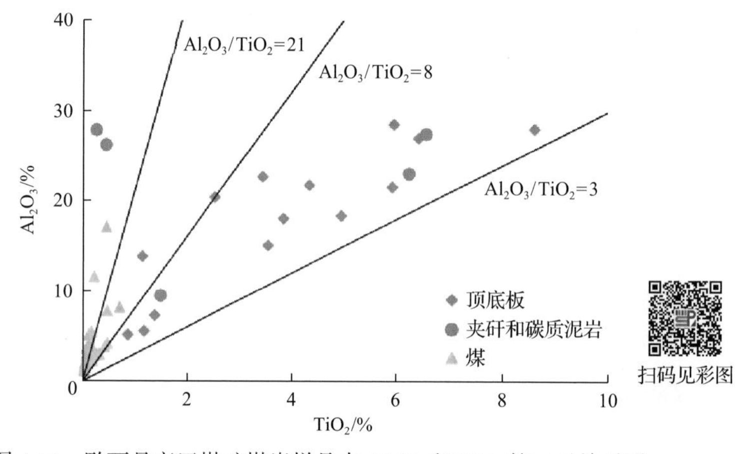

图 4.14　黔西月亮田煤矿煤岩样品中 Al_2O_3 和 TiO_2 的二元关系图

(二) 镁铁质火山灰输入的证据

由于镁铁质岩浆一般不会形成火山碎屑物质，含煤地层中很难形成镁铁质 tonstein (Dai et al., 2011)。煤中的 tonstein 主要为长英质或中性-长英质来源(Addison et al., 1983；Bieg and Burger，1992；Greb et al.，1999；Burger et al.，2000)，但仍有部分学者发现了镁铁质 tonstein 的存在。例如，Dai 等(2011)在重庆松藻煤矿乐平世煤中发现了镁铁质 tonstein；Dai 等(2016b)发现四川古叙煤矿的煤层顶底板为镁铁质凝灰岩[图 4.11(a)]；李霄(2015)认为云南播乐矿区的底板为镁铁质火山灰蚀变黏土岩。将中国黔西月亮田煤矿煤系中 YLT6U-10P 和 YLT6L-4P 两层夹矸判断为镁铁质 tonstein 的矿物学和地球化学证据如下。

(1)YLT6U-10P 和 YLT6L-4P 的厚度分别为 9cm 和 20cm。矿物组成以黏土矿物为主，含量分别为 90.3%和 83.4%。不同于前面叙述的两层长英质 tonstein，此两层 tonstein 中黏土矿物以高岭石和伊蒙混层为主，甚至在 YLT6L-4P 中伊蒙混层的含量高达 50%(解盼盼，2019)。利用扫描电镜分析，在 YLT6U-10P 夹矸中观察到了书页状高岭石，且与磷铝铈矿共同产出[图 4.7(c)]，这表明稀土元素矿物可能由于火山灰降落形成。在 YLT6L-4P 夹矸样品中发现了绿泥石化的黑云母[图 4.7(a)]，其可能为原地结晶形成(Dai et al., 2014a)，此外，还发现了串珠状锐钛矿[图 4.6(c)]，其可能是由于原始火山灰中辉石晶体发生蚀变所形成或者原始火山灰中的不稳定成分遭受了化学淋滤后再沉淀而形成(Dai et al., 2014a)。

(2)夹矸 YLT6U-10P 和 YLT6L-4P 中 TiO_2 的含量分别为 6.57%和 6.23%，远远超过世界黏土中 TiO_2(0.78%)和峨眉山玄武岩中 TiO_2 的含量(2.54%)，这表明除了陆源碎屑物质的输入外，必定还有其他地质因素导致了 TiO_2 的富集。此外，两层 tonstein 中过渡元素的含量高于顶底板(图 4.13)，与重庆松藻煤田镁铁质 tonstein 中过渡元素的含量相当。高场强元素含量也较高，Nb、Ta、Zr、Hf、U 和 Th 与重庆松藻煤田镁铁质 tonstein 中对应元素的含量接近。

(3)夹矸 YLT6U-10P 和 YLT6L-4P 中的 REY 含量分别为 559.95μg/g 和 690.82μg/g，远高于长英质 tonstein 和峨眉山玄武岩中的 REY 含量(166.64μg/g)。碳质泥岩样品中 REY 的含量为 417.86μg/g，也高于峨眉山玄武岩中 REY 的含量(166.64μg/g)。此外，经过 UCC 标准化处理后，稀土元素 Eu 显示明显的正异常，YLT6U-10P 样品中的 Ce 也显示正异常[图 4.9(a)]。一般而言，由镁铁质火山喷发形成的镁铁质凝灰岩中的 Ce 会显示正异常(Dai et al., 2014a, 2016b)，因此这也能够印证该层夹矸为镁铁质火山灰空降形成。

(4)Al_2O_3 和 TiO_2 的二元图(图 4.14)中夹矸 YLT6U-10P 和 YLT6L-4P 的 Al_2O_3/TiO_2 落入了 3～8 的范围内，即受到镁铁质源岩的输入，进一步印证了其为镁铁质火山灰降落形成。

三、中性-长英质火山灰的影响

新德煤矿位于云南宣威市东北方向约 40km 处(图 4.15)，其主要地层包括乐平世的玄武岩组和宣威组以及早三叠世的卡以头组和飞仙关组。新德煤矿的宣威组(P_2x)主要由粉砂岩、粉砂质泥岩等组成(图 4.16)(Dai et al., 2014a)。虽然宣威组含有 4～14 个煤层，但只有其最上部的 C_2 和 C_3 煤层是可开采煤层，其他煤层太薄无法开采。玄武岩组的下部为杏仁状玄武岩，上部为拉斑玄武岩。卡以头组下段主要由绿色的中厚层状细砂岩、粉砂岩、泥质粉砂岩和粉砂质泥岩组成，并且粉砂质泥岩中还含有瓣鳃类和腹足类化石以及植物碎片。卡以头组上段则为泥质粉砂岩夹有紫红色泥岩薄层。飞仙关组下段由紫红色泥岩、灰色粉砂岩和细粒砂岩组成(Dai et al., 2008a)。

Dai 等(2014a)在新德煤矿的 C_2 煤层采集了 10 件样品(2 件顶板样品、4 件煤样品、2 件夹矸样品和 2 件底板样品)，在 C_3 煤层采集了 8 件样品(1 件顶板样品、3 件煤样品、

2 件夹矸样品和 2 件底板样品)(图 4.16)，根据样品的矿物学和地球化学特征，发现煤层受到了火山灰输入的影响，并认为煤层中的 tonstein 为中性-长英质岩浆成因。

(一)煤中的火山灰和 tonstein 层

虽然 C_3 煤层中的两层夹矸($C_{3\text{-}3P}$ 和 $C_{3\text{-}5P}$)在宏观和微观特征上均有所不同，但它们都来源于火山灰，因此被认定为层内 tonstein，且为中性-长英质岩浆来源，证据如下。

(1)新德煤矿的这两层夹矸与相邻的煤层紧密接触，并且在横向上相对连续发育。

(2)在这两层夹矸中鉴定出了高温石英[图 4.17(c)～(f)]。β 石英在煤层中通常出现在由同生长英质或中性-长英质火山灰原位蚀变而来的 tonstein 中(Bohor and Triplehorn, 1993)。然而，在这两层夹矸中出现的高温石英边缘呈尖锐状[图 4.17(c)～(f)]，被认为其来源于岩浆房或火山颈(周义平和任友谅，1983b)。

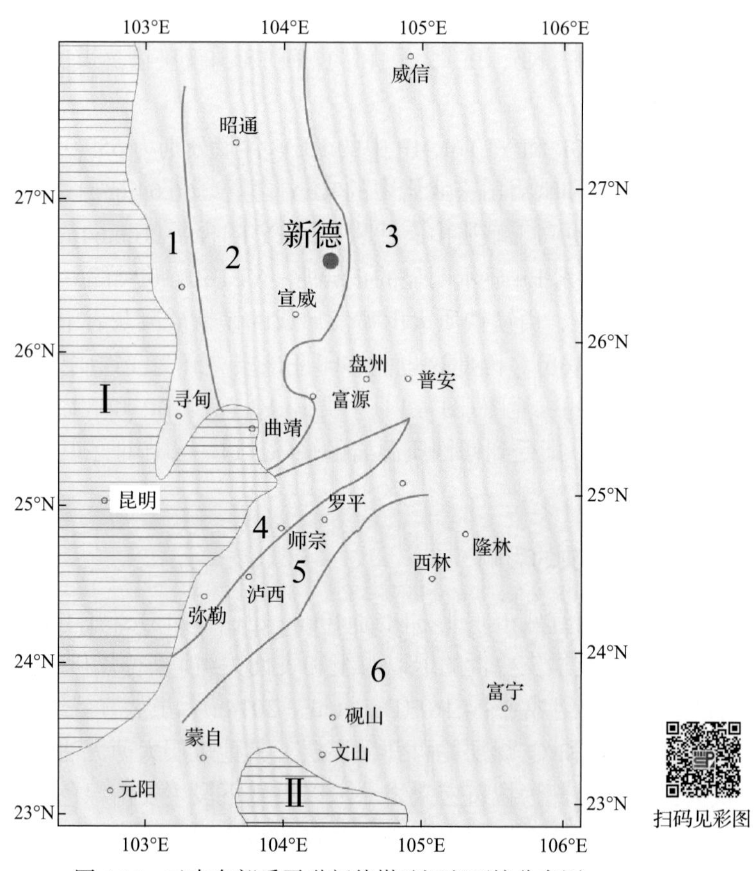

图 4.15　云南东部乐平世新德煤矿沉积环境分布图

Ⅰ-康滇古陆；Ⅱ-越北古陆；1-山前冲积平原；2-滨海冲积平原(斜坡沉积)；3-滨海平原；4-陆缘滨海斜坡沉积；5-泸西-罗平海底沟槽；6-局部碳酸盐岩台地；据 Dai 等(2008b)，有所修改

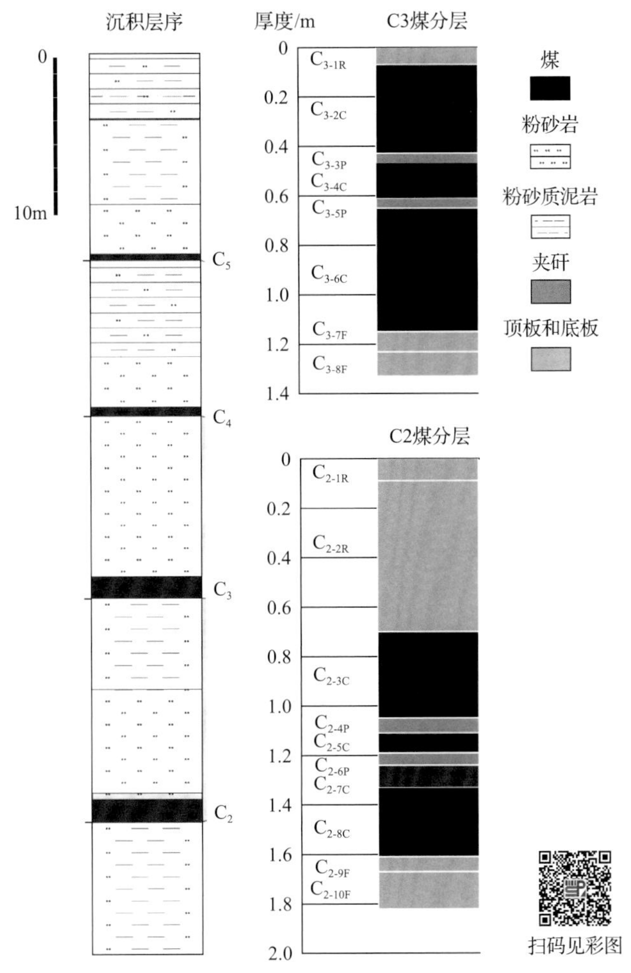

图 4.16　云南新德煤矿的沉积层序与 C_2 和 C_3 煤层剖面图

C_2 和 C_3 煤层赋存于宣威组（乐平世）

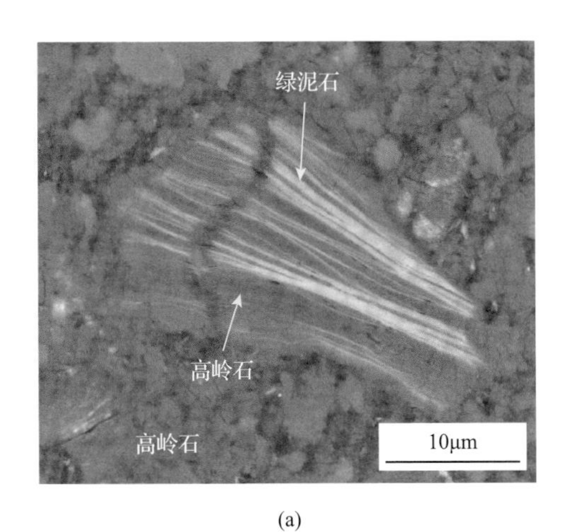

(a)

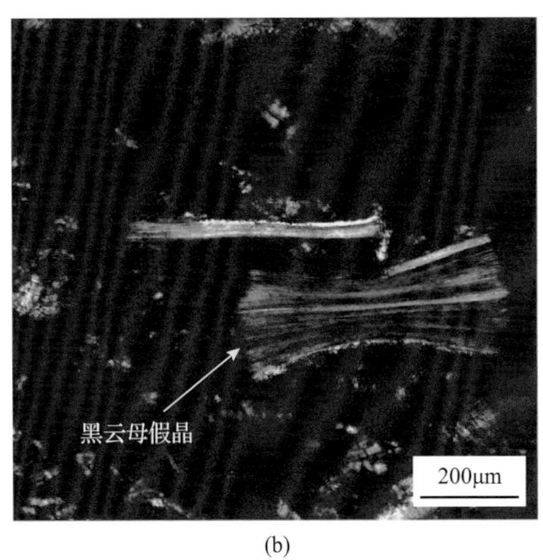

(b)

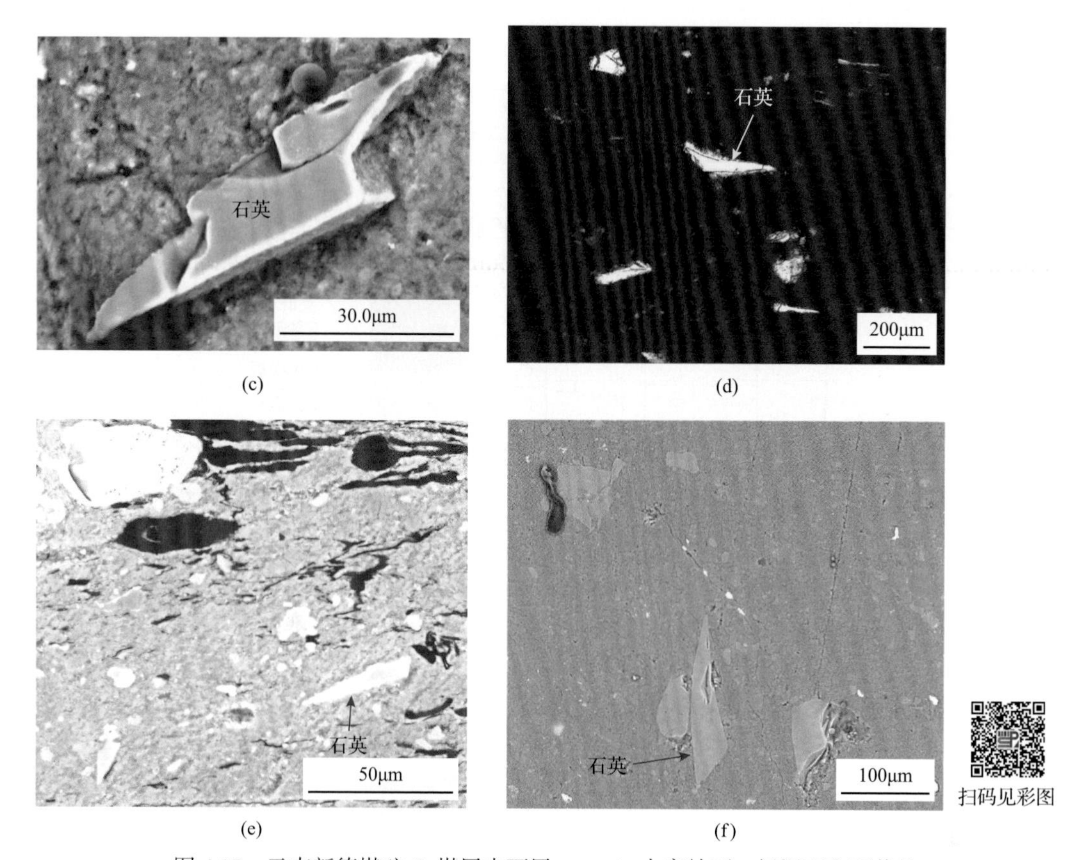

图 4.17　云南新德煤矿 C_3 煤层中两层 tonstein 内高岭石、绿泥石和石英的光学显微镜下照片与扫描电镜背散射电子图像

(a)样品 $C_{3\text{-}5P}$ 中高岭石化和绿泥石化的“扫帚状”黑云母假晶；(b)样品 $C_{3\text{-}5P}$ 中的“捆状”黑云母假晶；(c)、(e)样品 $C_{3\text{-}3P}$ 中的石英；(d)、(f)样品 $C_{3\text{-}5P}$ 中的石英；(a)、(c)、(e)和(f)为扫描电镜背散射电子图像；(b)和(d)为光学显微镜透射光下照片

(3)夹矸中还存在由高岭石和绿泥石形成的黑云母假晶[图 4.17(a)、(b)，图 4.18，图 4.19]。高岭石化和绿泥石化的黑云母的赋存状态表明它们是原位结晶的，而不是代表陆源碎屑物质。

(4)高岭石作为这两层夹矸的主要矿物，以隐晶质基质和具有良好蠕虫状结构的较大晶体形式存在。高岭石中的蠕虫状结构常常作为将沉积物鉴定为 tonstein 的证据(Spears，1971，2012；Ruppert and Moore，1993；Zhao et al.，2012)。正如 Bohor 和 Triplehorn(1993)所讨论的，这些物质通常代表了空降的蚀变火山灰层沉积在一个非海相的、正常的成煤环境中。一些研究者认为蠕虫状的高岭石集合体是高岭石化的黑云母(Knight et al.，2000)。然而，蠕虫状高岭石晶体的成岩结构及其与原始火山结构的关系(如有)仍有待商榷(Spears，2006)。

(5)尽管锆石含量低于 XRD 和 Siroquant 的检测限，但通过 SEM-EDS 的分析，在这些样品中发现了小部分的锆石[图 4.20(a)～(c)]。Zhou 等(1994)的研究表明，正常陆源沉积物中的碎屑锆石在晶体习性和形态上与火山碎屑成因的 tonstein 中的碎屑锆石有很大区别。前者具有四方双锥体的特征，棱柱相对较短，长宽比(c/a 值)约为 2(周义平，1992)。然而，tonstein 中的锆石总体上具有晶形较长、发育良好的四方棱柱体等特征，两端呈金字塔状，c/a 值>2.5。在 $C_{3\text{-}3P}$ 和 $C_{3\text{-}5P}$ 这两层 tonstein 中，锆石的 c/a 值范围为 2～>10［图 4.20(a)、(b)］，表明其为火山碎屑成因。

图 4.18　云南新德煤矿 C_3 煤层中不同结构夹矸的光学显微镜(透射光下)照片

(a)样品 $C_{3\text{-}3P}$ 的细粒纹理；(b)样品 $C_{3\text{-}4C}$ 的粗粒纹理

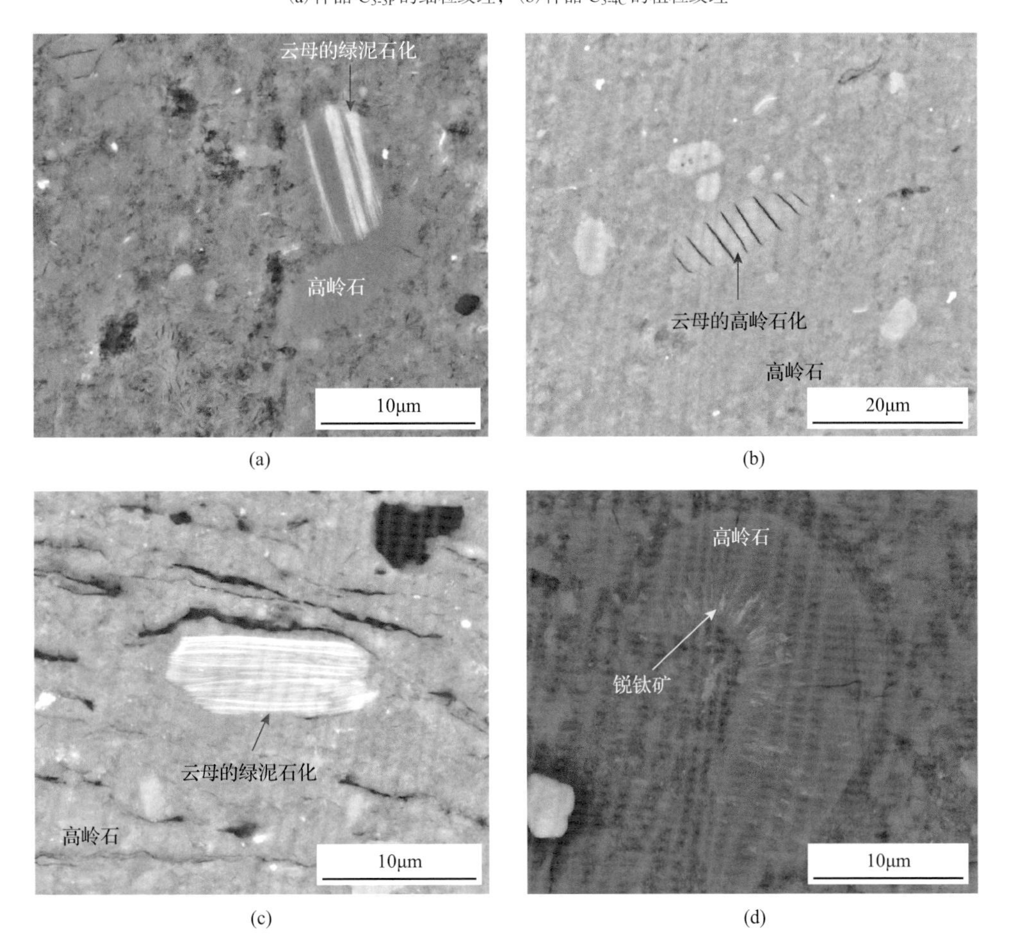

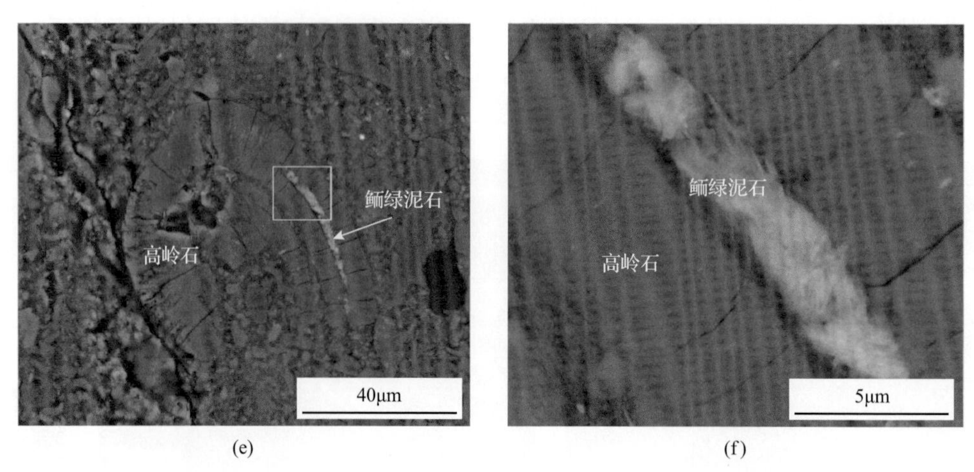

图 4.19　云南新德煤矿 C_3 煤层内 tonstein 中高岭石、绿泥石和锐钛矿的扫描电镜背散射电子图像

(a)样品 $C_{3\text{-}3P}$ 中的高岭石和绿泥石；(b)样品 $C_{3\text{-}3P}$ 中的高岭石；(c)样品 $C_{3\text{-}3P}$ 中的绿泥石和高岭石；(d)样品 $C_{3\text{-}5P}$ 中的蠕虫状高岭石和锐钛矿；(e)样品 $C_{3\text{-}5P}$ 中的蠕虫状高岭石和充填孔腔的鲕绿泥石；(f)图(e)中方框区域的放大图

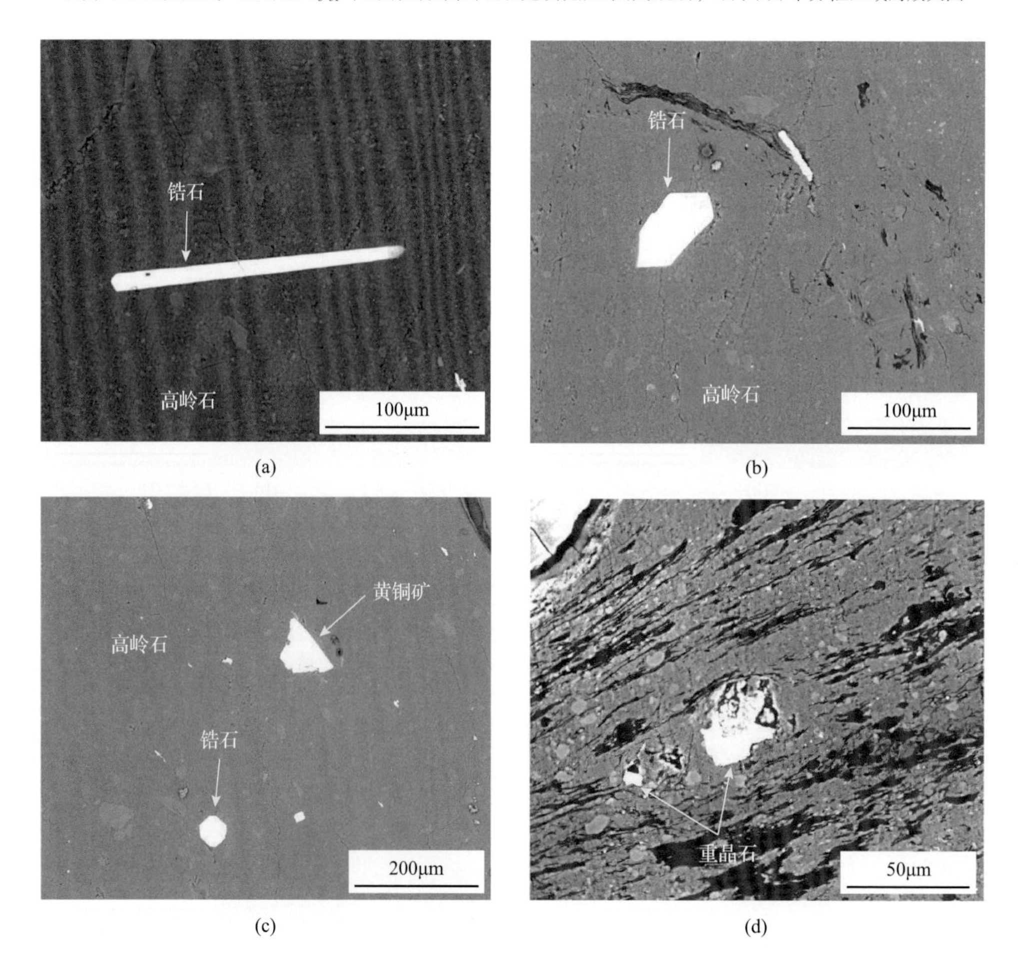

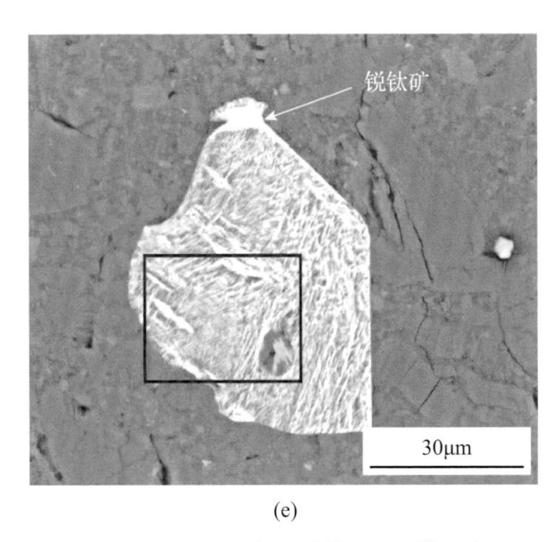

(e)

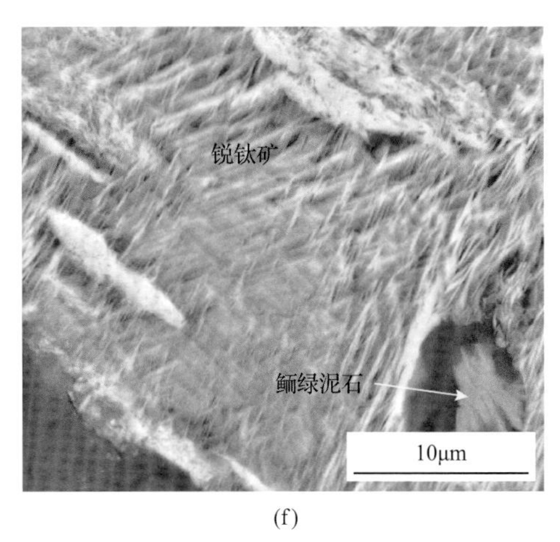

(f)

图 4.20　云南新德煤矿 C_3 煤层内 tonstein 中锆石、黄铜矿、重晶石和锐钛矿的扫描电镜背散射电子图像

(a)～(c)样品 $C_{3\text{-}3P}$ 中的锆石和黄铜矿；(d)样品 $C_{3\text{-}3P}$ 中的重晶石；(e)样品 $C_{3\text{-}5P}$ 中的锐钛矿；(f)图(e)中方框区域的放大图

(6)与具有 tonstein、陆源表生碎屑物质、顶板($C_{2\text{-}1R}$、$C_{3\text{-}1R}$)和两煤层混合组成的夹矸($C_{2\text{-}4P}$、$C_{2\text{-}6P}$)相比，夹矸 $C_{3\text{-}3P}$ 和 $C_{3\text{-}5P}$(表 4.1)中的元素 Sc、V、Cr、Co、Ni 和 Zn 均未富集，表明其并非来自康滇古陆沉积物源区。这两层 tonstein 也具有较低的 TiO_2/Al_2O_3(图 4.21)。根据元素组成、矿物组合以及 REY 分布图(图 4.22)，可以推断这两层 tonstein 为中性成因，而不是来自长英质岩浆，一般认为，后者具有 Eu 的负异常和高浓度的亲石元素。

虽然相似的稀土元素分布模式表明 C_3 煤层中的两层 tonstein 具有相似的岩浆来源，但在原始火山灰中的矿物赋存模式可能不同。由此推断，形成夹矸 $C_{3\text{-}3P}$ 的原始物质以玻璃碎屑为主，并含有少量细粒晶体碎片，其中玻璃碎屑已转变为隐晶质高岭石。如果存在细粒黑云母，则其可能经历了高岭石化作用。形成夹矸 $C_{3\text{-}5P}$ 的原始物质主要为粗粒的晶体碎片和玻璃碎屑。与形成 $C_{3\text{-}3P}$ 的物质一样，玻璃质碎屑和粗粒黑云母也经历了高岭石化作用，分别形成了隐晶质和粗粒高岭石。两层 tonstein 灰分中的一部分黑云母经历了绿泥石化作用，可能是受到了镁铁质热液流体注入的影响。虽然两层 tonstein 中的石英和锆石粒径不同，但在沼泽中沉积下来后并未发生变化，因此保留了其原始形态。

在 $C_{3\text{-}4C}$ 煤分层样品中也发现了高温石英。多种晶形的 β 石英[图 4.23(a)～(c)]沿颗粒边缘的凹痕[图 4.23(d)～(f)]以及石英颗粒的分选性较差等证据均表明该石英是火山碎屑起源的。如果这些石英晶粒来源于陆源碎屑物质，那么它们会具有较好的分选性。$C_{3\text{-}4C}$ 煤分层样品中的火山碎屑石英(图 4.23)表明，在形成 $C_{3\text{-}5P}$ 和 $C_{3\text{-}3P}$ 这两层 tonstein 的两次较大规模火山喷发之间发生过一次相对较小规模的火山喷发。样品 C3-4C 显示的 Eu 负异常和轻 REY 富集类型表明存在长英质火山灰的输入。与其他煤分层相比，样品 $C_{3\text{-}4C}$ 具有更高的碎屑镜质体和较低的凝胶结构镜质体含量(表 4.2)，这表明泥炭聚集的形成环境不同，可能是同期树木的生长没有被火山灰的沉积所中断(Creech，1998；Zhao et al.，2013)。火山灰的含量可能太少而无法在煤层中形成可见的稳定的 tonstein 层(如

表 4.1　云南新德煤矿煤分层、顶底板和夹矸中的微量元素含量(全煤/岩基)

微量元素	$C_{2\text{-}3C}$	$C_{2\text{-}5C}$	$C_{2\text{-}7C}$	$C_{2\text{-}8C}$	$C_{3\text{-}2C}$	$C_{3\text{-}4C}$	$C_{3\text{-}6C}$	$C_{2\text{-}WA}$	$C_{3\text{-}WA}$	World	$C_{2\text{-}1R}$	$C_{2\text{-}2R}$	$C_{2\text{-}4P}$	$C_{2\text{-}6P}$	$C_{2\text{-}9F}$	$C_{2\text{-}10F}$	$C_{3\text{-}1R}$	$C_{3\text{-}3P}$	$C_{3\text{-}5P}$	$C_{3\text{-}7F}$	$C_{3\text{-}8F}$
Li	18.3	21.9	15.1	20.2	11.2	7.99	15.2	19.0	12.8	14	8.24	27.7	47.7	44.9	34.5	37.1	14.5	64.5	63.4	53.2	32.3
Be	2.35	3.24	0.89	1.25	2.28	2.29	2.41	1.89	2.35	2	0.71	3.63	7.70	6.53	4.97	5.30	2.22	8.39	7.54	5.04	4.67
F	49	67	46.7	46	72	106	63	49.5	72.2	82	50.0	497	141	125	151	213	99.5	201	223	241	335
Sc	7.19	16.8	8.44	14.5	5.91	8.25	7.22	10.9	6.89	3.7	8.38	31.9	27.4	26.0	20.1	34.8	6.8	4.13	4.94	41.3	31.4
V	84.0	545	196	197	232	499	254	182	280	28	213	411	398	476	361	386	294	96.4	189	473	491
Cr	22.0	97.6	38.3	49.6	25.4	57.2	26.6	41.1	30.5	17	41.3	116	195	159	240	226	19.8	7.04	24.8	188	359
Co	27.3	40.6	11.1	30.5	23.6	37.7	23.8	27.9	25.7	6	23.9	77.5	20.5	22.4	15.7	15.4	23.8	10.9	11.2	18.6	14.4
Ni	35.1	54.9	17.7	46.7	37.5	87.1	33.2	39.2	42.3	17	31.8	106	46.0	45.9	64.4	69.2	39.7	30.9	30.4	71.3	64.9
Cu	48.9	214	51.3	149	68.5	230	88.4	101	101	16	105	215	217	271	235	195	186	314	194	292	157
Zn	39.1	119	37.6	152	46.7	154	45.4	86.4	61.0	28	127	240	65.4	57.6	68.5	73.3	27.8	29.1	27.7	132	98.8
Ga	11.0	27.3	10.8	17.3	8.90	17.4	10.9	14.8	11.1	6	7.77	37.4	43.9	43.7	43.2	48.7	9.24	33.5	37.3	46.3	49.8
Ge	1.12	3.20	1.77	1.83	1.37	5.16	1.71	1.65	2.07	2.4	1.13	2.29	3.88	3.73	3.05	3.03	0.67	2.88	2.55	2.74	3.26
As	1.28	7.19	1.52	3.08	0.76	1.07	1.43	2.53	1.14	8.3	3.44	8.11	1.17	2.64	2.61	1.89	9.99	0.71	0.70	0.13	0.17
Se	6.14	4.45	6.10	8.05	6.96	5.56	6.13	6.64	6.35	1.3	2.15	4.05	3.50	3.36	1.76	1.28	3.57	3.83	2.54	3.62	2.17
Re	4.59	9.48	10.0	4.50	7.87	14.0	4.41	5.66	6.99	18	7.09	22.9	22.9	27.7	10.9	27.2	11.7	5.70	7.33	14.0	25.9
Sr	98.3	149	44.9	54.1	62.4	72.2	37.9	81.9	51.5	100	48.0	230	263	274	215	383	48.3	106	89.6	217	303
Y	17.0	36.2	17.2	40.5	38.0	26.0	20.2	27.2	27.4	8.4	8.92	53.9	53.6	59.0	39.4	51.0	6.95	8.08	12.3	51.3	50.6
Zr	71.8	382	86.1	93.3	65.1	215	86.5	112	96.8	36	120	427	691	594	606	584	81	158	329	637	705
Nb	6.99	34.3	9.72	9.79	5.28	19.6	7.49	11.0	8.39	4	13.7	55.0	90.8	72.7	77.2	79.2	5.79	17.6	25.3	88.2	99.7
Mo	0.68	6.00	1.01	2.16	1.07	1.05	4.43	1.77	2.75	2.1	0.76	2.67	0.74	1.04	0.80	0.79	1.87	0.77	1.55	1.43	1.15
Cd	0.14	0.88	0.20	0.51	0.19	1.17	0.21	0.35	0.34	0.2	0.35	0.92	1.02	0.91	0.90	0.84	0.14	0.22	0.43	1.14	1.03
In	0.046	0.112	0.028	0.054	0.034	0.08	0.042	0.053	0.044	0.04	0.040	0.150	0.175	0.151	0.166	0.189	0.032	0.115	0.122	0.206	0.184
Sn	1.59	2.70	1.18	1.40	0.91	2.59	1.21	1.59	1.30	1.4	1.07	3.99	5.51	4.89	5.80	5.78	1.42	6.73	8.62	5.75	5.63
Sb	0.26	0.94	0.21	0.48	0.66	2.10	0.73	0.40	0.89	1	0.15	0.27	0.86	1.15	0.50	0.34	0.93	0.39	0.43	0.35	0.24
Cs	0.39	0.58	0.82	0.39	1.36	1.28	0.38	0.46	0.86	1.1	0.48	0.99	1.21	1.23	1.33	1.92	0.74	1.06	1.79	1.21	2.03

续表

微量元素	$C_{2\text{-}3C}$	$C_{2\text{-}5C}$	$C_{2\text{-}7C}$	$C_{2\text{-}8C}$	$C_{3\text{-}2C}$	$C_{3\text{-}4C}$	$C_{3\text{-}6C}$	$C_{2\text{-}WA}$	$C_{3\text{-}WA}$	World	$C_{2\text{-}1R}$	$C_{2\text{-}2R}$	$C_{2\text{-}4P}$	$C_{2\text{-}6P}$	$C_{2\text{-}9F}$	$C_{2\text{-}10F}$	$C_{3\text{-}1R}$	$C_{3\text{-}3P}$	$C_{3\text{-}5P}$	$C_{3\text{-}7F}$	$C_{3\text{-}8F}$
Ba	44.2	100	66.7	45.1	39.9	57.7	35.1	52.6	40.0	150	60.9	175	217	211	128	202	92.4	89.7	93.0	125	161
La	52.6	115	60.5	119	45.4	54.6	35.7	83.0	41.9	11	18.9	67.6	62.3	88.9	49.9	66.6	14.0	4.6	6.9	78.6	96.2
Ce	114	287	252	261	91.4	125	75.3	187	88.1	23	44.3	158	135	174	136	163	27.5	13.2	19.9	163	229
Pr	12.2	32.4	18.2	31.2	11.4	12.6	9.17	21.5	10.5	3.4	5.08	19.3	13.9	17.3	11.8	19.3	3.25	0.86	1.52	18.0	24.1
Nd	47.3	137	77.8	123	46.5	49.8	37.2	86.0	42.3	12	19.8	80.5	47.3	55.4	43.2	73.1	12.2	3.04	5.58	67.1	92.7
Sm	8.75	24.5	15.1	24.0	9.00	8.92	7.11	16.4	8.04	2.2	3.21	16.76	8.35	8.49	7.94	13.9	2.15	0.70	1.23	11.7	17.5
Eu	2.02	4.94	3.44	5.95	1.93	1.47	1.53	3.85	1.67	0.43	0.79	4.66	2.69	2.33	2.05	3.52	0.44	0.22	0.34	2.57	4.28
Gd	8.41	20.3	12.9	22.9	9.67	8.40	7.01	15.2	8.16	2.7	3.17	16.8	11.5	11.7	8.88	14.5	2.00	1.07	1.71	12.7	17.1
Tb	0.96	1.98	1.31	2.55	1.34	0.97	0.87	1.66	1.05	0.31	0.41	2.27	2.03	1.96	1.42	2.27	0.28	0.24	0.37	1.84	2.34
Dy	4.25	8.10	4.79	10.8	7.25	4.88	4.21	6.97	5.40	2.1	2.09	11.7	11.8	12.3	8.63	12.31	1.55	1.68	2.59	10.0	12.2
Ho	0.73	1.35	0.76	1.77	1.42	0.94	0.79	1.16	1.04	0.57	0.38	2.16	2.33	2.54	1.70	2.37	0.31	0.34	0.53	1.84	2.23
Er	1.90	3.38	2.00	4.46	4.01	2.62	2.17	2.96	2.90	1	0.99	5.71	5.92	6.82	4.87	6.14	0.96	1.05	1.58	4.77	6.03
Tm	0.26	0.43	0.28	0.57	0.56	0.37	0.30	0.39	0.40	0.3	0.13	0.77	0.81	0.97	0.68	0.86	0.15	0.16	0.23	0.63	0.81
Yb	1.71	2.69	1.86	3.73	3.62	2.44	1.97	2.53	2.63	1	0.81	4.89	4.72	5.66	4.38	5.21	1.00	1.15	1.53	3.88	5.26
Lu	0.24	0.37	0.27	0.53	0.54	0.36	0.30	0.36	0.39	0.2	0.12	0.71	0.70	0.84	0.61	0.76	0.16	0.17	0.22	0.56	0.75
Hf	2.21	8.25	2.22	2.81	1.95	4.86	2.44	3.02	2.60	1.2	3.04	11.2	18.6	16.5	17.0	16.2	2.27	8.13	11.2	16.7	18.5
Ta	0.64	2.64	0.82	0.81	0.43	1.60	0.65	0.92	0.70	0.3	1.01	4.31	7.33	5.87	6.57	6.63	0.63	2.95	3.31	7.23	5.82
W	bdl	0.04	0.76	0.88	0.30	1.14	bdl	0.40	0.27	0.99	1.14	1.45	2.35	0.69	2.03	1.73	0.37	1.26	2.35	1.68	1.89
Hg	50	83	30	56	34	75.8	33	53	39.4	100	25.0	22.9	34.9	35.2	12.9	14.8	37.9	164	61.7	25.2	12.2
Tl	0.019	0.042	0.04	0.033	0.037	0.06	0.023	0.029	0.033	0.58	0.030	0.069	0.082	0.094	0.062	0.085	0.102	0.054	0.062	0.073	0.122
Pb	13.2	12.7	15.3	26.9	12.9	14.4	12.8	18.2	13.1	9	5.61	14.2	15.6	11.5	12.9	8.4	11.7	14.8	13.4	20.9	12.8
Bi	0.26	0.11	0.10	0.20	0.15	0.15	0.17	0.21	0.16	1.1	0.10	0.13	0.20	0.17	0.23	0.19	0.17	0.64	1.11	0.18	0.13
Th	7.13	9.39	5.94	6.79	4.78	5.67	4.80	7.10	4.91	3.2	3.65	11.9	22.0	22.3	18.7	21.6	5.67	19.2	20.9	16.2	19.7
U	2.05	2.47	1.58	2.20	2.31	2.69	2.16	2.09	2.29	1.9	0.83	2.96	5.31	5.43	5.43	4.99	1.67	3.50	5.59	3.50	5.12

注：WA 表示煤层中元素含量的加权平均值；bdl 表示低于检测限；World 表示世界硬煤的平均含量(Ketris and Yudovich，2009)；Hg 单位为 ng/g，其余元素单位均为 μg/g。

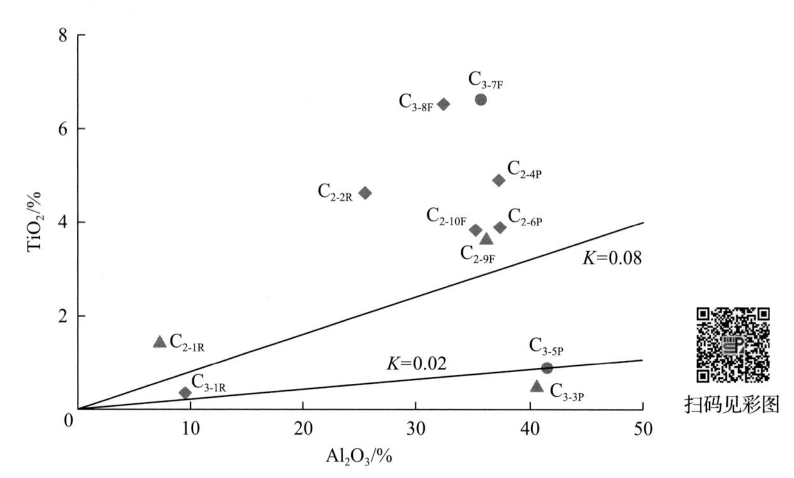

图 4.21　云南新德煤矿中 tonstein、正常沉积物夹矸、顶板和底板的 TiO_2 与 Al_2O_3 散点图

K-钛率(TiO_2/Al_2O_3)

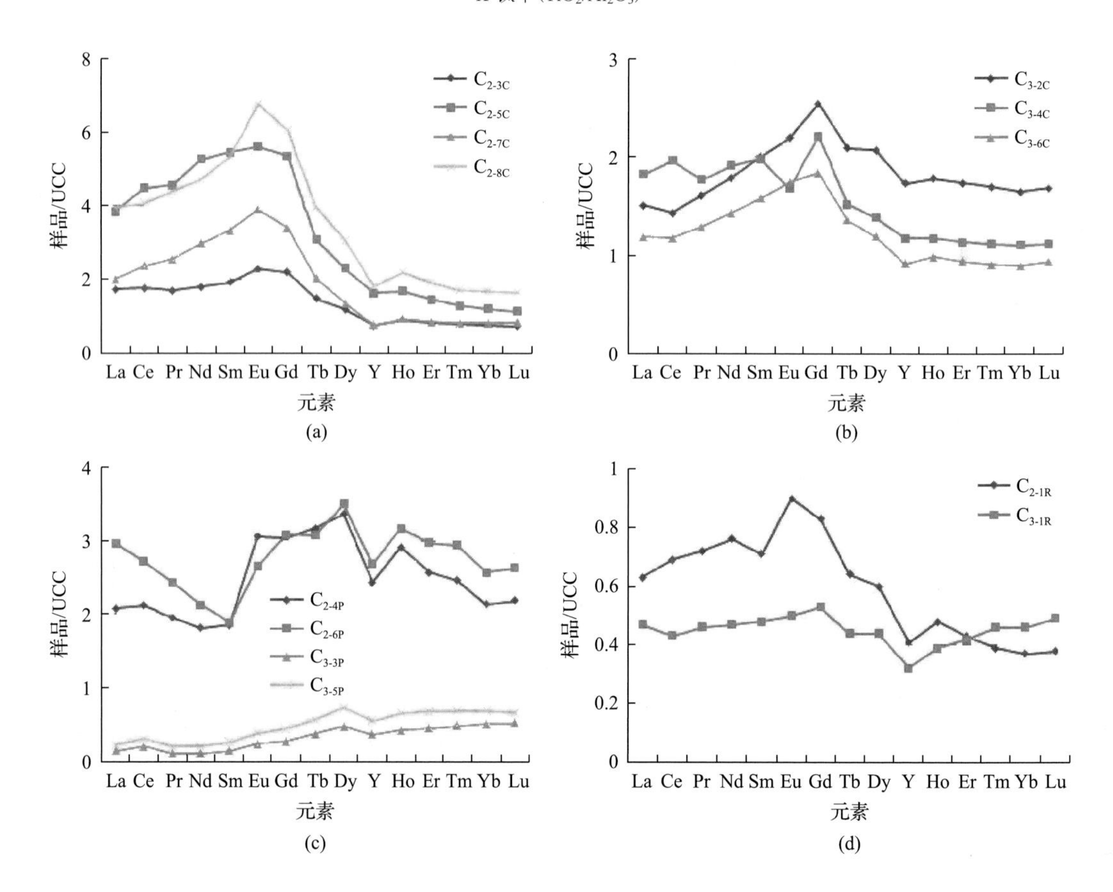

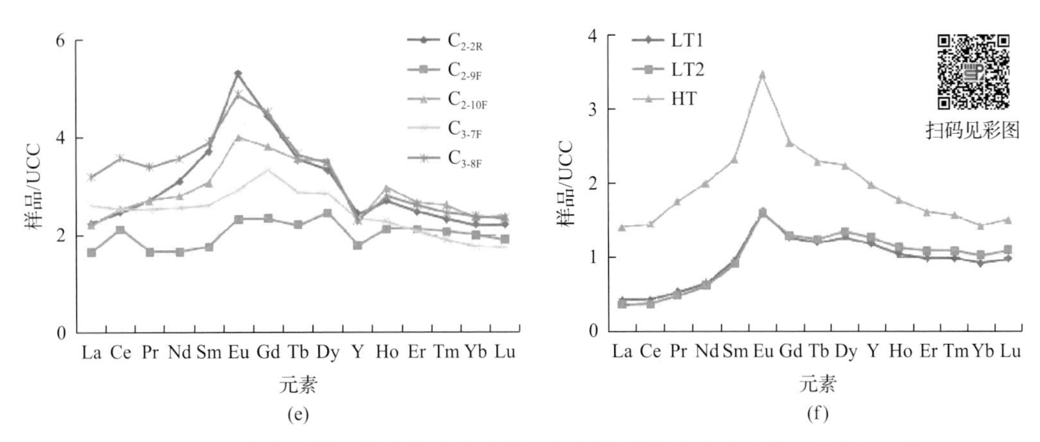

图 4.22　云南新德煤矿煤岩样品及峨眉山高/低钛碱性玄武岩中稀土元素和钇的配分模式图

REY 是由 UCC 标准化(Taylor and McLennan，1985)后的结果；峨眉山高/低钛碱性玄武岩数据来自 Xiao 等(2004)

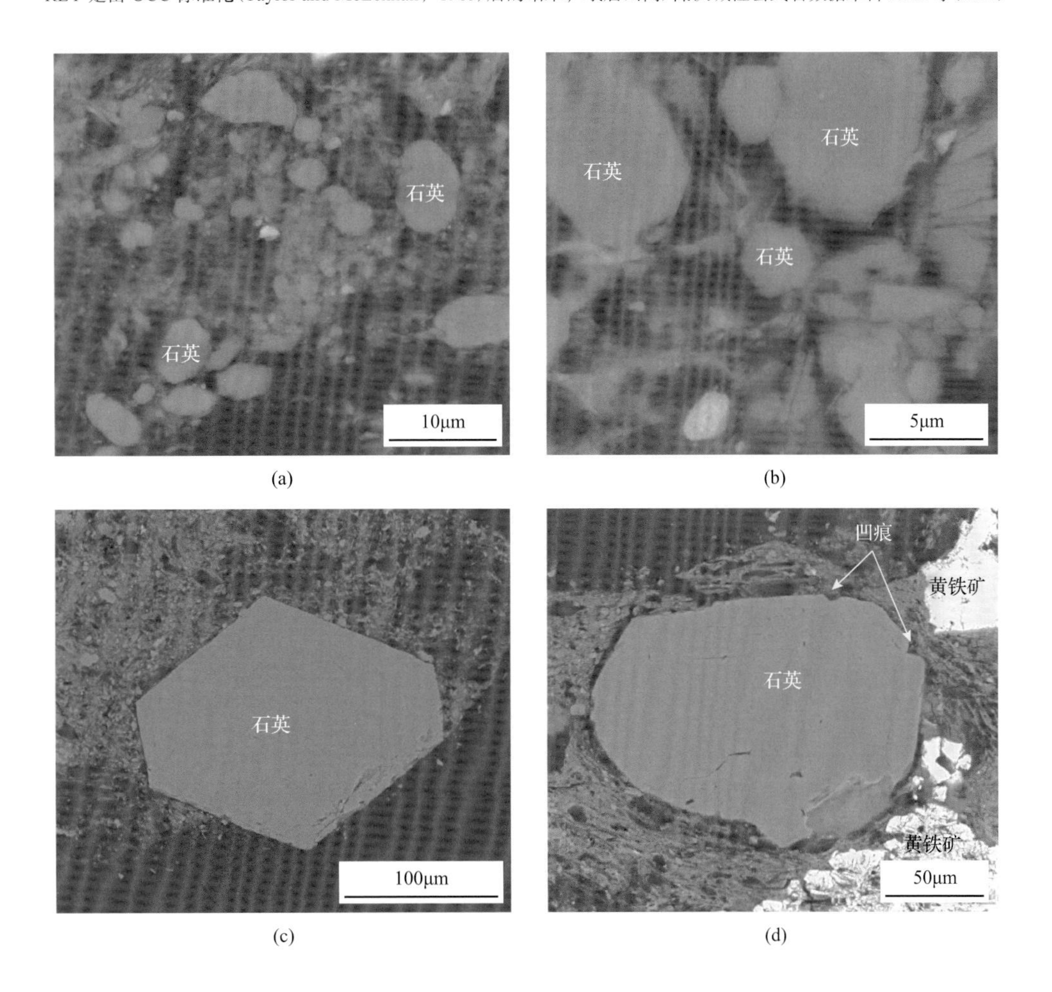

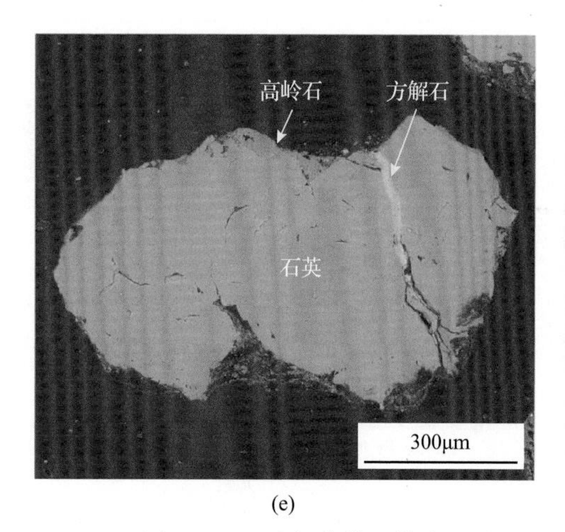

(e)

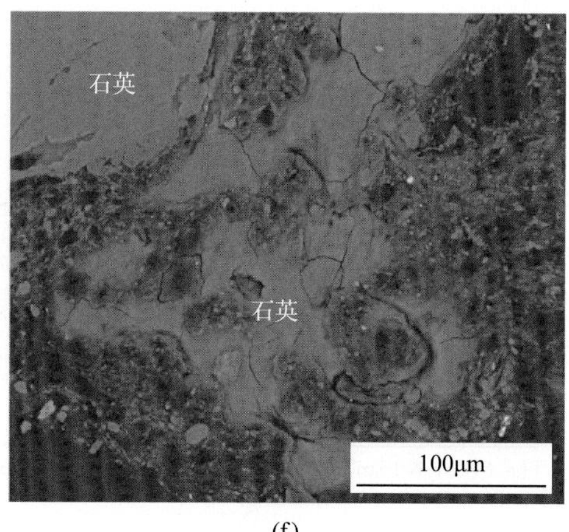

(f)

图 4.23　云南新德煤矿煤分层样品 $C_{3\text{-}4C}$ 中石英的扫描电镜背散射电子图像

(a)、(b)半自形至圆形状细粒石英；(c)较大的自形状石英晶体(可能是火山成因)；(d)具有边缘凹痕的圆形状石英颗粒(四周被高岭石包围，表明其经历了沉积期后的压实作用)；(e)具有边缘凹痕和后生方解石充填裂纹的石英；(f)具有胶体结构的石英

表 4.2　新德煤矿 C2、C3 煤的显微组分(无矿物基)　　(单位：%)

样品编号	CD	CT	CG	T	VD	TV	F	SF	Mac	ID	TI
$C_{2\text{-}3C}$	39.6	18.9	0.6	3.0	3.6	65.7	9.5	10.7	1.2	13.0	34.3
$C_{2\text{-}5C}$	44.8	13.8	1.0	3.8	4.3	67.6	12.4	6.7	3.8	9.5	32.4
$C_{2\text{-}8C}$	39.2	15.7	bdl	3.6	4.2	62.7	13.9	6.6	3.6	13.3	37.3
$C_{3\text{-}2C}$	35.2	23.6	bdl	1.6	4.4	64.8	20.9	4.4	2.2	7.7	35.2
$C_{3\text{-}4C}$	39.9	3.2	9.5	1.3	24.1	77.8	9.5	1.3	3.2	8.2	22.2
$C_{3\text{-}6C}$	37.0	39.2	0.9	1.3	1.8	80.2	7.0	5.3	2.2	5.3	19.8

注：CD 表示凝胶碎屑体；CT 表示凝胶结构镜质体；CG 表示团块凝胶体；T 表示结构镜质体；VD 表示碎屑镜质体；TV 表示镜质体总量；F 表示丝质体；SF 表示半丝质体；Mac 表示粗粒体；ID 表示碎屑惰质体；TI 表示惰质体总量；bdl 表示低于检测限；由于四舍五入，TV、TI 值可能存在一定的误差。

数据来源：Dai 等(2014a)。

$C_{3\text{-}3P}$ 和 $C_{3\text{-}5P}$)；在其他沉积煤层中也观察到了类似的情况，火山碎屑与泥炭紧密混合，并且同时埋藏使得原始火山碎屑沉积物成为煤中固有矿物的一部分(Dewison，1989；Ward，2002；Mardon and Hower，2004；Dai et al.，2008a)。

(二)泥炭堆积前后的火山灰

前人的研究(中国煤田地质局，1996)和煤矿单位的勘察结果都认为新德煤矿 C_2 和 C_3 煤层的底板是正常的表生碎屑沉积物。但是，Dai 等(2014a)却将这些地层鉴定为完全泥化的细粒凝灰质黏土，证据如下：①底板样品中的黏土矿物大多以隐晶质基质的形式存在，不顺层理分布(图 4.24)。尽管缺乏明显的层理分布可能是腐殖酸(来自泥炭)改变/淋滤黏土物质的结果(参见 Staub and Cohen，1978)，但前面提到的新德煤矿的地球化学数据并不足以支撑这种可能性。②它们富含 TiO_2、Zr、Nb 和亲铁元素，表明其岩浆来源与峨眉山玄武岩相似。它们的微观结构和元素组成与 Dai 等(2010a)在中国西南地区重庆

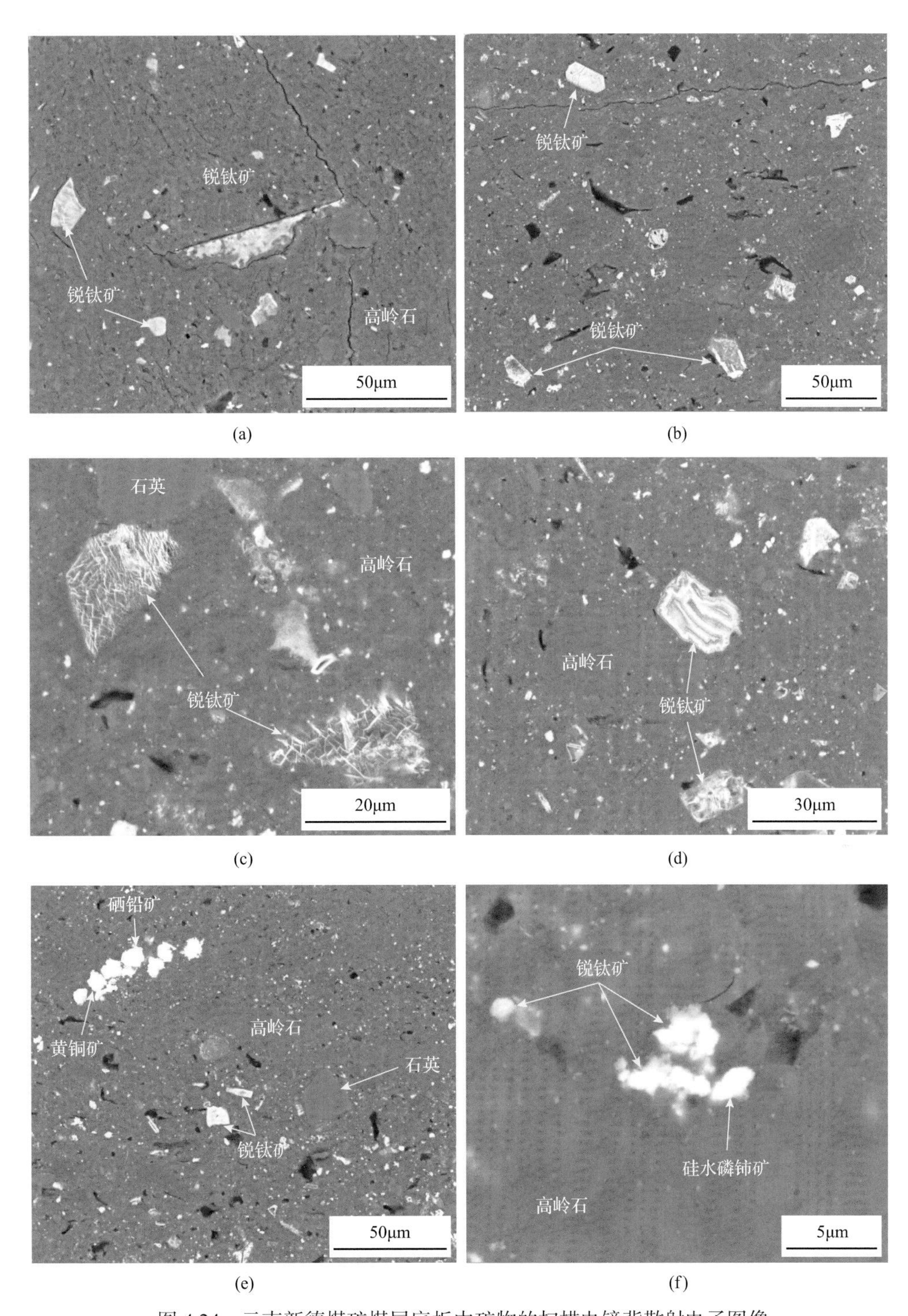

图 4.24　云南新德煤矿煤层底板中矿物的扫描电镜背散射电子图像

(a)、(b)高岭石基质和锐钛矿晶体；(c)高岭石基质、石英和具有网格结构的锐钛矿；(d)高岭石基质和具有胶体结构的锐钛矿；(e)高岭石基质、硒铅矿、黄铜矿、石英和锐钛矿；(f)高岭石基质、锐钛矿和硅水磷铈矿；(a)为样品 $C_{2\text{-}10F}$；(b)～(f)为样品 $C_{3\text{-}7F}$

发现的镁铁质凝灰岩类似。③样品 $C_{2\text{-}10F}$ 和 $C_{3\text{-}8F}$ 中的 REY 配分模式[图 4.22(e)]以 M 型富集和 Eu 的正异常为特征，与 Xiao 等(2004)发现的峨眉山高钛碱性玄武岩相似。但是，样品 $C_{2\text{-}9F}$ 和 $C_{3\text{-}7F}$ 中的 REY 配分模式[图 4.22(e)]与样品 $C_{2\text{-}10F}$ 和 $C_{3\text{-}8F}$ 中的 REY 配分模式略有不同，这可能是由泥炭沼泽中的水与下伏凝灰岩床之间的相互作用所致。

$C_{2\text{-}2R}$ 样品以前也被认为是表生沉积岩(中国煤田地质局，1996)，但似乎其不具有正常沉积岩的特征，因此被鉴定为高钛碱性镁铁质凝灰岩。$C_{2\text{-}2R}$ 与其他表生碎屑沉积物不同，没有像 C_2 煤层中的夹矸和顶板样品($C_{2\text{-}1R}$ 和 $C_{3\text{-}1R}$)那样顺层理分布。它具有火山灰的结构(图 4.25)，尽管火山灰受到热液流体的影响而发生显著蚀变。它还具有发育良好的矿物晶体，如锐钛矿[图 4.25(b)]和磷灰石[图 4.25(e)]，以及一些圆形的孔隙[图 4.25(a)、(f)]。这些孔隙痕迹可能来自火山喷发时释放的气体，在某些情况下，还可能会被矿物质充填，如鲕绿泥石和高岭石[图 4.25(e)、(f)]。样品 $C_{2\text{-}2R}$ 的 REY 配分模式[图 4.22(e)]与 Xiao 等(2004)描述的高钛碱性玄武岩的 REY 配分模式非常相似[图 4.22(f)]，表明它们具有相同的岩浆源。

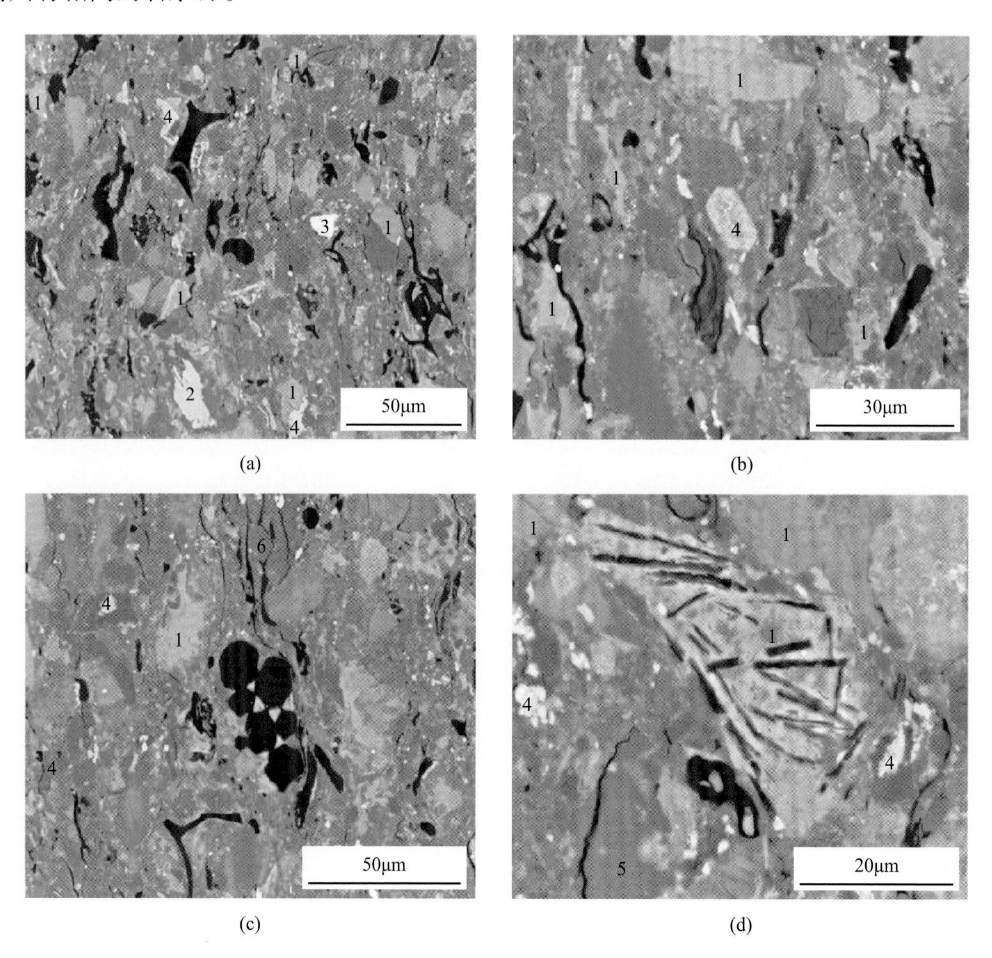

(a)　(b)

(c)　(d)

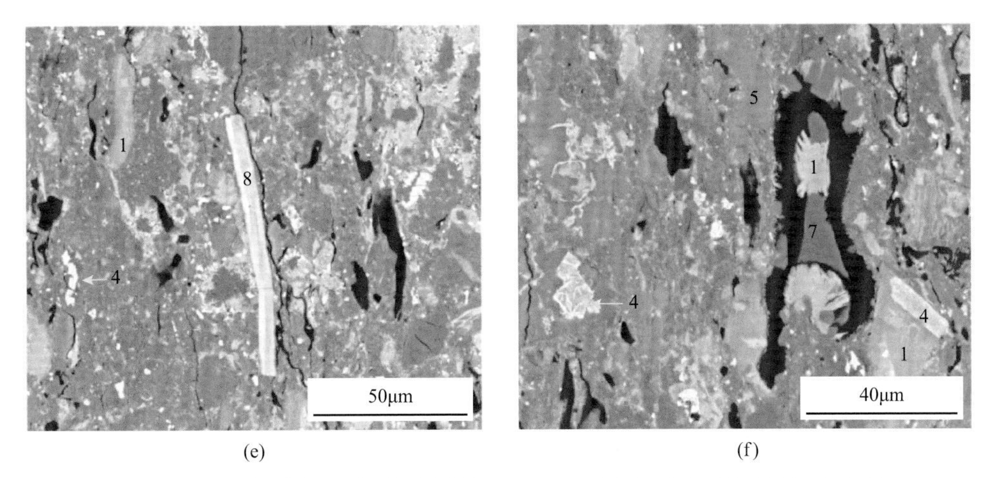

(e)　(f)

图 4.25　云南新德煤矿煤层顶板样品 $C_{2\text{-}2R}$ 中矿物的扫描电镜背散射电子图像

1-鲕绿泥石；2-菱铁矿；3-黄铜矿；4-锐钛矿；5-伊蒙混层；6-石英；7-高岭石；8-磷灰石

在某些情况下，锐钛矿和鲕绿泥石似乎为原始火山灰中辉石类晶体的蚀变产物[图 4.26(a)]。然而，锐钛矿也可能是原始灰分物质中经过化学淋滤出的不稳定组分再沉积的产物[图 4.26(b)]。

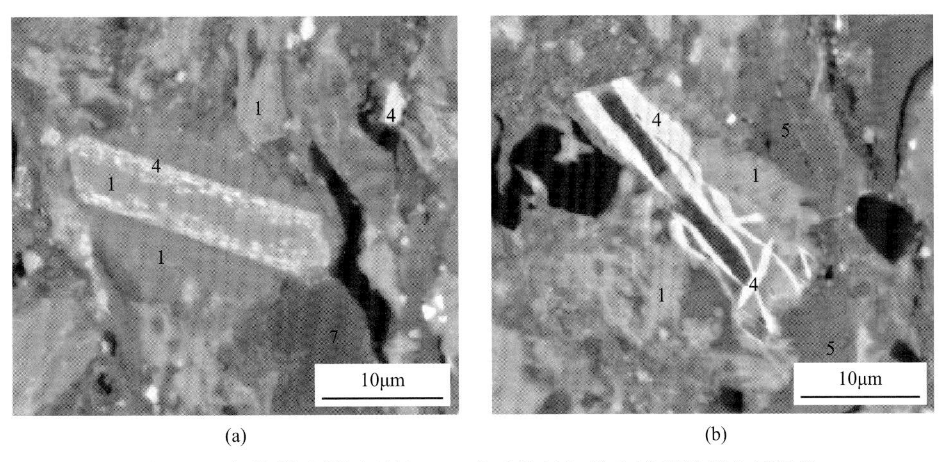

(a)　(b)

图 4.26　新德煤矿煤层顶板 $C_{2\text{-}2R}$ 中矿物的扫描电镜背散射电子图像

1-鲕绿泥石；4-锐钛矿；5-伊蒙混层；7-高岭石

C_2 煤层底板和顶板(样品 $C_{2\text{-}2R}$)中的元素地球化学和矿物学组分相似，表明其具有相似的高钛碱性镁铁质岩浆源，但它们在原始灰分中的矿物赋存模式可能有明显的不同。形成样品 $C_{2\text{-}2R}$ 的原始灰分可能以粗粒晶体碎片为主，其最终转变为玻璃质凝灰岩。形成底板样品的灰分主要由玻璃碎片组成，其最后转变为玻璃凝灰岩，此外，形成 $C_{2\text{-}2R}$ 和底板样品的火山灰均受到了热液流体泥化作用的影响。顶板样品 $C_{2\text{-}1R}$ 的 REY 配分模式具有 M 型富集的特征，这可能与镁铁质火山碎屑物质的杂质有关。

第三节　火山灰在煤层对比中的应用

传统上一般使用岩石学、古植物学及沉积学的方法鉴定和对比煤层，但煤系沉积相变化迅速且沉积单元跨越的时代不同，这些传统的方法在对比地层时可能会出现错误（Grevenitz et al.，2003）。由于空降火山灰的分布广泛，且形成时间也基本一致，煤和煤系中的火山灰为不同煤层的对比提供了一个可靠的依据。

tonstein在煤层中普遍发育，且已广泛应用于煤系的地层对比中（Burger and Damberger，1985；Hill，1988a；Bohor and Triplehorn，1993；Knight et al.，2000；Ward，2002）。19世纪末到20世纪初，tonstein曾广泛用于欧洲煤层的鉴别和对比中（Moore，1964；Kimpe，1966；Loughnan，1978；Timofeev and Admakin，2002；Spears，2012）。实际上，煤田地层学发展到今天的水平离不开专家学者们对tonstein的研究（Kimpe，1966；Spears，2012）。澳大利亚悉尼盆地北部乐平世Newcastle煤中的一系列火山灰沉积是以层间tonstein和凝灰岩层的形式存在，这些火山灰层被用来对比Newcastle煤层和邻近的亨特（Hunter）煤田的卧龙比（Wollombi）煤层（Kramer et al.，2001；Creech，2002）。美国Appalachian盆地内fire clay煤层中tonstein也因其地理上的延伸范围较大而用来进行地层对比（Outerbridge，1996，2003；Ruppert et al.，2005）。

然而，如果盆地内有多层煤，且多个煤层中均含有tonstein，那么使用tonstein作为等时沉积标志来对比地层会比较困难。所以结合不同tonstein的宏观、微观以及地球化学特征来进行地层对比则是一个可行的解决方案。原始岩浆在岩浆房内的分异过程可能会导致多层空降火山灰的矿物和元素组成截然不同，即使是来自同一原始岩浆且沉降在同一泥炭沼泽中的火山灰，其矿物和化学成分也均不相同（Sarna-Wojcicki et al.，1987；Dai et al.，2014a）。云南新德煤矿C_3煤层中的两层tonstein，在宏观结构和微观特征上都不尽相同（Dai et al.，2014a）。宏观上，上部的夹矸$C_{3\text{-}3P}$呈灰色-黑色，细粒致密结构，而下部的夹矸$C_{3\text{-}5P}$则呈灰色-白色，粗晶质结构。这两层tonstein具有类似的地球化学组成和稀土元素分配模式，表明它们具有相似的原始岩浆，但二者的岩石结构却十分不同。形成tonstein $C_{3\text{-}3P}$的原始物质主要为火山玻屑及微量的细粒晶屑，而$C_{3\text{-}5P}$的原始物质主要为粗粒的晶屑和火山玻屑。中国云南东部和贵州西部地区煤炭的勘探和开采中已使用到这种差异，作为辅助更精准地对煤层进行对比（Dai et al.，2014a）。

除了使用tonstein作为勘探和开发地层的等时标志外，在煤系中经常出现的分布广泛的（Grevenitz et al.，2003）、形成于较短地质历史时间的层间凝灰岩（Püspöki et al.，2012；Bechtel et al.，2014；Ediger et al.，2014；Passey，2014）也可以在煤田地层学的研究中作为标志层位（Püspöki et al.，2012；Bertoli et al.，2013；Roslin and Esterle，2015）。Kramer等（2001）使用地球化学指纹方法对比了澳大利亚新南威尔士州悉尼盆地内部地理位置相邻的Newcastle和Wollombi煤层中二叠纪的长英质凝灰岩和对应的tonstein。Grevenitz等（2003）使用元素判别的方法（包括Ti、V、Sn、Hf和Th），在盆地范围内对比了悉尼盆地其他乐平世煤层中的凝灰岩。尽管在某些情况下凝灰岩层的横向变化比较复杂，但实际上这种独特的地球化学方法（或称为地球化学指纹方法）在煤田区域地层对比上的可行性和可靠性已被绝大多数研究所证实(Grevenitz et al.，2003)。

值得注意的是，在自然伽马曲线上 tonstein 会出现与之对应的放射性异常，某些情况下，它们可用作煤层对比的依据(Williamson，1970；Zaritsky，1971；Dopita and Kralik，1977；周义平，1999)。磷酸盐矿物中的 U 和 Th 可能为富磷 tonstein 的放射性来源(Williamson，1970；Dopita and Kralik，1977)。然而，有时一些低磷的 tonstein 也会呈现出放射性异常，这可能是由锆石中的 U 以及高岭石中的 Th 所致(Spears and Rice，1973；Spears and Kanaris-Sotiriou，1979)。在中国西南地区，一些乐平世煤层中的碱性 tonstein 在自然伽马曲线上呈现高度放射性异常，这些放射性异常被归因于 tonstein 中高含量的 U 和 Th(Dai et al.，2011)。这些 tonstein 同样富集 Nb、Ta、Zr、Hf、REY 和 Ga(Zhou et al.，2000；Dai et al.，2011)。碱性 tonstein 非常薄(一般为 3～7cm)，对应煤层的自然伽马测井曲线上的峰也非常窄。某些 tonstein 在自然伽马曲线上的放射性响应不仅增强了它们在地层对比中作为等时标志层的相关性(Bohor and Triplehorn，1993)，而且也是一种有效的物探手段，可以更广泛地勘查与碱性火山灰有关的关键金属矿床(Dai et al.，2011，2012a)。

本节对使用 tonstein 中的锆石形态和微量元素标志以及煤系中高岭石黏土岩夹矸在层位对比中的应用进行综述。

一、tonstein 中的锆石

锆石是各类岩石中常见的副矿物之一，它主要是在岩浆作用过程和变质交代作用过程中形成的。正常沉积岩中的锆石是由陆源区经过搬运的继承性副矿物，从根本上讲，是源于岩浆岩或(和)变质岩或(和)火山灰。常见的锆石晶体形态主要由两组柱面[(100)，(110)]和两组锥面[(311)，(111)]构成的聚形。在原生条件下，其结晶形态受岩石化学成分和成岩物化条件的控制(章邦桐等，1988；蔡根庆和徐梓阳，1988；Pupin，1980)。锆石的形成环境不仅影响到晶体的发育，同时也影响到同一晶体各个晶面的相对发育程度。据 Pupin(1980)的研究，在中性-长英质岩浆岩中，铝碱比高的环境下，其(311)锥面发育良好，而高温条件下则(110)柱面发育。

tonstein 中锆石的形态参数统计规律因层位而异，同层位 tonstein 的锆石含量和形态参数在平面上呈有规律的变化。系统研究煤系中 tonstein 中的锆石特征，能够用以确定物质来源、性质、成因以及以此为基础建立正常地层层序并精确对比层位，因而具有理论和应用意义。

滇东乐平世煤田是云南最重要的成煤期和聚煤区，该含煤建造中广泛发育 tonstein。这些 tonstein 的副矿物主要是锆石、β 石英和磷灰石，还有少量的独居石、透长石、白钛矿，以及罕见的铅硒矿、锡石和化学组成不确定的铁镁铝硅酸盐矿物(Zhou et al.，1982；周义平等，1988)。副矿物的组合特征及地球化学标志均表明其原始物质由长英质、中性-长英质火山灰构成。

周义平(1992)在滇东煤田不同矿区的乐平世煤系中采集了不同层位(6 层)共 18 件 tonstein 样品，样品的剖面分布如图 4.27 所示。周义平等(1992)指出该研究区内煤系中除煤层(内源沉积)以外的沉积物(外源沉积)有两类截然不同的物质来源和沉积机理。无论正常沉积还是非正常沉积，其原始物质在搬运过程中都必然产生颗粒形态和成分组成的分异；其分异特点应与沉积物质的搬运方式密切相关(刘东生，1965；Diessel，1985)。对古代和近代火山活动规律的研究表明，火山灰沉降物的数量、粒度分布、成分构成与岩浆性质、火山活动阶段、主导气流方向及距火山源的远近等有直接关系(Henderson，1984；Francis，1985；Diessel，1985；张帆和方少仙，1990)。就火山灰沉降物所含的锆石而言，由于其相对密度较大(4.7)、硬度高(7～8)，可以推测在相近的粒径情况下，锆石晶体比

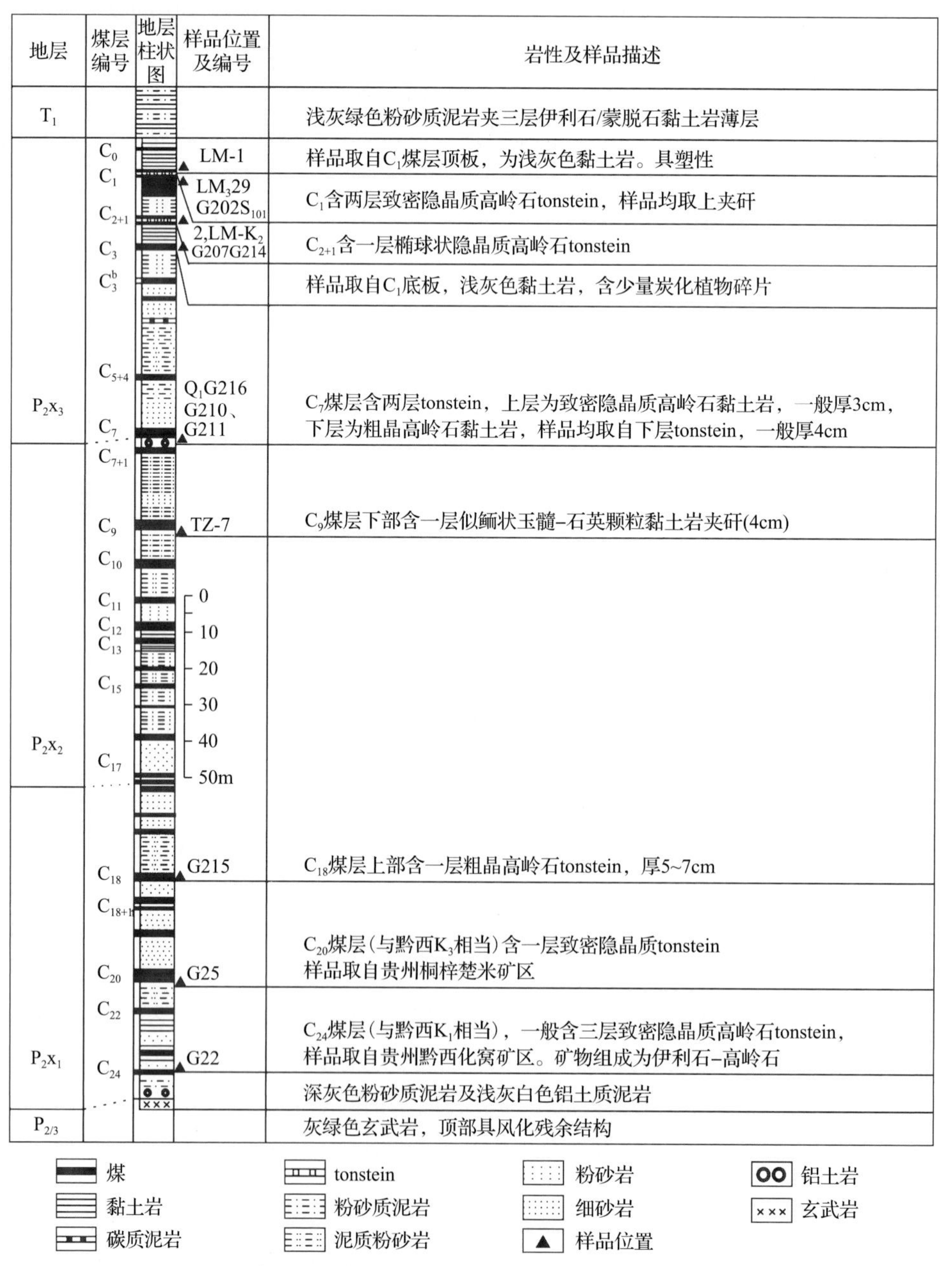

图 4.27　滇东乐平世含煤沉积剖面及人工重砂样品分布示意图

火山灰中的岩屑、玻屑和某些相对密度较小的晶屑(如长石、磷灰石、黑云母等)更早沉降，其原始形态也不会因颗粒间的碰撞而损坏(对锆石晶体表面进行大量的 SEM 观察，未发现颗粒碰撞产生的明显痕迹)。还可以推测，随搬运距离增加，沉降火山灰中锆石粒度、数量均会减少；形态特征也将随搬运距离呈现有规律的变化。

鉴于锆石分布最广，结晶程度与原始形成条件密切相关(Pupin，1980)，在表生作用带内因其机械强度和化学稳定性高而易于完整保存下来。因此，利用重砂分析的方法分离出各件样品中的锆石晶体，并测定每克样品中的锆石晶体粒数(M 值)和锆石的形态参数(每一粒晶体的长度 c 值和宽度 a 值，用 mm 表示；每一件样品随机统计数不少于 30 粒)。其数据用于统计分析，以研究同一地区不同层位的 tonstein 和同一层 tonstein 在空间上的锆石含量及形态参数变化规律。为了便于对比，同时也对正常沉积的黏土岩采集了 3 件样品进行分析测定。除了使用显微镜对锆石晶体进行观察和拍照外，还利用扫描电镜对其表面特征进行了研究。统计分析结果表明，各层 tonstein 中锆石的 M 值差别较大，形态参数的统计分布也各具特点；而同层 tonstein 中锆石的 M 值与 c/a 值在空间上的变化也存在着较为紧密的联系，具有特定的相关关系。

(一)各层 tonstein 的锆石特征

所研究的 6 层 tonstein 中锆石晶体粒数(M 值)变化为 0.4～185，相差甚为悬殊；各层所含锆石的平均长度(c 值)在 0.1～0.23mm，平均宽度(a 值)在 0.04～0.08mm，平均 c/a 值为 2.1～4.4，锆石 M 值及形态参数分布如表 4.3 和图 4.28 所示。

表 4.3　滇东乐平世不同矿区 tonstein 及正常沉积黏土岩中锆石数量及形态参数统计

样品编号		采样地点	层位	锆石晶体粒数 M/1g 样	平均 c 轴/mm	平均 a 轴/mm	平均 c/a /mm	c/a 值分布频率/%						
								1～2	2～3	3～4	4～5	5～6	6～7	>7
tonstein	G200	后所	C_1^a	22	0.183	0.055	3.33	18.2	30.3	30.3	12.1	3.0	3.0	3.0
	LM-3	罗木	C_1^a	35	0.160	0.064	2.50	31.3	21.9	34.4	6.3	6.3	0	0
	29	来宾	C_1^a	27	0.227	0.081	2.80	22.6	41.9	19.4	16.1	0	0	0
	G202	庆云	C_1^d	11	0.130	0.061	2.12	43.3	50.0	6.7	0	0	0	0
	S_{101}	水城大河边	C_1^a	2	0.133	0.058	2.31	48.4	12.9	29.0	6.5	3.2	0	0
	LM-K_2	罗木	C_{2+1}	3	0.171	0.058	2.97	25.0	28.1	25.0	12.5	3.1	6.2	0
	2	后所	C_{2+1}	13	0.217	0.049	4.43	0	12.9	25.8	22.6	22.6	6.5	9
	G207	后所	C_{2+1}	9	0.185	0.057	3.26	12.1	36.4	24.2	12.1	12.1	3.2	0
	G214	羊场	C_{2+1}	5	0.183	0.054	3.40	19.4	22.6	25.8	9.7	16.1	3.2	3.2
	G216	后所	C_7^b	164	0.193	0.060	3.20	18.8	31.3	18.8	12.5	9.4	6.3	3.1
	G210	庆云	C_7^b	47	0.172	0.059	2.90	6.5	32.3	35.5	9.7	3.2	9.7	3.2
	Q_1	四川筠连	C_7^b	93	0.200	0.061	3.28	3.4	34.5	34.5	13.8	10.3	6.9	0

续表

样品编号		采样地点	层位	锆石晶体粒数 M/1g 样	平均 c 轴/mm	平均 a 轴/mm	平均 c/a /mm	c/a 值分布频率/%						
								1～2	2～3	3～4	4～5	5～6	6～7	>7
tonstein	G211	老厂	C_7^b	8	0.099	0.041	2.40	36.7	40.0	13.3	10.0	0	0	0
	11	水城玉舍	C_7^b	4	0.118	0.047	2.51	26.7	46.7	16.7	6.7	0	3.3	0
	G215	庆云	C_{18}	185	0.175	0.057	3.05	13.3	46.7	20.0	10.0	6.73	3.3	0
	G25	桐梓楚米	K_3	1	0.109	0.042	2.57	31.0	48.3	3.4	3.4	69	3.4	3.4
	G22	黔西化窝	K_1	0.4	0.092	0.038	2.44	12.0	76.0	40	8.0	0	0	0
正常沉积黏土岩	LM18	罗木	C_3^*	0.9	0.190	0.110	1.73	73.3	26.7	0	0	0	0	0
	TZ-7	老厂	C_9^*	4.2	0.112	0.065	1.72	71.9	28.1	0	0	0	0	0
	LM-1	罗木	C_1^*	0.7	0.071	0.044	1.61	86.7	13.3	0	0	0	0	0

注：C_3^* 表示煤层底板黏土岩；C_1^* 表示煤层顶板黏土岩；C_9^* 表示煤层中下部黏土岩夹矸，厚 4cm，含似鲕状玉髓-石英颗粒；由于四舍五入，平均 c/a 可能存在一定的误差。

数据来源：周义平等(1992)。

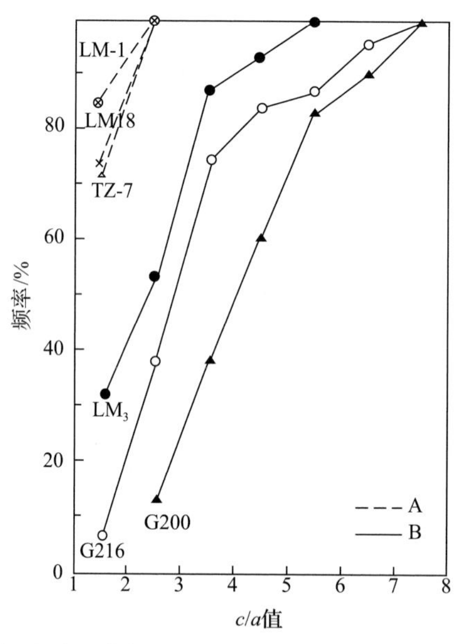

图 4.28　正常沉积黏土岩与 tonstein 中锆石 c/a 值分布频率积累曲线图

A-正常沉积黏土岩；B-tonstein

由表 4.3 和图 4.28 可以看出，各层 tonstein 的 M 值与形态参数(c、a、c/a)及其分布具有一定的联系，即随 M 值增大，各项参数均呈增高趋势，数据分布范围也有所扩大；从岩石结构类型看，在 M 值相近的情况下，颗粒结构类型(C_{2+1}tonstein)比其他结构类型具有更大的粒径(c 值)和更高的 c/a 值，且形态参数分布频率积累曲线的差别更为显著。

就同一矿区而言，各层 tonstein 的锆石 M 值及形态参数均具有各自的特征，其相关数据可以用作鉴别层位的重要依据。以后所矿区为例，其中 4 层 tonstein 的相关参数如表 4.4 和表 4.5 所示。

表 4.4　后所矿区 4 层 tonstein 中锆石的 *M* 值及形态参数值

tonstein 层位	*M* 值	形态参数		
		平均 *c* 值	平均 *a* 值	平均 *c/a* 值
C_1^a	22	0.183	0.055	3.3
C_{2+1}	13	0.217	0.049	4.4
C_7^b	164	0.193	0.060	3.2
C_{18}	185	0.175	0.057	3.1

注：*M* 值表示每克样品中的锆石晶体粒数；*c* 值和 *a* 值分别表示每一粒锆石晶体的长度和宽度(单位为 mm)。

表 4.5　后所矿区 4 层 tonstein 的锆石晶体长度(*c*)和 *c/a* 值的频率分布　(单位：%)

样号	矿区	层位	*c* 值分布频率									*c/a* 值分布频率						
			≤0.05mm	0.05～0.10mm	0.10～0.15mm	0.15～0.20mm	0.20～0.25mm	0.25～0.30mm	0.30～0.35mm	0.35～0.40mm	<0.40mm	1～2mm	2～3mm	3～4mm	4～5mm	5～6mm	6～7mm	>7mm
G_{200}	后所	C_1^a	0	15.2	27.3	27.3	9.1	12.9	9.1	0	0	18.2	30.3	30.3	3.0	3.0	3.0	3.0
G_{207}	后所	C_{2+1}	0	9.7	9.7	29.0	16.1	22.5	3.2	3.2	6.5	0	12.9	25.8	22.1	22.6	6.5	9.7
G_{216}	后所	C_7^b	0	21.9	18.8	18.8	15.6	15.6	3.1	0	6.3	18.8	31.3	18.8	12.5	9.4	6.3	3.1
G_{215}	后所	C_{18}	0	30.0	20.0	16.7	6.7	3.0	3.0	3.0	3.0	13.3	46.7	20.0	10.0	6.7	3.3	0

根据表 4.5 的数据绘制的形态参数分布积累曲线(图 4.29)可以清楚地看出各层 tonstein 的特征区别明显，并有可能建立各自的分布模式，用于鉴别层位。

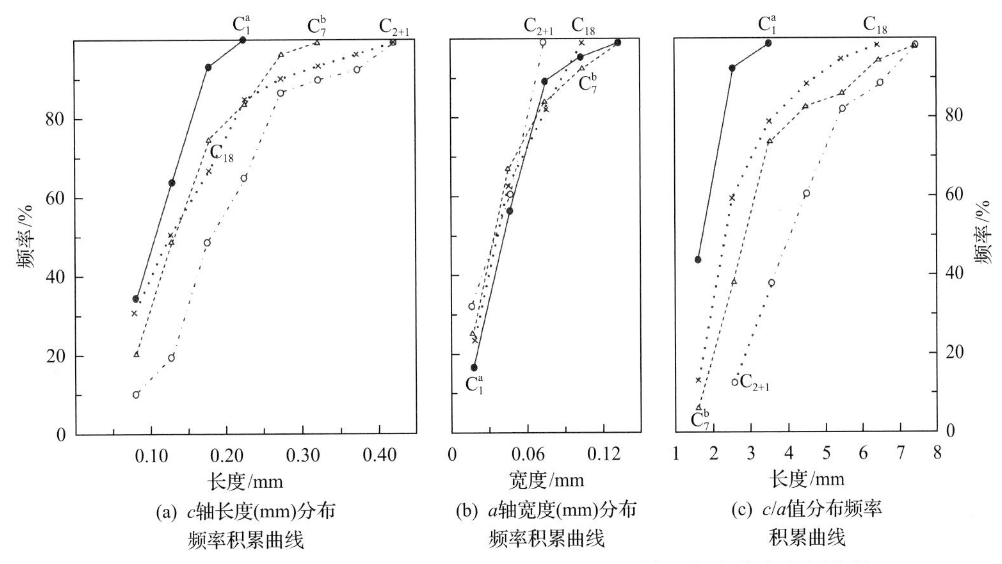

图 4.29　后所矿区 4 层 tonstein 的锆石长度和 *c/a* 值的频率分布积累曲线

(二) 同层位 tonstein 中锆石数量及形态参数的空间变化规律

选择在大范围内分布稳定且层位稳定的三层 tonstein(岩石结构分别为致密型 C_1^a、结

晶型 C_7^b 和颗粒型 C_{2+1}）作为研究客体，在不同矿区采样进行人工重砂分析。

首先发现各层 tonstein 中锆石晶粒数的空间变化趋势不同，如果把 *M* 值大的地方认定为距离物源较近，那么同层 tonstein 的 *M* 值减少的方向则应是气流搬运的主导方向。所调查的三层 tonsteins 的 *M* 值等值线分布如图 4.30 所示。图 4.30 表明，*M* 值均呈单向降低，但各层的变化梯度不一且方向各异：C_1^a tonstein 的 *M* 值向北东方向减少梯度最小，减少方向与陆源物搬运方向呈 40°交角；C_{2+1} tonstein 的 *M* 值向近西方向降低梯度最小，减少方向与陆源物搬运方向相反；C_7^b tonstein 的 *M* 值向南东方向减少梯度较大，变化也较大。*M* 值降低方向与陆源物搬运方向呈 30°～40°交角。上述特点不仅有力地印证了 tonstein 原始物质的非陆源成因，还表明形成三层 tonstein 的火山源的地理位置各异，火山灰物质构成也有明显区别。

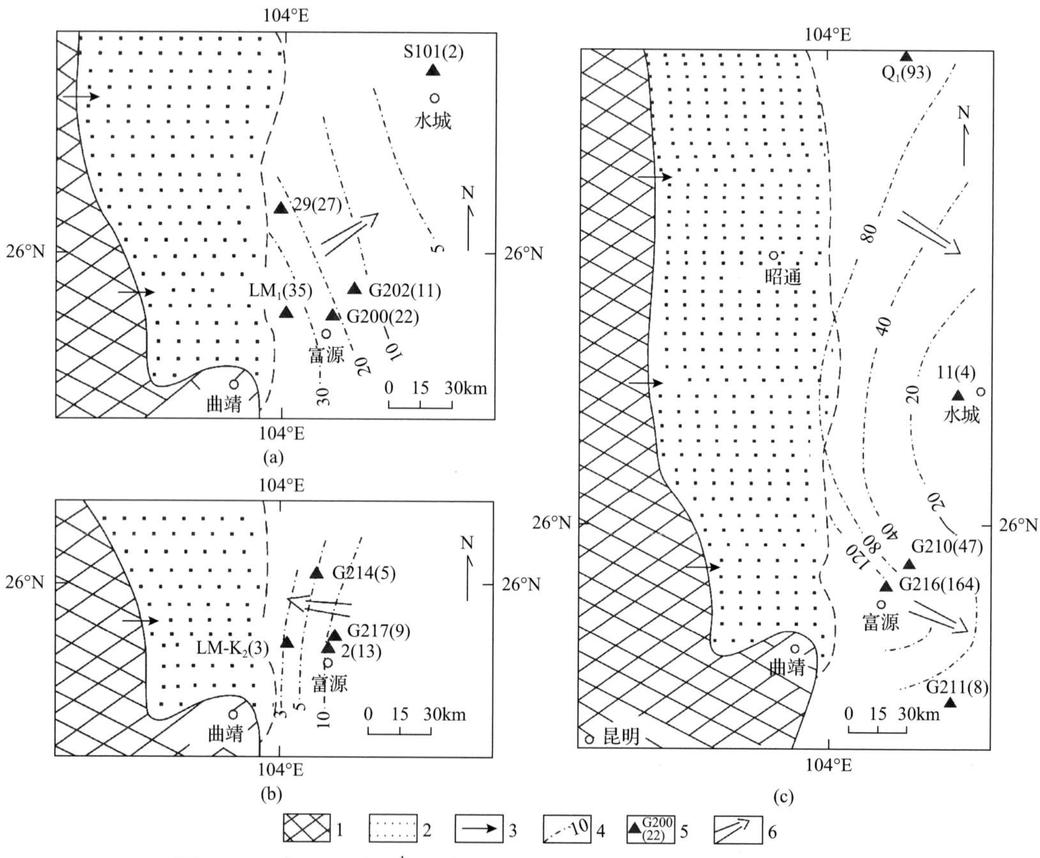

图 4.30　C_1^a、C_{2+1} 和 C_7^b 三层 tonsteins 的沉积古地理及 *M* 值等值线图

1-峨眉山玄武岩（$P2_\beta$）古剥蚀区；2-粗碎屑沉积（不含煤）；3-陆源物质搬运方向；4-tonstein 锆石值等值线；5-采样点位置，样品编号，括号内为 *M* 值；6-推测的主导气流方向

其次是各层 tonstein 的锆石 *M* 值与形态参数在相同层位的空间上同步变化，相互之间存在更紧密的联系，总的规律是：随 *M* 值减少，平均 *c*、*a*、*c*/*a* 值均相应降低，但层位不同，*M* 值对平均 *c*、*a*、*c*/*a* 值的回归值有显著区别（表 4.3）。同样，各层 tonstein 中

锆石 c 值的频率分布曲线也呈有规律的变化，即随 M 值的降低，曲线峰值向左侧移动，分布形态由双峰(或多峰)式分布向单峰式分布转变，粒径分布范围和平均粒径同步减小(图 4.31，表 4.3)。将各矿区测得的 C_1^a、C_{2+1} 和 C_7^b 三层 tonstein 的 M 值与平均 c 值投影在图 4.32 上，结果表明 C_1^a 与 C_7^b 两层 tonstein 的相关性较差，回归方程线很接近；而 C_{2+1} 的相关性好，但回归方程系数与前者有较大区别。据此可知，利用上述参数建立起各层的特定回归关系同样可以用于鉴别某些层位，并可在较大范围内(矿区之间)进行层位对比。

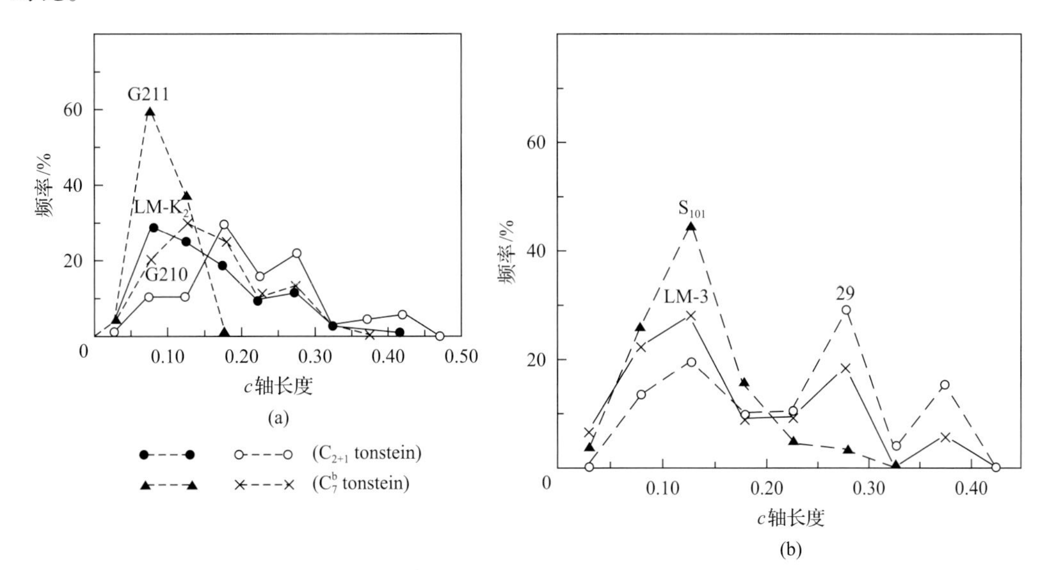

图 4.31　C_1^a、C_{2+1} 和 C_7^b 三层 tonsteins 中锆石 c 值的频率分布曲线图

C_7^b tonstein 图内所示样品号与表 4.3 一致

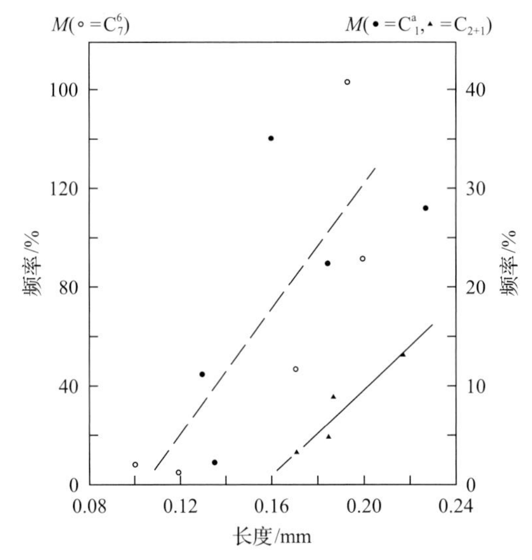

图 4.32　C_1^a、C_{2+1} 和 C_7^b 三层 tonstein 的锆石 M 值与平均 c 值的相关性散点图

煤层中常含有一些正常的沉积黏土岩夹层，其宏观和微观上的岩石结构特征有时与

致密型 tonstein 无明显区别，有可能造成判断失误。但是，两者的原始物质性质和成因却迥然不同，其锆石的形态参数分布差别明显。在研究区内，正常沉积黏土岩的物质来源是盆地西侧的峨眉山玄武岩古陆风化产物，其中所含锆石晶体的形态以短轴状的六方双锥自形晶为主，*c*/*a* 值一般小于 2；而 tonstein 的原始物质主要为长英质(少部分为碱性)火山灰，其锆石形态多以六方双锥柱状自形晶为主，*c*/*a* 值普遍在 2.5～4，两者的形态参数积累曲线各具特征，不致混淆(图 4.28)。

以上仅就 tonstein 中一种副矿物的晶体含量和形态参数特征用于鉴别层位的方法作了描述。推而广之，研究 tonstein 中其他副矿物(如 β 石英、磷灰石、独居石等)的含量、形态特征及副矿物的组合关系，查明各层的标志，也可用于层位鉴别。对 tonstein 中表生作用带内稳定性好的副矿物进行多方面的研究应该引起重视。

二、tonstein 中的微量元素

周义平(1992)对中国滇东和黔西地区乐平世煤系中已确定层位的 14 层 tonstein(赋存于煤系下段-P_2x_1 的 3 层和赋存于煤系中、上段-P_2x_{2+3} 的 11 层)在不同矿区采集样品 29 件。为了进行对比，同时采集 6 件正常沉积黏土岩样品。在中国科学院高能物理研究所使用仪器中子活化分析(INAA)的方法精确测定 29 件 tonstein 样品中 40 种元素的含量，另外 6 件正常沉积黏土岩样品则使用电感耦合等离子体(ICP)测定 30 余种微量元素。研究表明，大量的微量元素在岩浆作用阶段产生明显分异，而在表生作用带内化学稳定性相对较高的元素，其含量在各类沉积物中都有自己的分布范围和特定的组合关系。正常的沉积黏土岩以高的 V、Ti、Sc、Co、Cr、Ni 含量，低的 Th/U 值(<4)，不明显的 δEu 负异常(0.6～1.0)为特征，反映了沉积物对镁铁质岩浆岩微量元素含量和组合关系的继承性。tonstein 则以低的 V、Ti、Sc、Cr、Co、Ni 含量，中-高的 REE、Nb、Ta、Hf、Zr、U、Th 含量以及高的 Th/U 值(>4)和明显的 δEu 负异常(一般为 0.2～0.4)为特征，与正常沉积黏土岩区别显著。但是，不同地层段内赋存的 tonstein 又各具特点，相对而言，P_2X_1 的 tonstein 较 P_2x_{2+3} 的 tonstein 更富 Be、Li、Ti、Zr、Hf，较高的 Nb、Ta、REE 含量，略高的 Ga/Al、Nb/Ta 值和偏低的 Zr/Nb 值。在 Hf-Ta、Ti-Ta、Ti-V、Hf-Sc、Lu-Hf、Lu-Th 等相关图上，P_2x_1 的 tonstein 均有一个独立的、有别于 P_2X_{2+3} 的 tonstein 的分布范围。总的特征表明，前者的原始物质为碱性岩浆，后者的原始物质为长英质岩浆。各类岩石的部分元素平均含量变化曲线(图 4.33)清楚地显示出它们各自的特点。以此作为依据，可以判断持有疑问的样品是否属于 tonstein 层，如果是，显然也可明确其赋存的地层层位。

进一步研究发现，在相同地层段内的各层 tonstein 之间，甚至同一煤层内所含的不同 tonstein 层之间，泥炭沼泽中化学活性较弱的微量元素的含量及组合关系(地球化学特征值)也是各具不同的特点)。例如，研究区内的 C_1 煤层，普遍含两层 tonstein，部分矿区含三层 tonstein，其岩石结构类型均为致密-隐晶结构，即使煤层分异变化，tonstein 层位也均稳定存在，组合关系非常清晰(图 4.34)。各层 tonstein 中的某些元素含量及地球化

学特征值都有自己的分布范围，层间的变化趋势也非常明显：C_{1a}→C_{1b}→C_{1c}的 tonstein，U、Th、Hf、Zr、REE 含量呈高→低→高分布，Sc、Se 含量逐渐减少，Ta 含量略有增加；各层的地球化学特征也呈规律性变化(图 4.35，图 4.36)。由此可见，在对一定数量的样品进行精确测定的基础上，建立起各层 tonstein 元素含量和地化特征值的分布模式是鉴别地层层位可靠的依据。

本小节就 tonstein 中微量元素含量和组合关系在区域上的稳定性和变异性问题进行探讨。这两个问题是一个相对的概念。对近代火山活动的研究表明，火山灰在大气的搬运过程中,其物质组成产生了显著的分异(包括粒度、颗粒形态、矿物成分和化学成分等)，而搬运过程又导致物质组成进一步均化。因此，在距离火山源相当远的地区的物质组成与同时沉降下来的火山灰的物质组成相似，在一定范围内理应具有良好的稳定性。前人的数据指出，同层位 tonstein 样品的间距小于 70km 时，大多数元素含量及地球化学特征值变异很小。例如，C_{2+1} tonstein 的两件样品间距 35km，其有关数值近于重合(图 4.35，图 4.36)。这间接反映了在数十千米范围内同时沉降下来的火山灰原始物质组成是相当均匀

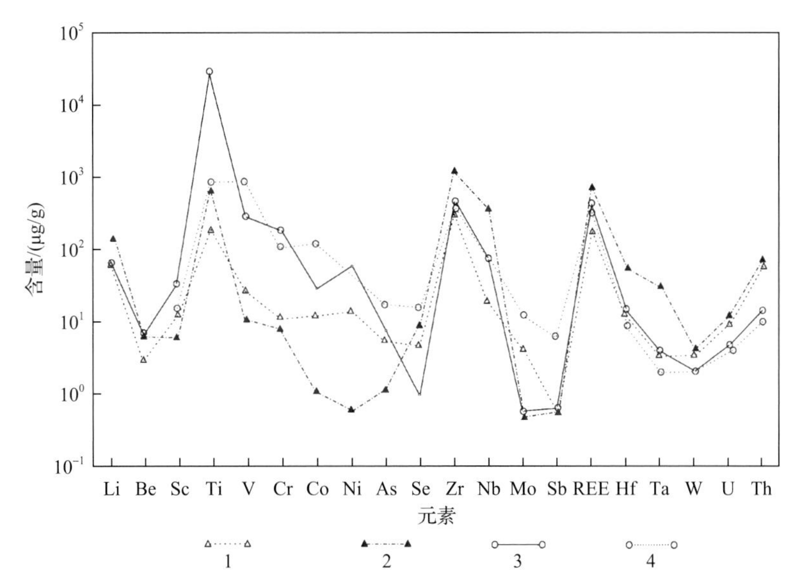

图 4.33 不同层位 tonstein 和正常沉积黏土岩中微量元素的平均含量分布曲线图

1-P_2x_{2+3} tonstein；2-P_2x_1 tonstein；3-正常沉积黏土岩；4-正常沉积黏土岩(含自生石英-玉髓颗粒)

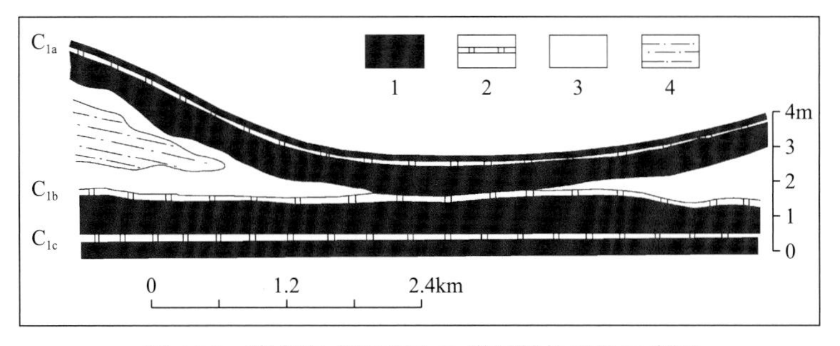

图 4.34 滇东宣威某矿区 C_1 煤层结构变化示意图

1-煤层；2-tonstein；3-泥岩；4-砂质泥岩

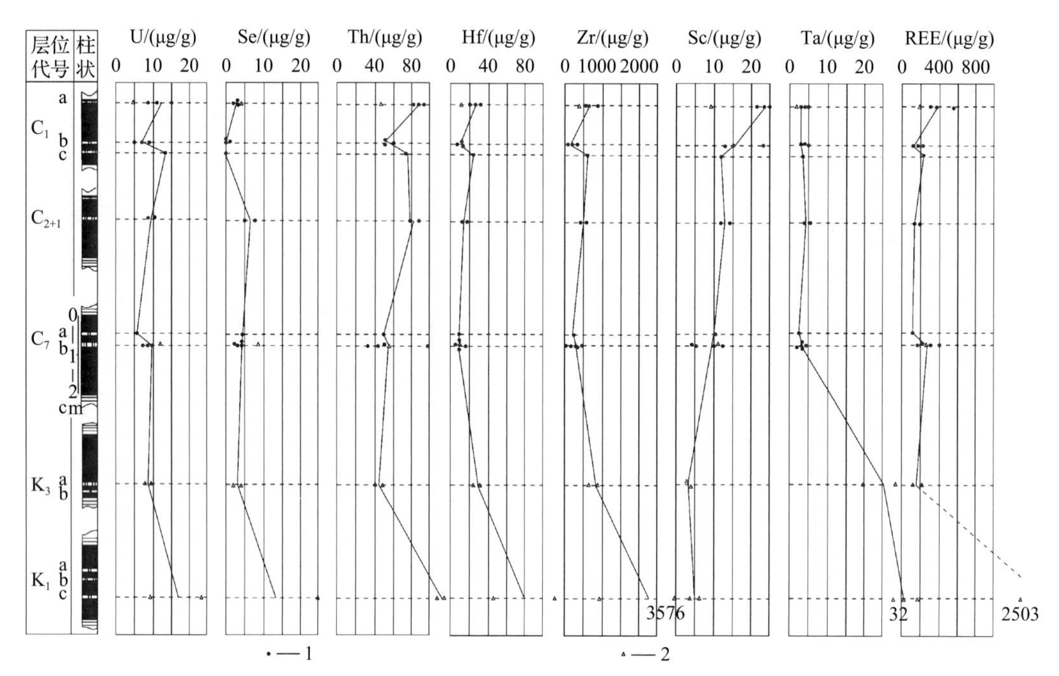

图 4.35　研究区内各层 tonstein 的微量元素含量分布模式图

1-同层位采样点间距小于 70km 的样品；2-同层位采样点间距大于 100km 的样品

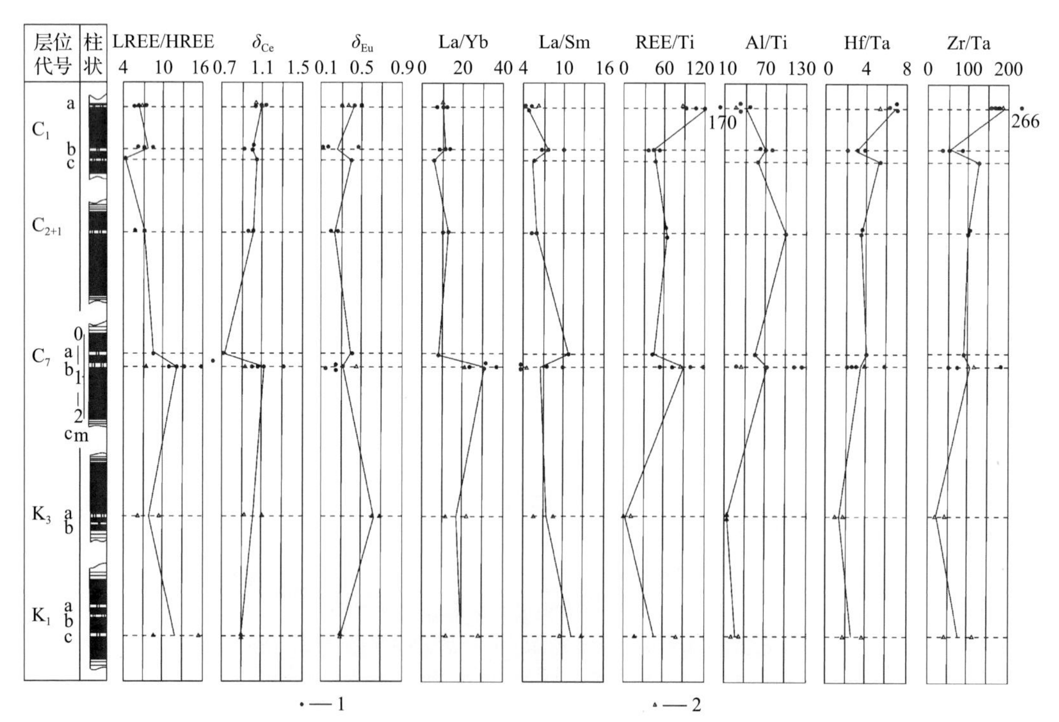

图 4.36　研究区内各层 tonstein 的元素地球化学特征值分布模式图

1-同层位采样点间距小于 70km 的样品；2-同层位采样点间距大于 100km 的样品

的。当同层位 tonstein 的采样点距离超过 100km 时(图 4.35 和图 4.36 中用“△”表示该样品与其他样品的采样间距超过 100km)，对应的大多数数值虽然仍可看出从属于一定层位的某些特点，但却发生了较明显的变化，数值的分散性明显增大了。这就提醒我们在大范围内应用 tonstein 的元素含量和地球化学特征值标志对比层位时，需更加谨慎。

三、煤系高岭石黏土岩夹矸

中国云南东部富源县北的某矿区，面积为 16km^2，含可采煤层 12 层。煤系中具有对比意义的高岭石黏土岩夹矸 10 层。在此基础上，再根据煤质、煤岩、化石等资料，基本上可以解决该矿区的煤层对比问题(表 4.6)。

该矿区内的 C_1、C_{2+1}、C_7、C_{13}、C_{17} 和 C_{18} 等煤层，不仅在矿区内可以根据其所含的高岭石黏土岩夹矸进行对比，而且与相邻矿区同时代的含煤沉积也可以相互对比。图 4.37 为 C_{2+1} 煤层沉积范围的纵向剖面图，这主要是通过对该煤层中含有具肉眼可见的椭球状高岭石斑点的碳质高岭石黏土岩夹矸进行对比的结果(表 4.6，表 4.7)。

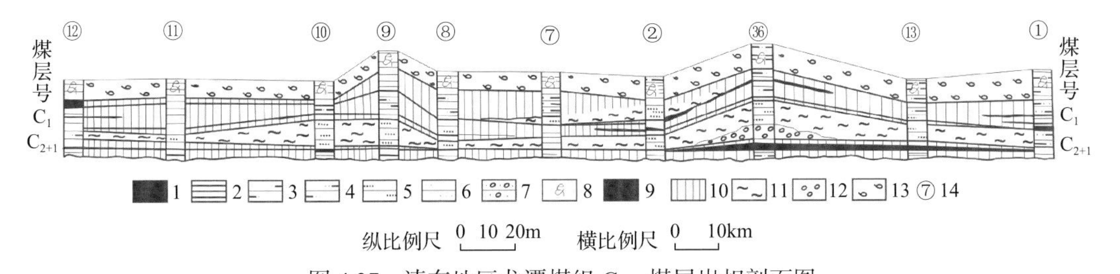

图 4.37　滇东地区龙潭煤组 C_{2+1} 煤层岩相剖面图

1-煤层；2-泥岩；3-砂质泥岩；4-泥质粉砂岩；5-粉砂岩；6-细砂岩；7-砂砾岩；8-海相动物化石；9-泥炭沼泽相；10-沼泽相；11-河漫滩相；12-河床相；13-潟湖海湾相；14-矿区编号

周义平(1975)认为该矿区内多数煤层均含有夹矸，就成分看，主要为黏土质和高岭石质，不同的成分在煤层中分布的稳定性也不同。在槽探或坑道中，经常见到黏土质泥岩夹矸在层数、厚度、延长方向上均有较大的变化，如夹矸常呈透镜状且分叉和尖灭现象频繁。高岭石黏土岩夹矸则不同，在上述的几个方面都很稳定，甚至在煤层中的产出部位有时也可作为区分煤层的标志。显然，不同成分夹矸的稳定性不同，这与它们在成因上的差异是密切相关的。

另外，该矿区 C_{17} 煤层的中下部含有一层稳定的、厚约 5cm 的棕灰色隐晶质高岭石黏土岩夹矸，该夹矸顶部间或有 1～20cm 的灰色黏土质泥岩，两者属于连续沉积并共处于同一煤层之中。从构造 2 号钻孔采取的样品所做的化学分析结果看(该孔揭露的 C_{17} 煤层结构为 1.52m(0.20m，0.05m)0.56m，夹矸上部 0.20m 为灰色黏土质泥岩，下部 0.05m 为具碳质纹层的高岭石黏土岩)，黏土质泥岩与高岭石黏土岩的主要区别是前者富钛，而后者贫钛(表 4.8)。

高岭石黏土岩与黏土质泥岩在化学组成上的上述差异在本区普遍存在。根据它们的化学组成进行钛率(Al_2O_3/TiO_2)计算，结果表明这种差别更为明显(表 4.9)。

表 4.6　滇东地区富源县北某矿区高岭石黏土岩夹矸及其他对比标志一览表

煤层号	煤层一般厚度/m	层间距/m	夹矸特征	其他对比标志
C_1	1.50	10	中上部有两层 3～5cm 的高岭石黏土岩夹矸，上层棕色，断面相糙，有 0.5mm 大小的高岭石晶休颗粒；下层浅灰色，细腻均一	C_1 煤层上 3～5m 有 0.2m 厚的薄煤一层(编号 C_0)。C_0 上不含煤，为 30～40m 的浅灰绿色薄层状砂质泥岩，显水平层理。属潟湖—海湾环境的产物，含化石* Pteria ussurica uariabilis Chenet Lan, *MyoPhoria (Neoschzodus)* c.f. Laevigata (Alberti), Unionites bassaensis (Wissmann)
C_{2+1}	2.00		中下部有一层 7cm 的棕灰色碳质高岭石黏土岩夹矸，断面上有 1mm 左右大小的浅灰白色隐晶质高岭石椭球体，沿层面排列。胶结物以凝胶化有机质为主，椭球体上细(0.5mm)下粗(2～3mm)，个体大小由下向上逐渐变化，少数椭球体系由大量蠕虫状高岭石合晶组成。本层夹矸在滇东本时代煤系相当层位的煤层中分布很广，可达 200km^2，是本区重要标志层之一	
C_3	0.60	5～6	一层深棕色高岭石黏土岩夹矸，厚 2cm。含碳质物较多，断面较粗糙。在黑色碳质物基质中，有许多细粒的(0.5mm 以下)白色斑点(隐晶质高岭石)	
C_7	2.00	55	中部有 3～5cm 高岭石黏土岩两层，性质与 C 相似，但粒度特征与 C_1 两层夹矸的部位相反：上层细腻、下层粗糙。从镜下看，下层高岭石(晶质)含量达 90%，远比 C_1 上层夹矸(30%)高，且常形成粗大的连晶	C_7 下 1～3m 有一煤层，厚约 1.0m，单一结构(编号 C_{7+1})，灰分 25%，比 C_7 (15%～20%)高。精煤 V^r、H^r、原煤焦油率也比 C_7 为高。据镜下鉴定，C_{7+1} 的稳定组份(角质、树皮等)常在 30%左右，而 C_7 仅为 10%～15%，二者差别明显。C_{7+1} 在煤质、煤岩组成上的特点也是重要的对比标志
C_{13}	1.00	55	中下部有一层 8～10cm 厚的灰棕色高岭石黏土岩夹矸一层，质地细腻、均一，间或见有高岭石晶粒。普遍具大量植物根化石，是本层另一特征	C_7～C_{13} 间(距二者距离相当)有一 C_9 煤层，单一结构；厚 3.0m 上下，灰分低(13%～15%)，可选性良好，层位稳定 C_{15} 下 2～5m 有一 1.5m 左右的碳质泥岩，层位稳定 C_{17} 顶板为一套厚 10～20m 冲积成因的粉—细砂岩层，局部稳定，C_{17} 高岭石黏土岩夹矸上部常见一层厚度不稳定的黏土泥岩(厚 0.01～0.20m)，有时与高岭石黏土岩夹矸直接接触 C_{18} 顶部夹矸有时钻探不受控制，未能采出岩心实物，但测井曲线有反映 C_{18} 煤层下面 0.2～0.5m 处常有 0.10m 薄煤一层
C_{15}	0.40	25	中部有一层黑灰色高岭石黏土岩夹矸，厚 1～2cm，断面粗糙。胶结物以有机质为主。高岭石晶出较好。呈 0.5mm 大小的颗粒产出	
C_{17}	1.80	30	中部有浅棕灰色高岭石黏土岩夹矸一层，约 3cm，断面有较多的 0.1mm 大小的浅色高岭石晶粒	
C_{18}	1.50	25	靠煤层顶部有 0.10m 厚浅棕色高岭石夹矸一层，煤层结构经常表现为 0.10(0.10)1.30 形式。高岭石夹矸较细腻，夹矸产出于煤层顶部，是重要标志	

注：V^r表示干燥无灰基挥发分，%；H^r表示干燥无灰基氢含量，%。

*表示化石由中国科学院南京地质古生物研究所鉴定。

表 4.7　云南东部富源县某矿区部分高岭石黏土岩夹矸镜下鉴定结果

夹矸层位	薄片号	宏观颜色	致密程度	高岭石含量及晶出程度、习性			碎屑物		有机质		显微岩石结构	岩石名称
				含量/%		晶出程度及习性	数量/%	成分	数量/%	性质		
				晶质	隐晶质							
C_1 煤层上夹矸	K_6-299	黄棕色	疏松	30	65	晶质高岭石个体稍大（0.18mm×0.40mm），呈宽手风琴状	2	石英、磷灰石、锆英石粉砂岩	3	半凝胶化有机质、呈带状	粉砂泥质结构	棕黄色高岭石黏土岩
C_{2+1} 煤层	K_6-300	黑棕色	致密		70	云朵状高岭石团块体由隐晶质高岭石组成，折射率低，干涉色深灰	2	石英粉砂岩	28	凝胶化有机质	不规则团块状结构	黑棕色碳质高岭石黏土岩
C_7 煤层上夹矸	K_6-302	黑色	较致密		60	由隐晶质高岭石组成，椭球状块体	2	石英粉砂岩	38	深棕、棕红色角质层体，可见细长条状		黑色碳质高岭石黏土岩
C_7 煤层中夹矸	K_6-303	黑棕色	较致密		95	极细的（<0.001mm）隐晶质高岭石	<5	粒度 0.05mm 左右的石英、磁铁矿、锆英石等	微量	凝胶化有机质	泥质结构	棕黄色隐晶质高岭石黏土岩
C_7 煤层下夹矸	K_6-304	浅灰褐色	疏松	90		粗大的连晶，形态多样（蠕虫状、手风琴状、扇形等）	2	较大粒级 0.05mm×0.16mm 的石英粒，尖棱角状	8	凝胶化有机质	高岭石质斑状变晶结构	浅灰褐色粗晶质高岭石黏土岩
C_{13} 煤层	K_6-301	灰棕色	较致密	20	75	晶质高岭石，含量少，呈蠕虫状	2	石英、锆英石粉砂岩	3	凝胶化有机质	粉砂泥质结构	灰棕色高岭石黏土岩

表 4.8　滇东地区富源县北某矿区 C17 煤层煤质、顶底板及夹矸化学组成表(据构造 2 号孔样品)

样品名称	代表厚度/m	化学组成*/%							地球化学特征值	
		SiO_2	Fe_2O_3	Al_2O_3	CaO	MgO	SO_3	TiO_2	钛率(Al_2O_3/TiO_2)	SiO_2/Al_2O_3
顶板		50.18	14.03	22.86	1.81	2.47	0.17	4.10	5.58	2.20
煤层	2.08	65.51	5.59	23.70	1.01	1.00	0.46	1.43	16.57	2.76
黏土岩夹矸	0.20	51.13	3.66	38.66	0.37	0.53	0.16	4.30	8.99	1.32
高岭石黏土岩夹矸	0.05	57.70	2.60	40.56	0.19	0.36	0.10	0.59	68.7	1.42
底板		56.11	4.80	26.80	1.28	1.27	0.07	5.76	4.65	2.09

*表示灰基下各组分百分含量作一百计算各组分百分含量(MnO、Na_2O、K_2O、P_2O_5 的含量较低，此表中未列出，因此化学组成加和不足 100%)。

表 4.9　滇东地区富源县北某矿区高岭石黏土岩夹矸及黏土质泥岩化学组成及地球化学特征值

样品名称	样品数	主要组分/%(两级值/平均值)			地球化学特征值	
		SiO_2	Al_2O_3	TiO_2	钛率(Al_2O_3/TiO_2)	SiO_2/Al_2O_3
黏土质泥岩(包括煤层顶、底板及夹矸)	27	(46.62～56.11)/52.00	(20.40～37.68)/29.00	(2.54～10.53)/4.50	(2.80～13.30)/8.00	(1.32～2.31)/1.70
高岭石黏土岩夹矸(十层夹矸)	18	(53.20～57.55)/55.00	(33.97～41.80)/38.00	(0.16～0.95)/0.45	(40.60～253.00)/97.60	(1.24～1.63)/1.40

为了解释两种岩石钛率不同的原因，有必要对供给沉积盆地的物质源区玄武岩在风化作用下分解的地球化学过程进行分析。以往的研究认为，玄武岩在湿热气候条件下风化，首先是铝硅酸盐中碱金属、碱土金属被浸析淋滤带出，一部分 SiO_2 最初呈真溶液，继而呈溶胶被带出。铝、铁、钛以及某些微量元素，如镓、锆等或大部或全部富集于残积物中，并保持大约相同的富集系数。因此，风化残积物中的铝和钛，虽然比未遭风化的玄武岩有所增加，但其钛率却未发生显著变化。研究该矿区 404 号钻孔采取的煤系底部及玄武岩顶部样品的化学分析结果，与前人的研究结论基本符合(表 4.10)。

该矿区玄武岩的钛率(据 4 件样品)为 4.66～5.02，与我国玄武岩化学组成钛率的平均值 6.78 接近。而 K_{GA} 值则由于该矿区玄武岩中镓的含量略高于国内外测定的均值而有所增加。

煤层中的黏土泥岩夹矸，以及煤层顶底板黏土泥岩的化学组成，与玄武岩风化壳上残积物的化学组成很相似，特别是它们的钛率及 K_{GA} 值非常接近，它们之间有可能存在下列成因联系(周义平，1975)：由于受到风化作用的影响，玄武岩变为玄武岩风化残积物(含高岭石、水铝石等矿物的泥质物，铝、钛、铁、镓等金属相对富化)，之后经过搬运作用再次沉积于含煤沉积盆地中成为黏土质泥岩(常形成煤层的顶、底板及夹矸，除铁有所减少外，岩石化学组成与玄武岩风化残积物很接近)。上述推测的成因联系在各类岩石铝-钛和铝-镓元素浓度对数值相关图上(图 4.38，图 4.39)反映得非常清楚。

表 4.10　滇东富源县北某矿区煤系底部岩石和基底玄武岩的化学成分及地球化学特征值(据 404 钻孔样品)*

样品编号	取样深度/m	岩性	化学组成/%							Ga/(μg/g)	地球化学特征值		
			SiO_2	Fe_2O_3	Al_2O_3	CaO	MgO	SO_3	TiO_2		Ki^2	K_{AT}	K_{GA}
40401	144.80～145.40	灰白色铝土质泥岩	47.30	3.84	34.75	0.76	0.11	0.08	10.57	63.5	1.36	3.29	3.45
40402	146.20	紫红色泥岩	39.25	23.20	29.20	1.80	0.14	0.32	3.51	42.3	1.31	5.11	2.67
40403	149.80	暗红色泥岩	42.40	24.67	24.50	1.72	0.59	0.06	5.31	42.1	1.74	4.76	3.25
40404	150.70	灰绿色玄武岩	44.10	20.88	19.87	8.33	1.26	0.21	4.26	28.8	2.72	4.66	2.73
40405	152.80	暗紫色泥岩	34.15	32.20	24.70	2.63	1.37	0.08	5.40	41.2	1.38	4.58	3.15
40406	153.70		34.50	32.06	25.00	2.79	0.72	0.04	5.47	39.4	1.38	4.57	2.97
40407	156.90	杂色泥岩(含豆状赤铁矿)	43.85	25.55	16.20	10.86	0.87	0.05	4.36	38.5	1.94	5.19	3.22
40408	159.10		47.20	16.77	16.66	11.16	0.89	0.08	3.39	28.6	2.84	4.92	3.24
40409	161.00	暗绿色玄武岩具风化裂隙	35.40	24.77	16.90	17.32	1.22	0.09	3.35	32.4	2.10	5.04	3.61
40410	163.00	灰绿色玄武岩	42.05	17.25	16.05	11.85	5.09	0.07	3.33	26.4	2.26	4.82	3.10

注：Ki^2 表示 SiO_2/Al_2O_3；K_{AT} 表示钛率(Al_2O_3/TiO_2)；K_{GA} 表示 $Ga \cdot 10^4/Al$；化学组成是在灰基下各组分含量作 100 计算其组分含量。

*表示本区峨眉山玄武岩喷发具有间歇性，玄武岩上部有时夹一套沉积岩。本钻孔揭露的最上一层玄武岩顶部的暗红色泥岩中可见到残余结构。

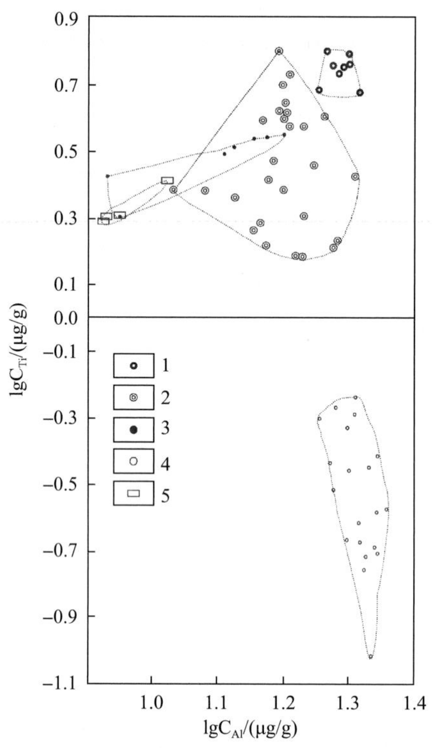

图 4.38　滇东富源县北某矿区峨眉山玄武岩及煤系地层中各类岩石中铝-钛元素浓度对数值关系图

1-铝土质泥岩；2-黏土质泥岩；3-玄武岩风化壳上的黏土质泥岩；4-高岭石黏土岩夹矸；5-玄武岩

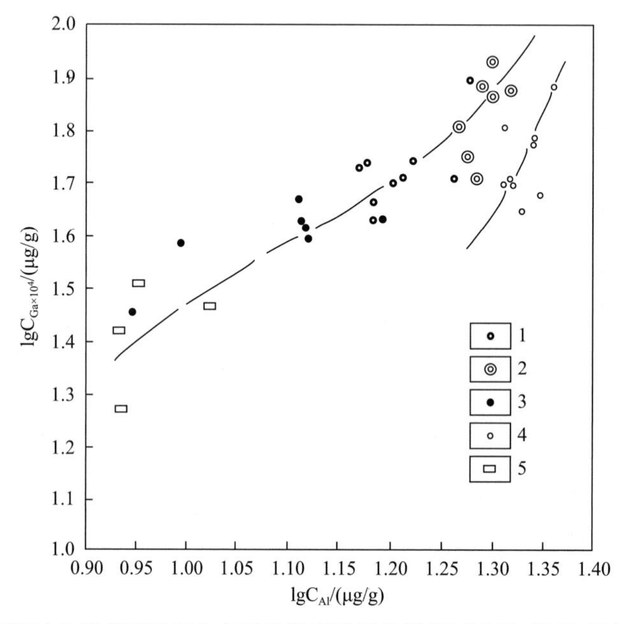

图 4.39　滇东富源县北某矿区峨眉山玄岩及煤系地层各类岩石中铝-镓元素浓度对数值关系图

由于高岭石黏土岩夹矸不仅强烈地表现出贫钛的趋势，而且也明显地表现出某种贫镓的趋势(表 4.11，图 4.38，图 4.39)，它的成因显然与黏土泥岩不同。通过各种岩石的岩矿鉴定以及对化学组成资料的分析，对于煤层中高岭石黏土岩和黏土质泥岩夹矸的成因得到了以下初步看法。

表 4.11　滇东富源县北某矿区各类岩石 K_{GA} 值对比表

岩石名称	玄武岩	玄武岩风化壳上的黏土质泥岩	黏土质泥岩(煤层顶底板及夹矸)	铝土质泥岩	高岭石黏土岩夹矸
Ga×10^4/Al 值［两级值/平均值(样品数)］	(2.19～3.16)/2.91(4)	(2.67～3.24)/3.90(6)	(2.76～4.12)/3.34(8)	(2.63～4.26)/3.49(7)	(2.04～3.29)/2.58(10)

(1)煤中黏土质泥岩夹矸的物质来源为玄武岩风化壳上的残积物，经搬运于泥炭沼泽中再沉积，其沉积方式是介质中细分散的泥质悬浮物的机械沉积。由于其 TiO_2 组分含量较高(2.54%～10.53%)，推测其中可能有较多的细分散状的金红石或锐钛矿，且含钛的多少与岩石粒度组成也可能存在一定的联系。

(2)高岭石黏土岩夹矸是在泥炭沉积盆地沉降、泥炭上部覆水层增厚、泥炭物质沉积暂时中断时，高岭石物质自溶液中析出形成的，即属于化学沉淀的形成物。这种成因方式，使得在表生作用带内与铝密切共生的钛发生比较彻底的分离，而在表生作用带内与铝保持紧密地球化学联系的镓也发生部分分离。至于该矿区高岭石黏土岩总是出现在煤层中或煤层顶底板附近，则显然与泥炭沼中大量的腐殖酸胶体的存在以及介质偏酸性有密切联系。

(3)当我们对高岭石黏土岩夹矸的形成环境和条件有了一定理解之后，对其在大范围内的良好稳定性即不难解释。从许多资料看，该矿区泥炭聚积期间，沉积盆地的升降运动在区域上有同期性特点。当泥炭沉积由于沉积盆地普遍沉降、盆地覆水层厚、泥炭聚积中断时，在一定的时期内沉积盆地内的水动力状态是相对平静的。介质的物理化学性质在大的范围内也是比较均一的。在这样的背景下，高岭石物质开始析出，并呈凝胶形式在盆地底部聚积。高岭石形成则可能发生在泥炭层被上部沉积物覆盖以后。

为什么不同层位的高岭石黏土岩在宏观、微观标志及化学成分上又有一定的差别呢？作者根据肉眼及镜下观察和化学资料分析，认为不同层位的高岭石黏土岩夹矸在形成环境和条件上各有一定的特点，这主要受到高岭石物质沉淀期间机械悬浮物及有机物共同沉积的掺和作用的不同影响所致。例如，当有机物沉积与高岭石物质沉积相交互时，则形成所谓的“碳质纹层”构造及“眼球状”构造；而当有机物质沉积的掺和作用微弱时(如该矿区的 C_1 煤层夹矸)，高岭石黏土岩常呈团块状构造。同时，高岭石黏土岩夹矸中有机物的数量对夹矸的颜色也有直接影响。细分散的泥质物在夹矸中的数量，用肉眼及显微镜均难以确定，但高岭石黏土岩的钛率可能是我们确定此类物质数量的一个间接指标：钛率越大，此类物质数量越少，机械沉积物的掺和作用也越弱；反之，此类物质数量越多，掺和作用也越弱。本区 C_1 煤层高岭石黏土夹矸钛率为 110～253.0，而 C_7 下

夹矸和 C_{17} 夹矸的钛率则为 72～40，两者差别明显，很可能就是机械悬浮物沉积数量不同引起的。

此外，细分散泥质物以及碎屑颗粒在同层位高岭石黏土岩夹矸的空间分布上可能是很不均匀的。其总的变化趋势是随着距蚀区距离的增加，此类物质逐步减少。邻近本区的黔西地区，高岭石黏土岩中的碎屑物成分比滇东区单一(主要为石英和玉髓)，且不见有本区常见的磷灰石、锆英石及磁铁矿等重矿物，表明此类物质在空间上存在一定的分带性。

第四节　火山灰在定年中的应用

除了前面所述的tonstein在横向上分布广泛以及可以作为含煤盆地年代地层学标志层的宏观和微观上的诸多特征外，tonstein 中所包含的透长石、锆石和独居石等在蚀变过程中保存下来的原生矿物也可以用来做放射性测年分析。它们还可以被用于确定煤系中与煤层分离的火山灰层位(Hess et al.，1999；Wainman et al.，2015；Wainman and McCabe，2017)。tonsteins 和煤系内蚀变凝灰岩中火山成因矿物的放射性测年十分重要，尤其是对那些缺少化石等地质年代学证据的沉积地层。另外，煤中一般缺失特征性的海相化石，而非海相化石确定的地层层序精度通常不高(Bohor and Triplehorn，1993)。tonstein 中火山矿物的测年结果可以提高地层年龄的精确度，同时也为全球范围的对比提供了可能性(Spears，2012)。如果能证明矿物和地层同期形成(如矿物来自同时期的火山喷发)，那么这些矿物可在全球公认的地质年代内为地层的年代地层学对比提供绝对年龄的证据。

虽然可以对矿物和单独的颗粒做放射性测年，但并不是总能找到适合的矿物。大多数情况下，即使一些矿物存在于火山灰中，但这些矿物可能由于自身尺寸太小而不适合进行原位放射性测年(尽管仍可能分离矿物组分)。使用锆石测年时需注意锆石的环带结晶现象，环带内核的部分可能包含了那些经历了一次或多次变质和沉积再循环作用，含不同组成的、更古老的物质(Bohor and Triplehorn，1993)。

放射性测年的方法，包括裂变径迹、K-Ar、Ar-Ar、Rb-Sr 和 U-Pb 测年法都可以用于蚀变火山灰的定年(Rice et al.，1990；Lyons et al.，2006；Guerra-Sommer et al.，2008b)。然而，利用全岩测年法对 tonstein 年龄测定的效果并不佳，因为 tonstein 通常形成于开放的环境中，其元素可能被其他来源(如沉积物源区、同生或后生热液)或被渗流的溶液带走。尽管很多研究中使用 K-Ar 法进行测年 tonstein(Damon and Teichmuller，1971；Triplehorn et al.，1977，1984；Turner et al.，1980，1983；Marvin et al.，1986)，但是这种方法存在一些缺陷，如精度相对较低、无法排除污染现象以及分析时需要尺寸较大的样品等，这限制了 K-Ar 测年在煤和煤系中蚀变凝灰岩中的应用。$^{40}Ar/^{39}Ar$ 方法具有一些优势，包括通过同位素比例的分析提高测年精度以及可对单一矿物颗粒进行精确测年。目前，已经有一些样品的测年使用了这种方法，如美国肯塔基地区 tonstein 中的透长石和斜长石(Lippolt and Hess，1985；Hess and Lippolt，1986；Hess et al.，1988)与美国犹他州白垩纪煤层中的 tonstein(Bohor et al.，1991)。针对单个锆石颗粒的 U-Pb 同位素测年也已应用于 tonstein 的研究中(Burchart et al.，1988；Lyons et al.，2006；Guerra-Sommer et al.，2008a，2008b，2008c)，这种方法可以大幅减少继承的铅和混染的问题(Compston et al.，1992)。针对 U-Pb 锆石测年，近年来兴起的化学溶蚀同位素稀释热电离质谱(CAIDTIMS)技术被认为是目前最精确的放射性测年方法之一(Schmitz and Kuiper，2013)。

波兰中部贝乌哈图夫(Belchatow)褐煤煤层中的几层 tonstein 就被用来判定地层层位(Wagner，1984；Drobniak and Mastalerz，2006)，如煤层 Ts-2 和 Ts-3 的 tonstein 中锆石测年结果表明其年龄约为 17Ma(Burchart et al.，1988)，这个年龄与早中新世的喀尔巴阡期(Carpathian)时代对应且与古植物学数据一致(Szynkiewicz，2000)。主煤层(C 层)Ts-4 的 tonstein 中锆石测年结果为 18.1Ma±1.7Ma(Drobniak and Mastalerz，2006)，与早中新世的 Ottnangian 时代对应。

Guerra-Sommer 等(2008a，2008b，2008c)使用高灵敏度离子探针的锆石测年技术得到了巴西 Paraná 盆地南部 Candiota(296.9Ma±1.65Ma 和 296Ma±4.2Ma)和 Faxinal 煤田(285.4Ma±8.6Ma)中 tonstein 层的平均年龄。基于这些年龄，Guerra-Sommer 等(2008b)认为该区主煤层形成于中 Sakmarian，Choiyoi 群下部(289Ma±19Ma)的火山事件是 Rio Bonito 组 tonstein 最可能的物源。锆石测年的结果也证实了冈瓦纳西部在晚石炭世存在活跃而广泛的火山事件(Guerra-Sommer et al.，2008a，2008b，2008c)。

Lyons 等(2006)测定了美国 Appalachian 盆地中部 fire clay 煤层 tonstein 中锆石单晶的 U-Pb 年龄，并与单个透长石 $^{40}Ar/^{39}Ar$ 的坪年龄进行了对比。该层 tonstein 用 U-Pb 测年法测得锆石单晶的 $^{206}Pb/^{238}U$ 年龄为 314.6Ma±0.9Ma，大致与透长石 $^{40}Ar/^{39}Ar$ 的坪年龄 311.5Ma±1.3Ma 相一致。耐火黏土煤层 tonstein 的年龄对 Duckmantian 沉积速率、欧洲威斯特法期沉积序列的相关性、中宾夕法尼亚期的火山事件和晚古生代时间尺度的研究有重要启示意义。因此，达克曼期与 Bolsovian 之间的界限为 314Ma±1Ma，比之前估计的相比要更老些；达克曼期持续了 2Ma±1Ma，比之前估计的时间间隔要短。但波尔索维亚期/达克曼期的生物地层界线位置高于剖面，在马戈芬(Magoffin)海相段的基底(Lyons et al.，2006)。

一些研究人员(Michaelsen et al.，2001；Metcalfe et al.，2015；Wainman et al.，2015；Ayaz et al.，2016b)已使用火山灰层中锆石测年的方法去测定澳大利亚二叠纪和侏罗纪煤和煤系的精确年龄。除了用来修正特定煤层和煤系的精准年龄而有助于对比区域和全球的联系，这些研究还被用来估算与煤层有关的沉积物的总体堆积速率。例如，Metcalfe 等(2015)使用化学剥蚀同位素稀释热电离质谱方法分析锆石，得到悉尼盆地南部布利(Bulli)层和北部 Great Northern 层的年龄分别为 252.60Ma±0.04Ma 和 252.85Ma±0.12Ma，属于乐平世的长兴期。

基于类似的锆石测年方法，Wainman 等(2015)指出澳大利亚东部苏拉特(Surat)盆地牛津期(Oxfordian)含煤地层总体的沉降速率为 61m/Ma。这与美国西部晚中生代前陆盆地的沉降速率相似，但前者的沉降速率稍快于后者，后者的沉降速率为 35～51m/Ma(Cross，1986)。Michaelsen 等(2001)指出，二叠纪 Bowen 盆地中布莱克沃特(Blackwater)含煤群在盆地边缘的沉积速率为 70m/Ma，而在盆地中心位置的沉积速率高达 133m/Ma。Ayaz 等(2016b)指出，乐平世 Bowen 盆地煤和非煤沉积物的松散堆积速率在 112～902m/Ma，取决于相关沉积层序的年龄和构造环境。

第五节　火山灰在推断火山口位置中的应用

根据 tonstein 的厚度变化(Bohor and Triplehorn，1993)、矿物碎屑粒径变化、矿物分异和放射性年代数据(Spears，2012)可以推断出原始岩浆喷发的位置。随着沉积位置与火山喷发中心距离的增加，煤层中 tonstein 的厚度也会减少；因此 tonstein 横向上的厚度可以成为推断古火山口位置的重要参数。但是也存在一些影响 tonstein 厚度的因素，包括压实作用、黏土蚀变、古地形地貌和泥炭堆积环境等，Bohor 和 Triplehorn(1993)对这些因素进行了全面综述。根据欧洲大陆 tonstein 的厚度变化，Bouroz(1967)认为火山灰源自东部或东南部。然而，并不是所有欧洲的 tonstein 在厚度上均呈现出显著差异。例如，虽然在欧洲大陆上有一层大家公认的厚层 tonstein，但 Spears 和 Kanaris-Sotiriou(1979)却没有在英国发现相同的具有横向持续性分布的 tonstein。

根据乐平世煤中 tonstein 从东北向西南方向厚度的减薄和粒径上的变化，周义平(1999)推断原始岩浆喷发的位置在陕西南部到湖北西北部的区域。根据 tonstein 放射性定年的结果，推断在巴西 Paraná 盆地南部二叠纪的时候发生过一次范围很广的火山喷发事件，火山口的位置被认定位于沉积区域西南方向的 1400km 处(Guerra-Sommer et al.，2008a，2008b，2008c)。

第六节　火山灰对煤中有害元素富集的作用及其对人体健康的影响

一些煤中高含量的有害元素可能是由火山灰输入引起的。例如，Arbuzov 等(2016)将俄罗斯西伯利亚 Azeisk 煤矿的煤及 tonstein 中高含量的 Hg、Sb 和 Cu(夹矸中 Hg 的含量达到 0.84μg/g，Cu 的含量高达 600μg/g；煤中的 Hg 的含量高达 1.2μg/g，Sb 的含量高达 64μg/g)归因于火山灰的输入。Li 等(2008)在贵州青龙煤田乐平世煤中发现了斑铜矿(Cu_5FeS_4)，并认为斑铜矿的出现是镁铁质火山灰作用的结果。这种斑铜矿是煤中潜在危害元素 Cu 和 S 的主要载体，然而有害元素对人体健康危害的评价还需考虑有害元素的含量、传播途径和接触时间等因素。

引起广泛关注的贵州地方性氟中毒和地方性砷中毒事件被认为是由室内燃烧乐平世的煤所致。Zheng 等(1999)认为乐平世煤中高含量的 F 和 As 分别来自火山灰和喷出玄武岩，其指出：①植物对大气中火山灰内 F 的吸收能力很强(以气态形式存在的 F)，因此这些植物沉积形成的煤中 F 的含量很高；②玄武岩的喷出大大提高了地表环境中 F 的背景值；③含大量 As 的流水将 As 带入泥炭沼泽，随后植物分解释放的腐殖酸将 As 从水中吸收并固定在煤中。然而，Zheng 等(1999)的观点存在争议。Dai 等(2012a)的研究表明，地方性氟中毒区域煤中的 F 含量(83.1μg/g)和世界硬煤(82μg/g；Ketris and Yudovich，2009)接近，因此认为火山灰并没有造成煤中 F 含量升高。中国西南地区许多地方(如合山煤田)的煤中也观察到了高含量的氟，很可能是与低温热液流体的渗入有关(Dai et al.，2013)。

大量的研究(Belkin et al.，1998，2008；Ding et al.，2001)表明，中国西南地区(特别是贵州)煤中高含量的 As 主要是低温热液作用的结果，且主要分布在卡林型金矿的附近。如果像 Zheng 等(1999)提出的乐平世煤中高含量的 As 源自玄武岩，那么大部分西南地区乐平世煤都应该比较富集 As，因为以玄武岩为主的康滇古陆是西南地区乐平世煤的主要沉积物源区。然而，大部分乐平世煤中 As 的平均含量与世界煤和中国煤中 As 的平均含量都很接近(Ketris and Yudovich，2009；Dai et al.，2012a)。实际上，中国西南地区高 As 煤地区仅限于几个村庄(Dai et al.，2012a)。因此，中国西南地区煤中高含量的 F 和 As 既不是来自火山灰也不是来自玄武岩，很可能是由于低温热液作用。

云南东部宣威地区是国内非吸烟女性肺癌高死亡率的地区之一(Tian，2005；Tian et al.，2008)。前人的研究将该地方性疾病归因于室内燃煤将多环芳香烃由煤释放到了室内空气中(Mumford et al.，1987)。然而，Tian(2005)和 Tian 等(2008)没有发现多环芳香烃和宣威肺癌之间的地理学关联，但是却在煤中、烧煤释放的烟和肺癌变的组织中发现了纳米级石英颗粒，因此假想纳米级石英颗粒是宣威非吸烟女性肺癌高发病率的原因。任德贻(1996)和 Large 等(2009)指出宣威煤中高含量的石英源自康滇古陆玄武岩风化淋滤出的含硅溶液。Dai 等(2008b)的研究表明，宣威煤中的石英大部分是自生成因，很可能来自泥炭堆积期或泥炭压实期前的长英质溶液。

然而，不应完全排除这种纳米级石英颗粒来自火山灰的可能性。二叠-三叠纪界限附近的煤(C1 煤)中富含纳米级石英颗粒，但在其他远离二叠-三叠纪界限的煤中并未发现纳米级石英颗粒。C1 煤中发现了几层 tonstein，意味着在泥炭堆积期发生了多次火山喷发事件。该煤层中的火山灰为长英质，石英含量较高。火山灰中的细粒石英可能在大气中停留较长时间才落入泥炭，因此细粒石英主要在接近二叠-三叠纪界限附近 C1 煤的顶部赋存。另外，火山灰在泥炭堆积环境中的分解也会释放出硅，并在下伏泥炭层的孔隙中结晶沉淀(Ward et al.，2001a)。这层煤的扫描电镜观察结果揭示其矿物几乎都是细粒石英(Dai et al.，2008b)。其他矿物(如透长石和黑云母)、火山结构等均未观察到，因此推断那些火山物质即使存在的话也已完全分解和蚀变。宣威地区非吸烟女性肺癌高死亡率的村庄主要使用 C1 煤作他们的室内燃料。在云南东部使用其他煤作燃料的村庄，其非吸烟女性肺癌死亡率则很低。然而，要证明火山灰对煤中纳米级石英颗粒的影响，还需要更直接的证据和更深入的研究。实际上，亚微观石英颗粒在蚀变火山灰中已被发现，且与矿工硅肺病的发病率有关。使用离子探针和高分辨率电子显微镜在火山凝灰岩和 tonstein 样品中发现了亚微观晶体及一些石英纤维。当地下采煤遇到了蚀变火山灰时，矿工硅肺病发病率也会升高(Bouroz et al.，1983)。

第七节　火山灰在生物大灭绝事件中的应用

通常认为，火山喷发是地质历史中生物灭绝事件最重要的原因之一，因为火山喷发的岩浆会释放出大量的颗粒物和有毒气体（如 CO_2 和 CH_4）从而导致气候突然变化，或引发海洋化学环境强烈变化造成一些种属生物的伤害和死亡（Ganino and Arndt，2009；Shellnutt et al.，2012；Self et al.，2014；Shellnutt，2014）。

据报道，发生在浅海区域的瓜德鲁普世末期生物大灭绝是显生宙生物大灭绝事件之一，约 58%的骨骼海洋生物种属死于该次生物灭绝事件（Ota and Isozaki，2006；Isozaki and Aljinović，2009；Bond et al.，2010；Bond and Wignall，2014）。然而，陆地上也发生了生物灭绝事件，在华南板块有 24%的植物种属死于该次生物灭绝事件（Bond et al.，2010）。由于 ELIP 和晚瓜德鲁普世的生物灭绝事件在时间上存在巧合性（～260Ma），很多学者都认为 ELIP 的发生是晚瓜德鲁普世的生物灭绝事件的原因（Zhou et al.，2002；He et al.，2007，2010；Wignall et al.，2009；Bond et al.，2010；Bond and Wignall，2014）。一般认为，ELIP 的岩浆排气作用及地幔柱快速隆起过程中，岩浆与茅口组灰岩之间的反应会释放出大量的有毒气体，如 CH_4、SO_2 和 CO_2，其进入海水中，从而灾难性地改变海洋生态系统，造成生物大灭绝（Wignall et al.，2009；Shellnutt，2014；Self et al.，2014；Jost et al.，2014）。除了这些与 ELIP 溢流玄武岩有关的假说外，长英质火山事件排放大量的灰尘和有毒气体进入大气也有可能造成此次生物灭绝（Isozaki et al.，2004；Isozaki and Aljinović，2009；Isozaki，2009；Yang et al.，2015）。

尽管关于晚瓜德鲁普世生物大灭绝的研究比较多，但其诱因仍然存在争论（朱江和张招崇，2013）。例如，长英质火山事件引起晚瓜德鲁普世生物大灭绝的假说认为，ELIP 火山事件并不可能是此次生物大灭绝的因素，因为 ELIP 的长英质组分体积相对较小，且 ELIP 内带的熔岩层序（长英质岩在上，镁铁质岩在下）与朝天中晚二叠界线黏土的层序（长英质岩成因的王坡页岩在下，镁铁质岩成因的合山层在上）呈相反关系（Isozaki and Ota，2007；Isozaki，2009）。而根据峨眉山地幔柱短时间内隆起-结束的模型，He 等（2007，2010）认为王坡页岩是峨眉山地幔柱隆起后，顶部长英质岩的风化蚀变产物，因此他认为 ELIP 发生在瓜德鲁普世—乐平世界线上，并有可能导致了晚瓜德鲁普世生物大灭绝。

目前对 ELIP 的高精度同位素稀释-热电离质谱法（ID-TIMS）锆石测年结果显示峨眉山地幔柱的主体活动期可能只持续了 1Ma（徐义刚，2013）。这个数据与古地磁的研究结果相符（Ali et al.，2002；Zheng et al.，2010）。因此，基于峨眉山地幔柱快速活动，赵立信（2016）提出了一个综合模型：峨眉山地幔柱快速隆起形成康滇古陆，随即进入消亡阶段形成过碱质长英质岩浆；这些过碱质长英质岩浆喷发出地表，形成宣威组下段和王坡页岩中 Nb-Zr-REY-Ga 富集的凝灰岩层。前面的研究已经证实 ELIP 长英质凝灰岩的存在，这种多层的、较厚的（最厚可超过 10m）、分布广泛的、地球化学和矿物学性质稳定的长英质凝灰岩层反映了在峨眉山地幔柱玄武质火山事件结束后又发生了规模巨大的长英质岩浆喷发事件。而爆发性的长英质岩浆喷发，通常会导致巨量的 HCl、HF 和灰尘进入大气层形成酸雨或遮挡阳光导致地球温度降低等现象，都对生命造成灾难性的后果(Shellnutt and Jahn，2010；Bond and Wignall，2014)。Yang 等(2015)估计，峨眉山长英质火山事件释放了至少 1×10^{17}g 的硫进入大气层，这些硫在大气中会形成硫酸盐气溶胶从而阻塞太阳辐射、降低地表气温。根据这些我们认为 ELIP 的长英质火山事件很可能是导致中-晚二叠纪之交的生物灭绝事件的因素，或者其对当时生态环境的影响是不能忽视的。但峨眉山地幔柱是在海相环境中隆起的，而与 ELIP 有关的酸性火山事件发生在康滇古陆形成之后，因此是峨眉山酸性火山事件单独造成了晚瓜德鲁普世生物大灭绝？还是 ELIP 主体期玄武质岩浆的活动造成了海相生态系统的崩溃，随后发生的长英质火山事件造成了陆相植物种属的消亡？这一点仍然需要进一步研究。

Metcalfe 等(2015)利用高精度锆石测年的方法对澳大利亚悉尼盆地伊拉瓦拉(Illawarra)和 Newcastle 煤层的顶部二叠纪末期生物大灭绝事件进行定年，其结果约为 252.2Ma。这次灭绝事件发生在同期全球高纬度和低纬度(精度<0.5my)的海洋和陆地上。Matcalfe 等(2015)指出，短时期内(<0.5my)多种因素如大量的火山事件(西伯利亚暗色岩系列)、全球变暖(全球性的野火)、笼形络合物中煤层气的释放、碳酸过多及海洋缺氧和酸化等的叠加，比单一因子的诱导机制更能合理地解释这种大面积的生物灭绝事件。

第八节　火山灰在成煤植物生长中提供营养物质的作用

煤是地质历史上陆生植物在沼泽中大量堆积，并经菌解、煤化等作用形成的产物。煤藏的形成有几个必要的条件：①温暖湿润的气候，以利于陆生植物的繁茂生长；②沼泽所提供的缺氧还原环境；③持续下陷的盆地或低地，以便造成植物残骸和无机沉积物的大量聚集等。还有一个非常重要的条件，就是植物本身的条件，并不是任何植物都能够转化为煤藏，只有大量生长的陆生高等植物，才为煤炭成藏提供了前提条件，而只有为成煤植物的生长提供充足营养物质，才更能够促进煤炭成藏。

火山灰中富含 P、K、Cu、Co、Zn、B 等元素，能为成煤植物的生长提供营养物质，是天然的“肥料”(Van，2001；Yudovich and Ketris，2002)。火山灰提供营养物质的方式有三种：①在泥炭堆积时期，火山碎屑进入泥炭沼泽并释放营养物质。②如果火山灰的量大到足以在煤层中形成可见的夹层，则泥炭堆积将终止。火山灰降落产生的界面在后期接受泥质化作用，并转变为新一轮泥炭堆积作用的有效隔水层。凝灰岩层可以作为泥炭堆积的基底。例如，中国西南部乐平世底部的煤层就是以镁铁质凝灰岩序列为基底的(Dai et al.，2010a)。③如果位于含煤盆地的边缘，凝灰岩还可以作为泥炭沼泽中的陆源碎屑物质，为植物生长提供的养分。

第九节　火山灰在关键金属成矿中的作用

火山灰进入泥炭中后，要么分散于煤层中，要么成为 tonstein 条带，其可能增加煤的灰分产率或提高煤中某些微量元素的含量。当煤炭被利用时，一些微量元素可能会对环境造成不利的影响，但煤中火山灰可能带来关键金属元素（如 Ge、Ga、U、V、REY）和 Al 的富集，因此受火山灰影响的煤可作为稀有金属回收的来源。煤中关键金属的利用主要通过煤的燃烧产物尤其对飞灰的提取来实现（Seredin et al.，2013）。

煤中 REY 的边界品位为稀土氧化物（灰基）含量不低于 1000μg/g，对厚度大于 5m 的煤层，其边界品位可以降到 800～900μg/g（Seredin and Dai，2012）。世界煤灰中 REO 的平均含量为 485μg/g（Ketris and Yudovich，2009）。若所研究的煤（灰基）中 REO 的含量达到世界煤灰中 REO 均值的两倍，则该煤层的燃烧产物可被视为 REY 回收的潜在来源。因此，煤是一种很有前途的 REY 原材料（Seredin and Dai，2012），且近年来也因此而备受关注（Blissett et al.，2014；Franus et al.，2015；Hower et al.，2015a；Zhang et al.，2015）。Rozelle 等（2016）最新的一项研究表明，对于所检测的样品，美国煤的燃煤产物在技术层面上已适合作为稀土矿。

Mardon 和 Hower（2004）指出，高挥发分的 A 型烟煤（肯塔基州东部诺克斯 Knox 县的 fire clay）及其燃烧产物中富集高浓度的稀土元素（以灰基为标准，煤中总稀土含量为 944μg/g；飞灰和底灰中 REY 氧化物的含量分别为 1706μg/g 和 1443μg/g），这主要是富含稀土的 tonstein 遭受热液流体淋溶而使稀土元素重新在邻近煤层中重新聚集形成含稀土的磷酸盐矿物（Hower et al.，2016a）。尽管送往电厂的煤已经过粉碎处理，且进入锅炉前坚硬的岩石（如夹矸、顶底板岩石）也会被去除，以至于煤矿中采集的地质样品和电厂中煤样的 REY 含量相差较大，但燃煤产物在稀土的工业提取方面仍具有十分大的潜力（Hower et al.，2015a）。

内蒙古准格尔煤田 6 号煤和大青山煤田 CP2 煤层（它们在区域上是相邻的煤层）是煤型 Al-Ga-REY 矿床（Dai et al.，2012b）。煤中稀土元素的富集机制是：由于 REY 伴生的 tonstein 受到地下水的淋滤作用，随后被有机质摄入，主要通过自生矿物（如充填胞腔的磷铝钙石）的形式或通过有机质的吸附来实现。Zhao 等（2016a）和 Dai 等（2015b）的研究结果表明这些煤中的夹矸是火山碎屑成因。该煤种的飞灰不仅是 Ga 和 Al 的来源（Seredin and Dai，2012；Dai et al.，2012b），也是稀土元素和钇的潜在来源（Hower et al.，2013a，2013b；Dai et al.，2014d）。

除了长英质的 tonstein（Hower et al.，1999，2016a），煤层中碱性 tonstein 也被认为是提取 REY-Zr（Hf）-Nb（Ta）-Ga 的潜在原料，这不仅是因为碱性 tonstein 中含有高含量的稀有金属元素，而且由于 tonstein 的淋滤和有机质的吸附作用，围岩中也含有高含量的稀有金属元素（Dai et al.，2014a）。例如，华蓥山煤田 K1 煤层（位于四川）含有 1710μg/g 的 REY、406μg/g 的 $(Nb,Ta)_2O_5$ 和 3617μg/g 的 $(Zr,Hf)_2O_5$（灰基）。富稀有金属煤和碱性 tonstein 中的 REY 矿物主要是次生成因的含轻稀土的矿物（如水磷铈矿、硅-水磷铈矿，或含稀土磷酸盐），它们或沿层理面分布，或分布在胶质镜质体和黏土矿物中。重稀土主要与煤中有机质及碱性 tonstein 中的黏土矿物密切相关（Dai et al.，2016a）。

那些煤中尚未形成 tonstein 的碱性火山灰也能提升煤层中 REY、Nb、Ta、Zr 和 Hf 的含量。例如，属于同一层位的四川石屏（C_{25} 号煤；Luo and Zheng，2016）和重庆松藻煤矿(12 号煤；Dai et al.，2010a)都高度富集这些稀有金属，因此同样在这些元素的提取方面具有潜力。

第十节　煤系富关键金属的凝灰岩

除了相对较薄的层间 tonstein，一些煤田的煤系也含有大量的火山灰(凝灰岩)层，它们存在于煤层层间或单个煤层之外。例如，Dai 等(2010b)报道了分布在中国西南地区滇东、黔西、川南和重庆的一个独特的 REY-Zr(Hf)-Nb(Ta)-Ga 矿床。该矿床位于乐平世煤系的底部，以泥质化或赤铁矿化的火山灰层为特征，厚度一般为 2～5m，最厚可达 10m。该矿床高度富集稀有金属，其中 REO 含量高达 0.1%～0.5%，$(Zr,Hf)_2O_5$ 含量高达 1%～3%，而 $(Nb,Ta)_2O_5$ 含量高达 0.05%～0.1%。该矿床的凝灰质矿化现象主要与镁铁质碱性凝灰岩和长英质碱性凝灰岩密切相关(Dai et al., 2010b；Zou et al., 2016；Zhao and Graham, 2016)。根据野外调查，确定了四种岩石类型，即火山灰蚀变黏土岩、凝灰质黏土岩、凝灰岩和火山角砾岩(Dai et al.，2010b)。与煤层中的层间 tonstein 类似，该矿床在测井曲线上呈现出高度的自然伽马正异常(＞250API[①])，这也可以作为该类型矿床在地质填图中的一个有用的地球物理工具以及在 REY-Zr(Hf)-Nb(Ta)-Ga 矿床寻找中的指示剂。

根据该 REY-Zr(Hf)-Nb(Ta)-Ga 矿床在二叠纪沉积层序中的位置，原始凝灰岩的形成时期应当晚于峨眉山大火成岩省的主要岩浆事件(Dai et al.，2010b，2016d；Zhao and Graham，2016)。由于这些凝灰岩主要形成于峨眉山大火成岩省的外围地带，推测这些凝灰岩可能是峨眉山地幔柱衰退期岩浆活动的结果(Dai et al.，2011；Zhao and Graham，2016)。这些在泥质凝灰岩中高度富集的稀有金属可能来源于经历了不同程度部分熔融作用的地幔，很可能还遭受了流体分异和岩石圈地幔及地壳物质的混染作用(Dai et al.，2011，2016d)。与层间碱性 tonstein 相似，形成这些泥质凝灰岩的原始岩浆具有碱性玄武岩的成分(Dai et al.，2011，2016d；Zhao et al.，2017a，2017b)。

泥质凝灰岩中的稀有金属主要赋存于水磷铈矿、硅-水磷铈矿、磷铝铈矿、含 Nb 锐钛矿(或金红石)、锆石、磷钇矿和含 REY 的碳酸盐矿物如氟碳钙铈矿中(Dai et al.，2016d；Zhao et al.，2017a)。这些矿物的赋存状态包括存在于黏土基质中的细小分散状颗粒或较粗颗粒、覆于高岭石表面的薄膜、充填在蚀变岩浆成因矿物的腔洞或沿着黏土矿物解理面分布，这些类型的赋存状态都指示矿物是自生成因的(Dai et al.，2016d)。

源自火山灰的稀有金属元素被热液流体从凝灰岩中淋滤出来，再沉淀形成这些矿物(Dai et al.，2016d；Zhao et al.，2017a)。在凝灰岩中没有观察到未被热液流体蚀变的岩浆成因的原生矿物。绿泥石是在泥质化凝灰岩中经常观察到的矿物，其形成也与热液流体有关，但通常并不含有 REY-Zr(Hf)-Nb(Ta)-Ga 这些稀有金属(Dai et al.，2016d)。

REY-Zr(Hf)-Nb(Ta)-Ga 矿床中最常见的磁绿泥石和含稀土矿物(如水磷铈矿和磷铝铈矿)均指示该矿床形成于低温成岩环境(一般来说低于 200℃；Rivas et al.，1989，2006；

---

① API 为美国石油学会规定的自然伽马和中子伽马测井的计量单位。规定在美国休斯敦大学自然伽马测井刻度井中测得的高放射性地层和低放射性地层的读数差的 1/200 为一个 API 自然伽马测井单位。

Aagaard et al., 2000; Smith et al., 2000; Ryan and Hillier, 2002; Krenn and Finger, 2007; Berger et al., 2008; Roncal-Herrero et al., 2011; Rivard et al., 2013)。Zhao 等(2016b)根据矿床的黏土矿物组合(高岭石、伊蒙混层和磁绿泥石)和伊蒙混层矿物的有序度成分，推断出形成该多金属矿床的古成岩温度在 100～160℃(偶尔可达 180℃)。

此外，煤型铌矿床与峨眉山大火成岩省 Nb-Ta 矿化正长岩有成因上的联系。峨眉山大火成岩省富 Nb-Ta 的岩浆喷发出地表后，形成富 Nb-Zr-REE-Ga 的凝灰岩层即煤型铌矿床，因此宣威组底部煤型铌矿床的存在，可能代表峨眉山大火成岩省的长英质凝灰岩。目前在峨眉山大火成岩省内发现的长英质岩按化学成分可分为三类：过碱质、过铝质和偏铝质(Shellnutt，2014)。一般认为，峨眉山大火成岩省的长英质岩的形成是在峨眉山地幔柱活动的晚期，岩浆供给速率开始下降导致来自地幔的高钛岩浆在地壳岩浆房内大量“囤积”，有充分的时间进行结晶分异作用，从而形成硅酸含量较高的长英质岩，这一过程一般伴随着不同程度的地壳物质的混染作用(Xu et al., 2010)。其中，过碱质的长英质岩是没有受到地壳物质混染的(如果有混染，程度也是极微的)；与其他两类长英质岩相比，过碱质长英质岩含有更多的稀有金属元素，其在原始地幔标准化的蛛网图上呈现显著的 Ba、Sr 和 Ti 的负异常；在球粒陨石归一化稀土元素配分模式图谱上呈现明显的 Eu 的负异常(Shellnutt，2014)。在岩浆演化晚期，由于 Nb 含量逐渐升高，Nb-F 络合物可能会在高度演化的富流体过碱质长英质岩浆中产生。随着岩浆演化进行到岩浆-热液交代阶段，如果发生强烈的钠长石化，就可以破坏 Nb-F 的络合物并将 Nb 释放到热液中，进入烧绿石的晶格，最终形成 Nb-Ta 富集的矿化作用(Wang et al., 2015)。

由于峨眉山大火成岩省的过铝质和偏铝质长英质岩浆受到了地壳物质的污染，峨眉山高钛玄武岩和过碱质长英质岩构成的演化序列可能代表峨眉山大火成岩省衰退期的岩浆演化序列。Th 是稳定和不相容元素，Sc 是相容元素(McLennan et al., 1993)；而且随着峨眉山岩浆的演化，Th 和 Zr 的含量会逐渐升高，而 Sc 的含量会逐渐降低(Xu et al., 2001, 2010; Xiao et al., 2004)；Th/Sc 和 Zr/Sc 是研究岩浆岩成分演化趋势优良的示踪参数。另外，Eu 的异常值 Eu_N/Eu_N^* 随着峨眉山大火成岩省岩浆从镁铁质到长英质的演化逐渐降低，同时也是区别矿化样和非矿化样的一个很好的参数。因此，本节我们使用 Zr/Sc-Th/Sc 和 Al_2O_3/TiO_2-Eu_N/Eu_N^* 图解讨论峨眉山地幔柱活动晚期岩浆的演化及其与研究样品之间的关系，为了更好地讨论，在这两张图中添加了峨眉山大火成岩省过铝质和偏铝质长英质岩进行更全面的对比。从 Zr/Sc-Th/Sc 和 Al_2O_3/TiO_2-Eu_N/Eu_N^* 图解(图 4.40)中可以看出，矿化样都落在了“高钛玄武岩-过碱质长英质岩”演化序列的终端附近，这意味着形成矿化样的原始岩浆演化程度高于峨眉山过碱质长英质岩和 Nb-Ta 矿化正长岩。此外，过铝质和偏铝质长英质岩都落在了“高钛玄武岩-过碱质长英质岩”演化序列之外的区域(图 4.40)。

因为形成 ELIP 过碱质长英质岩浆的时间发生在地幔柱活动的主体期——玄武质岩浆事件之后(即稍晚于康滇古陆的形成)，如果过碱性长英质岩浆喷发出地表形成凝灰岩层，则这些凝灰岩最有可能分布在覆盖于峨眉山玄武岩和瓜德鲁普世茅口组灰岩之上的

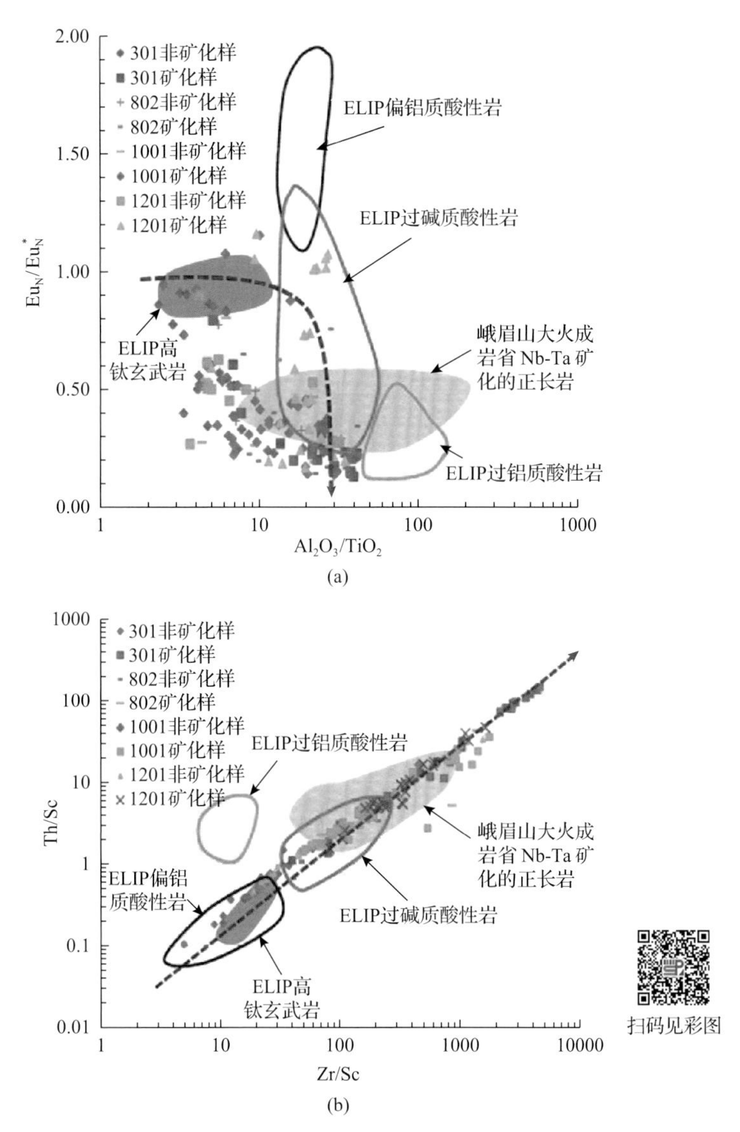

图 4.40　峨眉山长英质岩(过碱质、过铝质和偏铝质)、高钛玄武岩、Nb-Ta 矿化正长岩及研究样品的 Al_2O_3/TiO_2-Eu_N/Eu_N^*和 Th/Sc-Zr/Sc 图解

(a) Al_2O_3/TiO_2-Eu_N/Eu_N^*图解；(b) Th/Sc-Zr/Sc 图解；峨眉山长英质岩的数据汇总自 Zhong 等(2007)、Shellnutt 和 Zhou(2007)、Shellnutt 等(2009)、Xu 等(2010)、Shellnutt 和 Jahn(2010)；高钛玄武岩的数据引自 Xiao 等(2004)

吴家坪组(宣威组和龙潭组)的最底部。那些 ELIP 的过碱质 Nb-Ta 矿化正长岩浆在上升过程中会进一步演化成流纹质岩浆，这些碱性流纹质岩浆喷发出地表后，降落形成 Nb-Zr-REY-Ga 富集的矿化层，但在成岩固结之前受到了热液蚀变。因为 Nb、Ta、Zr、Hf、REY、Th 和 U 在地表环境中很稳定，它们倾向于在残留相中富集，所以这些元素在地表环境(原始火山灰的溶解、蚀变、成岩及热液淋滤作用)中会进一步富集(周义平，1999；Dai et al.，2011)，并达到相关的工业边界或开采品位。

就作者目前所知，与峨眉山大火成岩省相关的长英质凝灰岩层还没有公开报道过，而我们所研究的煤型铌矿床中的多金属矿化层很可能就代表 ELIP 的长英质凝灰岩。如前所述，ELIP 长英质凝灰岩以富集 Nb-Zr-REY 和 Ga 及自然伽马曲线上放射性高度正异常为特征。由于这种长英质凝灰岩分布广泛，矿化特征稳定明显，煤型铌矿床还可能代表与峨眉山地幔柱活动晚期火山事件有关的成矿作用。

第五章　结　　论

tonstein 在世界上许多煤(包括褐煤、烟煤和无烟煤)及煤系中都有所发现，几乎遍布有煤分布的各大洲。本书以中国西南地区乐平世煤及其夹矸为主要研究对象，并和中国华北和东北地区及世界其他地区不同层位与分布的煤中火山灰进行了对比研究，系统论述了煤和煤系中火山灰的来源、赋存状态、矿物学和地球化学特征，揭示了不同类型 tonstein 的野外识别、时空分布以及对煤层煤质与煤中矿物学和地球化学的影响。此外，在前人研究的基础上，作者还对火山灰在煤层的鉴定和对比、定年、推断火山口位置、对人体健康的影响、生物大灭绝事件、为成煤植物提供营养物质、稀有金属矿床成矿机理等方面进行了深入探究。本书取得的主要认识总结如下。

1. 煤及煤系中火山灰存在的证据

煤和煤系中火山灰层存在的证据包括：其内含有火山成因的矿物(如高温石英、透长石、锆石、云母和磷灰石等)；其与邻近的煤层及碎屑沉积岩具有不同的元素组合特征、具有火山结构和 tonstein 的野外判别标志(厚度通常只有 2～8cm，大部分仅 3～5cm，横向范围内相对连续分布且与周围煤层之间的接触几乎总是清晰明显的)。

2. 煤系火山灰的赋存状态

全世界许多煤层和煤系都存在由火山灰形成的矿床。其中有富含高岭石且广泛分布的煤层内的薄层(即 tonstein)和富含蒙脱石或伊蒙混层的煤层间的黏土层(即斑脱岩和钾质斑脱岩)。还有少量煤层中的夹矸不含黏土，其主要矿物为分散的石英、长石和其他抗风化的火山成因矿物，这是由于火山玻璃和不稳定相被溶解后从体系中迁移出，但由于蚀变黏土矿物的缺少，不能将这类夹矸命名为 tonstein。此外，煤中同沉积的火山灰也并不都是以连续分布的 tonstein 层的形式存在，火山碎屑也可以与泥炭紧密结合，分散在煤中。不同类型的凝灰岩也可能以煤层围岩的形式存在，包括煤层的顶板和底板，以及煤系中与煤层不相邻的地层。由高岭石组成且具有球粒状和其他类似于 tonstein 结构的碎屑黏土岩在煤系中也可能以厚形式出现，然而，这些可能是火成岩风化和改造的产物，而不是直接由火山灰物质原地蚀变形成。

3. 火山灰的来源判定

Zr、Hf、Y、Nb、Ta、REY、Al 和 Ti 等元素在低温溶液中的溶解度比较低，因此在蚀变过程中通常比较稳定，在不同种类的岩浆中这些元素的含量并不相同，因此它们可能适合用来鉴别火山灰的原始岩浆来源，但相比单一元素的浓度，元素对或多元素组合可能对火山灰的分类效果更好，而且还可以避免在蚀变过程中其他元素的相对缺失导致单一元素的浓度升高。岩浆岩的 TiO_2/Al_2O_3 一般随着 SiO_2 含量的增加而减小，因此该值可以用来鉴别沉积物是源自镁铁质、中性还是长英质岩浆岩。但是在使用稳定元素时，因为一些对火山碎屑沉积物的研究表明风成分异作用会造成显著的化学差异，所以在使用 TiO_2/Al_2O_3 当作火山灰、煤和其他相关沉积物的物源指示剂时仍需谨慎。而 TiO_2-Zr 散点图可用来区分火山灰来源形成的构造环境，即源自板内火山岩的 tonstein 或源自火山弧的 tonstein。Zr/TiO_2-Nb/Y 分类图则被广泛应用于火山灰分类的研究，但与 Hf、Ta 和 La 等元素相比，Zr、Nb 和 Y 在泥炭形成环境中相对不稳定，因此可能会造成利用 Zr/TiO_2-Nb/Y 图解在研究火山灰起源时并不那么可靠。其他的元素比值例如 Zr/Al、Cr/Al、Ni/Al 和不相容元素组合（如 Ti-V、Hf-Zr、Ta-Ti 和 Th-U）也被用来表征不同类型蚀变火山灰的原始岩浆。稀土元素和钇（REY）在不同地球化学过程中都比较稳定，其配分模式（包括对氧化还原条件敏感的 Ce 和 Eu 元素含量上的异常，轻、中和重稀土元素的富集或亏损等）亦可预测火山灰的来源，因此其也被广泛用作煤系蚀变火山灰的地球化学指示剂，但沉积源区陆源物质的输入及热液流体会影响火山灰中 Eu 的含量。

因此，Zr/TiO_2-Nb/Y、TiO_2/Al_2O_3、REY 配分模式、元素对（如 Zr/Al、Cr/Al 和 Ni/Al）和不相容元素组合（如 Ti-V、Hf-Zr、Ta-Ti 和 Th-U）以及其他地球化学指示剂结合起来可能更适合进行物源分析。

4. 蚀变火山灰的矿物学特征

蚀变火山灰的矿物可以分为原生和次生矿物两大类，前者保留了大部分的原始形状和地球化学组成，原生矿物可反映原始岩浆的成分；而后者主要由原始火山物质蚀变形成。蚀变火山灰中的原生矿物主要有高温石英、长石（包括斜长石和透长石）、锆石、磷灰石和其他磷酸盐矿物、云母、金红石、锐钛矿以及一些可能存在的抗蚀变能力强的矿物（如钛铁矿、独居石、黄玉、磷钇矿、磁铁矿，褐帘石、辉石、角闪石，甚至石榴子石和电气石等）。蚀变火山灰中的次生矿物主要有高岭石、蒙脱石、伊利石、伊蒙混层、绿泥石族（如鲕绿泥石）、沸石族矿物（如方沸石和斜发沸石）以及一些其他的痕量矿物（如方解石、白云石、菱铁矿、水磷铈矿、磷铝铈矿、石膏、烧石膏、黄钾铁矾、钠长石和黄铁矿等）。

5. 不同类型蚀变火山灰的地球化学特征

不同类型蚀变火山灰的元素组成可能与当时的大地构造背景和地球动力学控制因素有关。镁铁质蚀变火山灰以高含量的 Sc 和过渡元素（V、Cr、Co 和 Ni）、Eu 的正异常以及中稀土富集的配分模式为特征。而碱性蚀变火山灰的独特之处在于其含有异常高含量的稀有金属，如 Nb、Ta、Zr、Hf、REY 和 Ga，并伴随明显的 Eu 负异常。与镁铁质和碱性蚀变火山灰相比，长英质 tonstein 中 Nb 和过渡元素明显亏损，REY 含量较低，Eu 的负异常不明显，但轻、重稀土之间的分异较为显著。

6. 蚀变火山灰对煤层的影响

（1）降落在含煤盆地边缘或盆地内隆起上的火山灰可作为盆地煤层的陆源碎屑物质的来源，火山碎屑进入泥炭沼泽并紧密分散于泥炭中，经历后期成岩作用的蚀变最终成为煤中矿物质。

（2）煤中 tonstein 受到地下水或热液流体淋溶作用的影响，被淋滤下来的元素随即进入煤中的有机质(泥炭)中。此外，以煤层顶板形式存在的火山灰层也可能遭受地下水或热液淋滤的作用，导致其下伏煤层中某些微量元素及次生矿物富集。

(3)煤层内蚀变火山灰层比较薄，可能会在采矿时与其所赋存的煤层一起被采出，因此会提高开采出来的煤中矿物质含量。

7. 煤及煤系中蚀变火山灰的应用

原始岩浆在岩浆房内的分异过程导致多层空降火山灰的矿物和元素成分是截然不同的，即使是源自同一原始岩浆、沉降在同一泥炭沼泽中的火山灰其矿物和化学成分均不相同。由于空降火山灰的分布广泛、形成时间也基本一致，煤和煤系中的火山灰为不同煤层的对比提供了一个可靠的依据。此外，在自然伽马曲线上 tonstein 还会出现与之对应的放射性异常。因此，tonstein 不仅是地层对比中的一种等时标志，而且也是一种有效的物探手段，可以更广泛地勘查与碱性火山灰有关的稀有金属矿床。

利用在火山灰蚀变过程中保留下来的原生矿物(如透长石、锆石和独居石等)的放射性测年分析，可以更精确地确定煤层和煤系的年龄与层位，并有助于对区域和全球地质历史的理解，包括生物灭绝事件发生的时间和原因。

另外，根据 tonstein 层的厚度变化、矿物碎屑粒径变化、矿物分异和放射性年代数据等因素，还可以推断出原始岩浆喷发的位置。火山灰中富含丰富的磷和钾元素，以及铜、钴、锌和硼等微量元素，也能够为成煤植物的生长提供大量营养物质。此外，一些煤中高含量的有害元素可能是由火山灰输入引起的，可能会对环境和人类健康造成潜在的危害。另外，煤中火山灰可能导致关键金属元素(如 Ge、Ga、U、V、REE 和 Y)以及 Al 富集，因此它们也可能是现代工业发展日益需要的稀有金属的潜在经济来源。

虽然许多学者已经对一些与蚀变火山灰有关的问题做了调查和研究，包括在野外和实验室对矿物成分、元素组合、地理分布和煤层对比利用的鉴定，但一些关于物源以及火山灰和有机质之间相互关系的问题仍有待商榷。例如，个别火山灰的原始岩浆来源；在蚀变火山灰层上方形成的新的泥炭停止生长和发育的机制；tonstein 中成煤植物罕见的赋存状态；火山灰蚀变过程中二氧化硅的流失机理；煤阶与火山灰中黏土矿物组合间的关系；构造格架和地球动力学对蚀变火山灰中元素和矿物成分的控制。这些重要的问题需要进行更充分的研究，以便于更好地评价煤及煤系中蚀变火山灰的性质和意义。

参考文献

蔡根庆, 徐梓阳. 1988. 内蒙古狼山花岗岩中锆石的地质特征. 矿物学报, 8(2): 177-185.

陈德潜. 1982. 稀有元素地质概论. 北京: 地质出版社.

迟清华, 鄢明才. 2007. 应用地球化学元素丰度数据手册. 北京: 地质出版社.

代世峰, 周义平, 任德贻, 等. 2007. 重庆松藻矿区晚二叠世煤的地球化学和矿物学特征及其成因. 中国科学: D 辑, 37(3): 353-362.

高连芬, 刘桂建, Lin C C, 等. 2005. 中国煤中硫的地球化学研究. 矿物岩石地球化学通报, 24(1): 79-86.

郭爱军, 陈利敏, 宁树正, 等. 2014. 我国东北煤田构造特征与赋煤构造单元划分. 煤炭科学技术, 42(3): 85-88.

郭爱军. 2014. 东北地区中、新生代成煤盆地构造演化与动力学分析. 北京: 中国矿业大学(北京).

郭文牧. 2019. 吉林珲春古近纪煤中矿物及微量元素富集分异机理. 北京: 中国矿业大学(北京).

韩德馨, 杨起. 1980. 中国煤田地质学: 下册. 北京: 煤炭工业出版社.

何斌, 徐义刚, 肖龙, 等. 2003. 攀西裂谷存在吗? 地质论评, 49(6): 572-582.

贾炳文, 武永强. 1995. 内蒙古大青山晚古生代煤系中火山事件层的物质来源及地层意义. 华北地质矿产杂志, 10(2): 203-213.

李宝庆, 贾希荣. 1988. 我国北方石炭二叠纪煤层高岭石粘土岩夹矸的研究. 煤田地质与勘探, (1): 10-12.

李洪喜, 杜松金, 张庆龙, 等. 2004. 内蒙古大青山地区构造特征与成矿关系. 地质与勘探, 40(2): 46-50.

李吴波. 2007. 浅谈松藻矿区煤炭资源现状及其潜力评价. 科技情报开发与经济, 19: 148-150.

李霄. 2015. 滇东宣威晚二叠世含煤岩系中火山灰的物质组成与来源. 北京: 中国矿业大学(北京).

李星学. 1954. 内蒙古大青山石拐子煤田的地层及其间几个不整合的意义. 地质学报, 34(4): 411-436.

梁绍暹, 王水利, 姚改焕. 1995. 华北聚煤区火山灰蚀变黏土岩夹矸的研究. 中国煤田地质, 7(1): 59-63.

刘琛. 2017. 珲春盆地古近系珲春组煤层气成藏地质条件及资源潜力评价. 长春: 吉林大学.

刘东生. 1965. 中国的黄土堆积. 北京: 科学出版社.

刘英俊, 曹励明. 1993. 元素地球化学导论. 北京: 地质出版社.

雒洋冰. 2014. 川东川南二叠世煤及凝灰岩中微量元素地球化学研究. 北京: 中国矿业大学(北京).

宁树正, 曹代勇, 郭爱军. 2014. 中国东北地区赋煤构造单元与控煤特征. 煤田地质与勘探, 6: 1-7.

任德贻. 1996. 煤中矿物质. 徐州: 中国矿业大学出版社.

唐修义, 黄文辉. 2004. 中国煤中微量元素. 北京: 商务印书馆.

王举, 王佰友. 2004. 珲春煤田下含煤段沉积与聚煤特征. 吉林地质, 23(2): 21-27.

王举, 唐立晶, 王佰友, 等. 2005. 板石区地温异常分析. 辽宁工程技术大学学报, 24(S2): 7-9.

王佩佩. 2017. 滇东黔西晚二叠世煤中矿物及微量元素富集分异机理. 北京: 中国矿业大学(北京).

王水利. 1998. 韩城矿区 11 号煤层粘土岩夹矸的地球化学特征. 西北地质, (2):3-5.

王水利, 葛岭梅. 2007. 大青山煤田煤系高岭岩稀土元素地球化学特征. 煤田地质与勘探, 35(5): 1-5.

温玉娥. 2014. 珲春煤田聚煤环境浅析. 西部探矿工程, 26(9): 159-160.

姚爱民. 2003. 宁夏呼鲁斯太矿区 5#煤层粘土岩夹矸的研究. 西北地质, (1):78-83.

夏琤. 1985. 中国北方石炭-二叠纪高岭石粘土岩的岩石矿物特征. 岩石学报, (4): 70-78, 97-98.

肖龙, 徐义刚, 何斌. 2003. 峨眉地幔柱-岩石圈的相互作用：来自低钛和高钛玄武岩的 Sr-Nd 和 O 同位素证据. 高校地质学报, 9: 207-217.

解盼盼. 2019. 黔西桂中晚二叠世煤中矿物质赋存分布与富集机理. 北京: 中国矿业大学(北京).

徐兴, 韩作振. 1990. 珲春煤盆地“火山碎屑岩”的成因类型—兼论火山碎屑岩的分类问题. 山东科技大学学报:自然科学版, 1: 43-50.

徐义刚. 2013. 与地幔柱有关的成矿作用及其主控因素. 岩石学报, 29(10): 3307-3322.

余继峰, 韩作振, 王秀英, 等. 2000. 新汶肥城太原组火山灰蚀变高岭石夹矸化学成分研究. 煤田地质与勘探, 4: 17-22.

章邦桐, 王学成, 饶冰. 1988. 用锆石的群型特征区分不同成因花岗岩的实例. 地质与勘探, 24(6): 27-32.

张帆, 方少仙. 1990. 黔南桂北晚二叠世火山碎屑来源、沉积水深及大地构造环境. 沉积学报, 4: 22-32.

张慧, 贾炳文, 周安朝, 等. 2000a. 大青山巨厚煤层夹矸中高岭石的显微特征及其成因意义. 矿物学报, 20(2): 117-120.

张慧, 周安朝, 郭敏泰, 等. 2000b. 沉积环境对降落火山灰蚀变作用的影响——以大青山晚古生代煤系为例. 沉积学报, 18(4): 515-520.

张玉成. 1994. 四川南部晚二叠世含煤地层沉积环境及聚煤规律. 贵阳: 贵州科技出版社.

张玉兰, 王开发, 王家珍. 1987. 吉林珲春煤矿珲春组孢粉组合特征及其古植被、古气候. 煤田地质与勘探, 1: 18-27.

张招崇, Mahoney J J, 王福生, 等. 2006. 峨眉山大火成岩省西部苦橄岩及其共生玄武岩的地球化学:地幔柱头部熔融的证据. 岩石学报, 22: 1538-1552.

赵蕾, 代世峰, 王西勃. 2016. 煤系火山灰蚀变黏土岩: 矿物学和地球化学研究进展. 地学前缘, 23(3): 103-112.

赵利信. 2016. 滇东北晚二叠世煤型铌矿床的元素富集成矿机理. 北京: 中国矿业大学(北京).

赵振华, 周玲棣. 1994. 我国某些富碱侵入岩的稀土元素地球化学. 中国科学(B辑), 24(10): 1109-1120.

赵振华, 熊小林, 王强, 等. 2008. 铌与钽的某些地球化学问题. 地球化学, 37: 304-320.

中国煤田地质局. 1996. 黔西川南滇东晚二叠世含煤地层沉积环境与聚煤规律. 重庆: 重庆大学出版社.

钟蓉, 陈芬. 1988. 大青山煤田石炭纪含煤建造研究. 北京: 地质出版社.

钟蓉, 孙善平, 陈芬, 等. 1995. 大青山、大同煤田太原组流纹质沉凝灰岩的发现及地层对比. 地球学报, 3: 291-301.

周安朝, 贾炳文. 2000. 内蒙古大青山煤田晚古生代沉积砾岩的物源分析. 太原理工大学学报, 31: 498-504.

周安朝, 贾炳文, 马美玲, 等. 2001. 华北板块北缘晚古生代火山事件沉积的全序列及其主要特征. 地质评论, 47(2): 175-183.

周建波, 张兴洲, 马志红, 等. 2009. 中国东北地区的构造格局与盆地演化. 石油与天然气地质, 30(5): 530-538.

周义平. 1975. 煤层中高岭石黏土岩夹矸的成因及其在煤层对比上的应用. 煤田地质与勘探, 5: 31-41.

周义平. 1992. 用TONSTEIN的锆石形态和微量元素标志厘定层位. 煤田地质与勘探, 20(4): 18-23.

周义平. 1999. 中国西南龙潭早期碱性火山灰蚀变的TONSTEINS. 煤田地质与勘探, 27(4): 5-9.

周义平, Burger K, 汤大忠. 1988. 中国西南地区晚二叠世含煤岩系中粘土岩夹矸(TONSTEINS)研究的新进展. 云南地质, 7(3): 213-228.

周义平, 任友谅. 1983a. 中国西南晚二叠世煤田中TONSTEIN的分布和成因. 煤炭学报, (1): 76-88.

周义平, 任友谅. 1983b. 滇东上二叠统宣威组煤层中某些夹矸(Tonsteins)的成因及其地质意义. 云南地质, 2(1): 38-46.

周义平, 任友谅. 1994. 滇东黔西晚二叠世煤系中火山灰蚀变黏土岩的元素地球化学特征. 沉积学报, 12(2): 123-132.

周义平, Burger K, 汤大忠. 1990. 滇东黔西晚二叠世含煤沉积中火山灰蚀变形成的伊利石粘土岩夹矸. 沉积学报, 8(4): 85-93.

周义平, 汤大忠, 任友谅. 1992. 滇东晚二叠世煤田中火山灰蚀变粘土岩夹矸(TONSTEIN)的锆石特征. 沉积学报, 10(2): 28-38.

朱江, 张招崇. 2013. 大火成岩省与二叠纪两次生物灭绝关系研究进展. 地质论评, 59: 137-148.

Aagaard P, Jahren J, Harstad A, et al. 2000. Formation of graincoating chlorite in sandstones. Laboratory synthesized vs. natural occurrences. Clay Minerals, 35: 261-269.

Ablaev A, Li C S, Wang Y F. 2003. A re-examination of the age of Hunchun Flora, Jilin Province, China. Acta Palaeobot, 43(1): 3-8.

Adamczyk Z. 1997. The importance of tonstein from the Coal Seam 610 as the correlation horizon in the southwestern part of the upper Silesian Coal Basin. Kwartalnik Geologiczny, 41(3): 309-314.

Addison R, Harrison R K, Land D H, et al. 1983. Volcanogenic tonsteins from tertiary coal measures, East Kalimantan, Indonesia. International Journal of Coal Geology, 3(1): 1-30.

Admakin L A, Portnov A G. 1987. Tonsteins of Irkutsk Basin[in Russian: Tonshtejny Irkutskogo bassejna]. Lithology and Mineral Resources, 3: 88-98.

Affolter R H, Stricker G D, Roberts S B, et al. 1992. Geochemical variation of Arctic margin low-sulfur Cretaceous and Tertiary coals, north slope, Alaska. Open-File Report(United States Geological Survey), 8: 92-391.

Agnew D, Bocking M, Brown K, et al. 1995. Sydney Basin, Newcastle Coalfield//Ward C R, Harrington H J, Mallett C W, et al. Geology of Australian Coal Basins. Brisbaane: Geological Society of Australia Coal Geology Group Special Publication: 197-212.

Ali J R, Thompson G M, Song X, et al. 2002. Emeishan Basalts (SW China) and the end-Guadalupian crisis: magnetobiostratigraphic constraints. Journal of the Geological Society, 159: 21-29.

Allan J, Murchison D, Scott E, et al. 1975. Organic geochemistry of thermally metaporphosed fossil wood. Fuel, 54: 283-287.

Altaner S P, Hower J C, Whitney G, et al. 1984. Model for K-bentonite formation: evidence from zoned K-bentonites in the disturbed belt, Montana. Geology, 12: 412-415.

Arbuzov S I, Volostnov A V, Rikhvanov L P, et al. 2011. Geochemistry of radioactive elements (U, Th) in coal and peat of northern Asia (Siberia, Russian Far East, Kazakhstan, and Mongolia). International Journal of Coal Geology, 86: 318-328.

Arbuzov S I, Mezhibor A M, Spears D A, et al. 2016. Nature of Tonsteins in the Azeisk deposit of the Irkutsk Coal Basin (Siberia, Russia). International Journal of Coal Geology, 153: 99-111.

Ayaz S A, Rodrigues S, Golding S D, et al. 2016a. Compositional variation and palaeoenvironment of the volcanolithic Fort Cooper coal measures, Bowen Basin, Australia. International Journal of Coal Geology, 166: 36-46.

Ayaz S A, Martin M, Esterle J, et al. 2016b. Age of the Yarrabee and accessory tuffs: implications for the upper Permian sediment-accumulation rates across the Bowen Basin. Australian Journal of Earth Sciences, 63 (7): 843-856.

Barnsley G B, Clowes J M, Fowler W. 1966. Kaolin tonsteins in the Westphalian of north Staffordshire. Geological Magazine, 103 (6): 508-521.

Barth M G, Mcdonough W F, Rudnick R L. 2000. Tracking the budget of Nb and Ta in the continental crust. Chemical Geology, 165: 197-213.

Bau M. 1991. Rare-earth element mobility during hydrothermal and metamorphic fluidrock interaction and the significance of the oxidation state of europium. Chemical Geology, 93: 219-230.

Bau M, Koschinsky A, Dulski P, et al. 1996. Comparison of the partitioning behaviours of yttrium, rare earth elements, and titanium between hydrogenetic marine ferromanganese crusts and seawater. Geochimica Et Cosmochimica Acta, 60: 1709-1725.

Bau M, Schmidt K, Koschinsky A, et al. 2014. Discriminating between different genetic types of marine ferro-manganese crusts and nodules based on rare earth elements and yttrium. Chemical Geology, 381: 1-9.

Bechtel A, Karayiğit A I, Sachsenhofer R F, et al. 2014. Spatial and temporal variability in vegetation and coal facies as reflected by organic petrological and geochemical data in the Middle Miocene Çayirhan coal field (Turkey). International Journal of Coal Geology, 134-135: 46-60.

Belkin H E, Rice C L. 1989. A rhyolitc ash origin for the Hazard no. 4 flint clay (Appalachian basin): evidence from silicate melt inclusions. Geological Society of America Abstracts with Programs, 21 (6): A360.

Belkin H E, Finkelman R B, Zheng B, et al. 1998. Human health effects of domestic combustion of coal: a causal factor for arsenosis and fluorosis in rural China//McLean V A. Proceedings of the Air Quality Conference, Energy and Environmental Research Center. University of North Dakota (unpaginated), north Dakota.

Belkin H E, Zheng B, Zhou D, et al. 2008. Chronic arsenic poisoning from domestic combustion of coal in rural China: a case study of the relationship between earth materials and human health. Environmental Chemistry: 401-420.

Berger A, Gnos E, Janots E, et al. 2008. Formation and composition of rhabdophane, bastnäsite and hydrated thorium minerals during alteration: implications for geochronology and low-temperature processes. Chemical Geology, 254: 238-248.

Bertoli O, Paul A, Casley Z, et al. 2013. Geostatistical drillhole spacing analysis for coal resource classification in the Bowen Basin, Queensland. International Journal of Coal Geology, 112: 107-113.

Bieg G, Burger K. 1992. Preliminary study of Tonsteins of the Pastora formation (Stephanian B) of the Ciñera-Matallana Coalfield, northwestern Spain. International Journal of Coal Geology, 21: 139-160.

Bischof G. 1863. Lehrbuch der Chemischen und Physikalischen Geologie. 2nd ed. Bonn: Adolphn Marcus: A174.

Blissett R S, Smalley N, Rowson N A. 2014. An investigation into six coal fly ashes from the United Kingdom and Poland to evaluate rare earth element content. Fuel, 119: 236-239.

Bocking M, Howes M, Weber C R. 1988. Palaeochannel development in the Moon Island Beach Sub-Group of the Newcastle Coal Measures//Proceedings of 22nd Symposium on Advances in the Study of the Sydney Basin, Department of Geology, University of Newcastle, Newcastle: 37-45.

Bohor B F, Triplehorn D M. 1981. Volcanic origin of the flint clay parting in the Hazard No.4（Fire Clay） coal bed of the Breathitt Formation in eastern Kentucky. Geological Society of America Annual Meeting, Lexington: 49-54.

Bohor B F, Triplehorn D M. 1993. Tonsteins: altered volcanic-ash layers in coal-bearing sequences. Geological Society of America, Special Papers, 16（58）: 285.

Bohor B F, Dalrymple G B, Triplehorn D, et al. 1991. Argon/Argon dating of Tonsteins from the Dakota Formation, Utah [abs]. Geological Society of America, Special Paper, 25（5）: A85.

Bond D P G, Wignall P B. 2014. Large igneous provinces and mass extinctions: an update. Geological Society of America, Special Paper, 505: 29-55.

Bond D P G, Hilton J, Wignall P B, et al. 2010. The Middle Permian（Capitanian） mass extinction on land and in the oceans. Earth-Science Reviews, 102: 100-116.

Bouroz A. 1967. Correlations des tonsteins d'origine volcanique entre les bassins houillers de Sarre-Lorraine et du Nord-Pas-de-Calais. Comptes Rendus Series D, Academie des Sciences, Paris, 264: 2729-2732.

Bouroz A, Roques M, Vialette Y. 1972. Etude de la cinerite au sommet de la zone 2 du bassin des Cevennes. Paris, Bureau de Researches Geologie et Minieres Memoir, 77: 503-507.

Bouroz A, Spears D A, Arbey F. 1983. Essai de synthese des donnees acquises sur la genese et l'evolution des marqueurs petrographiques dans les bassins houillers. Mémoires-Société géologique du Nord, 16: 114.

Branagan D F, Johnson M W, 1970. Permian sedimentation in the Newcastle Coalfield. Proceedings of the Australasian Institute of Mining and Metallurgy, 135: 1-36.

Braun J J, Pagel M, Muller J P, et al. 1990. Cerium anomalies in lateritic profiles. Geochimica Et Cosmochimica Acta, 54（3）: 781-795.

Brockway D J, Borsaru R M. 1985. Ion concentration profiles in Victorian brown coals. Proceedings of International Conference on Coal Science, Sydney: 593-596.

Brownfield M E, Johnson E A. 1986. A regionally extensive altered air-fall ash for use in correlation of lithofacies in the Upper Cretaceous Williams Fork Formation, northwest Piceance Creek and southern Sand Wash basins. New Interpretations of Northwest Colorado Geology, Rocky Mountain Association of Geologists, 70: 165-169.

Brownfield M E, Affolter R H, Stricker G D. 1987. Crandallite group minerals in the Capps and Quaternary coal beds, Tyonek Formation, Beluga Energy Resource Area, Upper Cook Inlet, south-central Alaska. Proceedings Focus on Alaska's Coal, Fairbanks: 142-149.

Brownfield M E, Affolter, R H. 1988. Characterization of coals in the lower part of the Williams Fork Formation, Twentymile Park district, eastern Yampa coal field, Routt County, Colorado. US Geological Survey Circular, 1025: 33-34.

Brownfield M E, Affolter R H, Johnson S Y, et al. 1994. Tertiary coals of western Washington. Geological Society American National Meeting, Seattle: IE1-IE18.

Brownfield M E, Affolter R H, Cathcart J D, et al. 1999. Dispersed volcanic ash in feed coal and its influence on coal combustion products. International Ash Utilization Symposium, Lexington: 18-20.

Brownfield M E, Affolter R H, Cathcart J D, et al. 2005a. Geologic setting and characterization of coals and the modes of occurrence of selected elements from the Franklin coal zone, Puget Group, John Henry No. 1 mine, King County, Washington, USA. International Journal of Coal Geology, 63: 247-275.

Brownfield M E, Cathcart J D, Affolter R H, et al. 2005b. Characterization and modes of occurrence of elements in feed coal and coal combustion products from a power plant utilizing low-sulfur coal from the Powder River Basin, Wyoming. U.S. Geological Survey Scientific Investigations Report, Reston: 36.

Burchart J. 1985. Datowanie cyrkonow z wkladek tufitowych kopalni wegla brunatnego Belchatow metoda trakowa. Archiwum Instytutu Nauk Geologicznych PAN (unpublished report).

Burchart J, Kasza L, Lorenc S. 1988. Fission-track zircon dating of tuffitic intercalations (tonstein) in the brown-coal mine bBelchatow.Q. Bulletin of the Polish Academy of Sciences- Earth Sciences, 36: 281-286.

Burger K. 1966. Zur entstehung der kaolinit-formentypen (graupen und kristalle) in kaolin-kohlen-tonsteinen. Geologische Mitteilungen, 6: 43-86.

Burger K, Damberger H H. 1985. Tonsteins in the Coalfields of western Europe and North America. Compte Rundu of 9th International Conference on Carboniferous Stratigraphy and Geology, Washington, D.C.: 433-448.

Burger K, Stadler G. 1984. Vulkanogene Glasscherbenrelikte im Z-1-Kohlentonstein des Ruhrkarbons. Fortschritte in der Geologie von Rheinlandund Westfalen, 32: 171-186.

Burger K, Zhou Y, Tang D. 1990. Synsedimentary volcanic ash derived illitic Tonsteins in Late Permian coal-bearing formations of southwestern China. International Journal of Coal Geology, 15: 341-356.

Burger K, Bandelow F K, Bieg G. 2000. Pyroclastic kaolin coal-Tonsteins of the Upper Carboniferous of Zonguldak and Amasra, Turkey. International Journal of Coal Geology, 45: 39-53.

Burger K, Zhou Y, Ren Y. 2002. Petrography and geochemistry of Tonsteins from the 4th Member of the Upper Triassic Xujiahe formation in southern Sichuan Province, China. International Journal of Coal Geology, 49: 1-17.

Carlo E H D, Wen X, Irving M. 1997. The influence of redox reactions on the uptake of dissolved Ce by suspended Fe and Mn oxide particles. Aquatic Geochemistry, 3 (4): 357-389.

Castillo P R. 2012. Adakite petrogenesis. Lithos, 134-135 (3): 304-316.

Chai P, Sun J G, Xing S W, et al. 2015. Early Cretaceous arc magmatism and high-sulphidation epithermal porphyry Cu-Au mineralization in Yanbian area, northeast China: the Duhuangling example. International Geology Review, 57 (9-10): 1267-1293.

Chekin S S. 1973. Lower Mesozoic Weathering Crust of Irkutskiy Amphitheatre [in Russian: Nizhnemezozojskaja kora vyvetrivanija Irkutskogo amfiteatra]. Moscow: Nauku. 156.

Chen B X, Zhai M G, Tian W, et al. 2007. Origin of the Mesozoic magmatism in the north China Craton: constraints from petrological and geochemical data. Geological Society London Special Publications, 280 (1): 131-151.

Chen C, Ren Y S, Zhao H L, et al. 2015. The whole-rock geochemical composition of the Wudaogou Group in Eastern Yanbian, NE China-New Clues to its relationship with the gold and tungsten mineralization and the evolution of the Paleo-Asian Ocean. Resource Geology, 65 (3): 232-248.

Chen C, Ren Y S, Zhao H L, et al. 2017. Age, tectonic setting, and metallogenic implication of Phanerozoic granitic magmatism at the eastern margin of the Xing'an-Mongolian Orogenic Belt, NE China. Journal of Asian Earth Sciences, 144: 368-383.

Chesnut D R. 1983. Source of the volcanic ash deposit (flint clay) in the fire clay coal ofthe Appalachian Basin. 10th International Congress on Carboniferous Stratigraphy and Geology, Madrid: 145.

Clocchiatti R. 1975. Les Inclusions Vitreuses dcs Cristaux dc Quartz. Paris: Société Géologique de France: 96.

Cobb J C. 1985. Timing and development of mineralized veins during diagenesis in coal beds. Compte Rundu of 9th International Conference on Carboniferous Stratigraphy and Geology, Washington, D.C.: 371-376.

Collins S L. 1993. Statistical analysis of coal quality parameters for the Pennsylvanian System Bituminous Coals in Eastern Kentucky, USA (Unpublished PhD Thesis). Chapel Hill: The University of North Carolina: 401.

Compston W, Williams I S, Kirschvink J L, et al. 1992. Zircon U-Pb ages for the Early Cambrian time scale. Journal of the Geological Society, 149: 171-184.

Creech M. 1998. So where are all the trees? Implication for the origin of coal. Proceedings of the 32nd Newcastle Symposium on Advances in the Study of the Sydney Basin, Newcastle: University of Newcastle: 29-43.

Creech M. 2002. Tuffaceous deposition in the Newcastle Coal measures: challenging existing concepts of peat formation in the Sydney Basin, New SouthWales, Australia. International Journal of Coal Geology, 51: 185-214.

Creelman R A, Ward C R, Schumacher G, et al. 2013. Relation between coal mineral matter and deposit mineralogy in pulverized fuel furnaces. Energy & Fuels, 27: 5714-5724.

Cross T. 1986. Tectonic controls of foreland basin subsidence and Laramide style deformation, western United States. Foreland Basins, Oxford: International Association of Sedimentologists Special Publication, 8: 15-39.

Crowley S S, Stanton R W, Ryer T A. 1989. The effects of volcanic ash on the maceral and chemical composition of the C coal bed, Emery Coal Field, Utah. Organic Geochemistry, 14: 315-331.

Crowley S S, Ruppert L F, Belkin H E, et al. 1993. Factors affecting the geochemistry of a thick, subbituminous coal bed in the Powder River Basin: volcanic, detrital, and peat-forming processes. Organic Geochemistry, 20: 843-853.

Cullers R L. 2000. The geochemistry of shales, siltstones and sandstones of Pennsylvanian-Permian age, Colorado, USA: implications for provenance and metamorphic studies. Lithos, 51: 181-203.

Dai S F, Hower J C, Finkelman R B， et al. 2020. Organic associations of non-mineral elements in coal: a review. International Journal of Coal Geology, 218:103347.

Dai S F, Ren D Y, Hou X Q, et al. 2003. Geochemical and mineralogical anomalies of the Late Permian coal in the Zhijin Coalfield of southwest China and their volcanic origin. International Journal of Coal Geology, 55: 117-138.

Dai S F, Ren D Y, Tang Y G, et al. 2005. Concentration and distribution of elements in Late Permian coals from western Guizhou Province, China. International Journal of Coal Geology, 61: 119-137.

Dai S F, Zhou Y P, Ren D Y, et al. 2007. Geochemistry and mineralogy of the Late Permian coals from the Songzao Coalfield, Chongqing, southwestern China. Science in China. Series D, Earth Sciences, 50: 678-688.

Dai S F, Ren D Y, Zhou Y P, et al. 2008a. Mineralogy and geochemistry of a superhigh-organic-sulfur coal, Yanshan Coalfield, Yunnan, China: evidence for a volcanic ash component and influence by submarine exhalation. Chemical Geology, 255: 182-194.

Dai S F, Tian L W, Chou C L, et al. 2008b. Mineralogical and compositional characteristics of Late Permian coals from an area of high lung cancer rate in Xuan Wei, Yunnan, China: occurrence and origin of quartz and chamosite. International Journal of Coal Geology, 76: 318-327.

Dai S F, Li D, Chou C L, et al. 2008c. Mineralogical and geochemistry of boehmite-rich coals: new insights from the Haerwusu Surface Mine, Jungar Coalfield, Inner Mongolia, China. International Journal of Coal Geology, 74: 185-202.

Dai S F, Wang X B, Chen W M, et al. 2010a. A high-pyrite semianthracite of Late Permian age in the Songzao Coalfield, southwestern China: mineralogical and geochemical relations with underlying mafic tuffs. International Journal of Coal Geology, 83: 430-445.

Dai S F, Zhou Y P, Zhang M, et al. 2010b. A new type of Nb(Ta)-Zr(Hf)-REE-Ga polymetallic deposit in the Late Permian coal-bearing strata, eastern Yunnan, southwestern China: possible economic significance and genetic implications. International Journal of Coal Geology, 83: 55-63.

Dai S F, Wang X B, Zhou Y P, et al. 2011. Chemical and mineralogical compositions of silicic, mafic, and alkali Tonsteins in the Late Permian coals from the Songzao Coalfield, Chongqing, southwest China. Chemical Geology, 282(1-2): 29-44.

Dai S F, Ren D Y, Chou C L, et al. 2012a. Geochemistry of trace elements in Chinese coals: a review of abundances, genetic types, impacts on human health, and industrial utilization. International Journal of Coal Geology, 94: 3-21.

Dai S F, Jiang Y F, Ward C R, et al. 2012b. Mineralogical and geochemical compositions of the coal in the Guanbanwusu Mine, Inner Mongolia, China: further evidence for the existence of an Al(Ga and REE)ore deposit in the Jungar Coalfield. International Journal of Coal Geology, 98: 10-40.

Dai S F, Zou J H, Jiang Y F, et al. 2012c. Mineralogical and geochemical compositions of the Pennsylvanian coal in the Adaohai Mine, Daqingshan Coalfield, Inner Mongolia, China: modes of occurrence and origin of diaspore, gorceixite, and ammonian illite. International Journal of Coal Geology, 94: 250-270.

Dai S F, Wang X B, Seredin V V. 2012d. Petrology, mineralogy, and geochemistry of the Ge-rich coal from the Wulantuga Ge ore deposit, Inner Mongolia, China: new data for genetic implications. International Journal of Coal Geology, 90-91: 72-90.

Dai S F, Zhang W G, Seredin V V, et al. 2013. Factors controlling geochemical and mineralogical compositions of coals preserved within marine carbonate successions: a case study from the Heshan Coalfield, southern China. International Journal of Coal Geology, 109-110: 77-100.

Dai S F, Li T J, Seredin V V, Ward C R, et al. 2014a. Origin of minerals and elements in the Late Permian coals, Tonsteins, and host rocks of the Xinde Mine, Xuanwei, eastern Yunnan, China. International Journal of Coal Geology, 121: 53-78.

Dai S F, Luo Y B, Seredin V V, et al. 2014c. Revisiting the Late Permian coal from the Huayinshang, Sichuan, southwestern China: enrichment and occurrence modes of minerals and trace elements. International Journal of Coal Geology, 122: 110-128.

Dai S F, Zhao L, Hower J C, et al. 2014d. Petrology, mineralogy, and chemistry of size-fractioned fly ash from the Jungar power plant, Inner Mongolia, China, with emphasis on the distribution of rare earth elements. Energy & Fuels, 28: 1502-1514.

Dai S F, Song W, Zhao L, et al. 2014e. Determination of boron in coal using closed-vessel microwave digestion and inductively coupled plasma mass spectrometry (ICP-MS). Energy & Fuels, 28 (7): 4517-4522.

Dai S F, Ren D Y, Zhou Y. 2014b. Coal-hosted rare metal deposits: genetic types, modes of occurrence, and utilization evaluation. Journal of the China Coal Society (Meitan Xuebao), 39: 1707-1715.

Dai S F, Hower J C, Ward C R, et al. 2015a. Elements and phosphorus minerals in the Middle Jurassic inertiniterich coals of the Muli Coalfield on the Tibetan Plateau. International Journal of Coal Geology, 144-145: 23-47.

Dai S F, Li T J, Jiang Y F, et al. 2015b. Mineralogical and geochemical compositions of the Pennsylvanian coal in the Hailiushu Mine, Daqingshan Coalfield, Inner Mongolia, China: implications of sediment-source region and acid hydrothermal solutions. International Journal of Coal Geology, 137: 92-110.

Dai S F, Chekryzhov I G, Seredin V V, et al. 2016d. Metalliferous coal deposits in East Asia (Primorye of Russia and south China): a review of geodynamic controls and styles of mineralization. Gondwana Research, 29: 60-82.

Dai S F, Graham I T, Ward C R. 2016c. A review of anomalous rare earth elements and yttrium in coal. International Journal of Coal Geology, 159: 82-95.

Dai S F, Liu J J, Ward C R, et al. 2016b. Mineralogical and Geochemical compositions of Late Permian coals and host rocks from the Guxu Coalfield, Sichuan Province, China, with emphasis on enrichment of rare metals. International Journal of Coal Geology, 166: 71-95.

Dai S F, Yan X, Ward C R, et al. 2016a. Valuable elements in Chinese coals: a review. International Geology Review, 60 (5-6): 1-31.

Dai S F, Ward C R, Graham I T, et al. 2017a. Altered volcanic ashes in coal and coal-bearing sequences: areview of their nature and significance. Earth-Science Review, 175: 44-74.

Dai S F, Xie P P, Jia S H, et al. 2017b. Enrichment of U-Re-V-Cr-Se and rare earth elements in the Late Permian coals of the Moxinpo Coalfield, Chongqing, China: genetic implications from geochemical and mineralogical data. Ore Geology Reviews, 80: 1-17.

Dai S F, Guo W M, Nechaev V P, et al. 2018. Modes of occurrence and origin of mineral matter in the Palaeogene coal (No.19-2) from the Hunchun Coalfield, Jilin Province, China. International Journal of Coal Geology, 189: 94-110.

Damon C, Teichmuller R. 1971. Das absolute Alter des sanidinfuhren-den kaolinishcen Tonsteins im Floz Hagen 2 des Westfal C im Ruhrrevier. Fortschritte in der Geologic von Rheinland und Westfalen, 18: 53-56.

Davis A, Russell S J, Rimmer S M, et al. 1984. Some genetic implications of silica and aluminosilicates in peat and coal. International Journal of Coal Geology, 3: 293-314.

Davis B, Esterle J, Keilar D. 2006. Determining geological controls on the spatial distribution of phosphorus within coal seams mined at south Walker Creek Mine, Bowen Basin, Central Queensland, Australia. Proceedings of the Thirty-sixth Symposium on Advances in the Study of the Sydney Basin, Wollongong: 27-35.

Dawson G K W, Golding S D, Esterle J S, et al. 2012. Occurrence of minerals within fractures and matrix of selected Bowen and Ruhr Basin coals. International Journal of Coal Geology, 94: 150-166.

Dewison M G. 1989. Dispersed kaolinite in the Barnsley Seam coal (U.K.): evidence for a volcanic origin. International Journal of Coal Geology, 11: 291-304.

de Matos S L F, Yamamoto J K, Riccumini C, et al. 2001. Absolute dating of Permian ash-fall in the Rio Bonito Formation, Paraná

Basin, Brazil. Gondwana Research, 4: 421-426.

Diessel C F K. 1965. On the Petrography of Some Australian Tonsteins. Niedersachsen: University of Clausthal-Zellerfeld: 149-166.

Diessel C F K. 1980a. Newcastle and Tomago Coal measures. Geological Survey of New South Wales Bullen, 26: 101-114.

Diessel C F K. 1980b. Late Permian Newcastle Coal measures; excursion guide, day 1, stops 2-4. Geological Survey of New South Wales Bullen, 26: 459-472.

Diessel C F K. 1985. Tuffs and Tonsteins in the coal measures of New South Wales, Australia. 10th Congrès International de Stratigraphie et de Géologie du Carbonifère, Madrid: 197-210.

Diessel C F K. 1992. Coal-Bearing Depositional Systems. Berlin: Springer Verlag: 721.

Diessel C F K, Hutton A C. 2004. Field trip B - an overview of the Newcalstle coal measures. 21st Annual Meeting of the Society for Organic Petrology, Sydney: 43.

Ding Z H, Zheng B S, Long J P, et al. 2001. Geological and geochemical characteristics of high arsenic coals from endemic arsenosis areas in southwestern Guizhou Province, China. Applied Geochemistry, 16: 1353-1360.

Donaldson C H, Henderson C M B. 1988. A new interpretation of round embayments in quartz crystals. Mineralogical Magazine, 52: 27-33.

Dopita M, Kralik J. 1977. Coal Tonsteins in Ostrava-Karvina Coal Basin. Uhelne Tonsteiny Ostravsko-Karvinskeho Reviru, Ostrava: 213.

Dostal J, Chatterjee A K. 2000. Contrasting behaviour of Nb/Ta and Zr/Hf ratios in a peraluminous granitic pluton (Nova Scotia, Canada). Chemical Geology, 163: 207-218.

Drobniak A, Mastalerz M. 2006. Chemical evolution of Miocene wood: example from the Belchatow brown coal deposit, central Poland. International Journal of Coal Geology, 66: 157-178.

Durie R A. 1961. The inorganic constituents in Australian coals Ⅲ. Morwell and Yallourn brown coals. Fuel, 40: 407-422.

Eden R A, Elliot R W, Elliott R E, et al. 1963. Tonstein bands in the Coalfields of the East Midlands. Geological Magazine, 100, 47-58.

Ediger V S, Berk I, Kösebalaban A. 2014. Lignite resources of Turkey: geology, reserves, and exploration history. International Journal of Coal Geology, 132: 13-22.

Elderfield H. 1988. The oceanic chemistry of the rare-earth elements. Philosophical Transactions of the Royal Society, A325: 105-126.

Erikson R L, Blade L V. 1963. Geochemistry and petrology of the alkali igneous complex at Magnet Cove, Arkansas. Professionals, Paper, 425: 95.

Eskenazy G M. 1987a. Rare earth elements and yttrium in lithotypes of Bulgarian coals. Organic Geochemistry, 11: 83-89.

Eskenazy G M. 1987b. Zirconium and hafnium in Bulgarian coals. Fuel, 66: 1652-1657.

Eskenazy G M. 1987c. Rare earth elements in a sampled coal from the Pirin Deposit, Bulgaria. International Journal of Coal Geology, 7: 301-314.

Eskenazy G M. 2006. Geochemistry of beryllium in Bulgarian coals. International Journal of Coal Geology, 66: 305-315.

Eskenazy G M. 2009. Trace elements geochemistry of the Dobrudza coal basin, Bulgaria. International Journal of Coal Geology, 78: 192-200.

Evans J, Zalasiewicz J. 1996. U-Pb, Pb-Pb and Sm-Nd dating of authigenic monazite: implications for the diagenetic evolution of the Welsh Basin. Earth Planetary Sciences Letters, 144: 421-433.

Fiore S, Dumontet S, Huertas F J, et al. 2011. Bacteria-induced crystallization of kaolinite. Applied Clay Science, 53: 565-571.

Fisher R V, Schmincke H U. 1984. Pyroclastic Rocks. Berlin: Springer-Verlag: 472.

Formoso M L L, Calarge L M, Garcia A J V, et al. 1999. Permian tonsteins from the Paraná Basin. Proceedings of Brazil International Clay Conference, Porto Alegre: 613-621.

Francis E H. 1985. Recent ash-fall: A guide to tonstein distribution XICC. Congrès international de stratigraphie et de géologie du Carbonifère, Madrid: 189-195.

Franus W, Wiatros-Motyka M M, Wdowin M. 2015. Coal fly ash as a resource for rare earth elements. Environmental Science and Pollution Research, 22: 9464-9474.

Froggatt P C, Wilson C J N, Walker G P L. 1981. Orientation of logs in the Taupo ignimbrite as an indicator of flow direction and vent position. Geology, 9: 109-111.

Fryklund Jr V C, Harner R S, Kaiser E P. 1954. Niobium (Columbian) and titanium at Magnet Cove and Potash Sulphur Springs. Arkansas USA Geological Survey Bulletin, 16: 173.

Fu D, Huang B, Peng S, et al. 2016. Geochronology and geochemistry of Late Carboniferous volcanic rocks from northern Inner Mongolia, north China: petrogenesis and tectonic implications. Gondwana Research, 36: 545-560.

Gabzdyl W. 1990. Petrographical characteristic of the tonsteins in upper Silcsia Coal Basin. Zeszyty Naukowe PSI, 1066: 7-24 (in Polish with English summary).

Ganino C, Arndt N T. 2009. Climate changes caused by degassing of sediments during the emplacement of large igneous province. Geology, 37: 323-326.

Garrels R M, Christ C L. 1965. Solutions, Minerals and Equilibria. New York: Harper and Row: 450.

Gillson J L. 1960. Bentonite. Industrial Minerals and Rocks. 3rd ed. New York: American Institute of Mining, Metallurgical and Petroleum Engineers: 87-91.

Gloe C S, Holdgate G R. 1991. Geology and Resources. Oxford: Butterworth-Heinemann Ltd.

Goodarzi F. 1988. Elemental distribution in coal seams at the Fording coal mine, British Columbia, Canada. Chemical Geology, 68: 129-154.

Goodarzi F, Grieve D A, Labonte M. 1990. Tonsteins in East Kootenay Coalfields, south eastern British Columbia. Energy Sources, 12: 265-295.

Goodarzi F, Sanei H, Stasiuk L D, et al. 2006. A preliminary study of mineralogy and geochemistry of four coal samples from northern Iran. International Journal of Coal Geology, 65: 35-50.

Greb S F, Eble C F, Hower J C. 1999. Depositional history of the fire clay coal bed (Late Duckmantian), eastern Kentucky, USA. International Journal of Coal Geology, 40: 255-280.

Green T H. 1995. Significance of Nb/Ta as an indicator of geochemical processes in the crust-mantle system. Chemical Geology, 120: 347-359.

Grevenitz P, Carr P, Hutton A. 2003. Origin, alteration and geochemical correlation of Late Permian airfall tuffs in coal measures, Sydney Basin, Australia. International Journal of Coal Geology, 55: 27-46.

Grigore M, Sakurovs R. 2016. Inorganic matter in Victorian brown coals. International Journal of Coal Geology, 154-155: 257-264.

Grim R E. 1962. Applied Clay Mineralogy. New York: McGraw-Hill: 422.

Guerra-Sommer M, Cazzulo-Klepzig M, Formoso M L L, et al. 2008b. U-Pb dating of tonstein layers from a coal succession of the southern Paraná Basin (Brazil): a new geochronological approach. Gondwana Research, 14: 474-482.

Guerra-Sommer M, Cazzulo-Klepzig M, Menegat R, et al. 2008c. Geochronological data from the Faxinal coal succession, southern Paraná Basin, Brazil: a preliminary approach combining radiometric U-Pb dating and palynostratography. Journal of South American Earth Science, 25: 246-256.

Guerra-Sommer M, Cazzulo-Klepzig M, Santos J O S, et al. 2008a. Radiometric age determination of Tonsteins and stratigraphic constraints for the Lower Permian coal succession in southern Paraná Basin, Brazil. International Journal of Coal Geology, 74: 13-27.

Guo F, Nakamura E, Fan W M, et al. 2009. Mineralogical and geochemical constraints on magmatic evolution of Paleocene adakitic andesites from the Yanji area, NE China. Lithos, 112: 192-207.

Guo W M, Dai S F, Nechaev V P, et al. 2019b. Geochemistry of Palaeogene coals from the Fuqiang Mine, Hunchun Coalfield, northeastern China: composition, provenance, and relation to the adjacent polymetallic deposits. Journal of Geochemical Exploration, 196: 192-207.

Guo W M, Nechaev V P, Yan X, et al. 2019a. New data on geology and germanium mineralization in the Hunchun Basin, northeastern China. Ore Geology Reviews, 107: 381-391.

Hamilton L H, Ramsden A R, Stephens J F. 1970. Fossiliferous graphite from undercliff, New South Wales. Geological Society of Australia, 17: 31-38.

Hancox P J, Götz A E. 2014. South Africa's Coalfields - a 2014 perspective. International Journal of Coal Geology, 132: 170-254.

Hawley S P, Brunton J S. 1995. The Newcastle Coalfield: notes to accompany the Newcastle Coalfield regional geology map. Geological Survey of New South Wales Report, GS1995/256: 93.

Hayashi K I, Fujisawa H, Holland H D, et al. 1997. Geochemistry of ~1.9 Ga sedimentary rocks from northeastern Labrador, Canada. Geochimicaet Cosmochimica Acta, 61: 4115-4137.

He B, Xu Y G, Chung S L, et al. 2003. Sedimentary ecidence for a rapid, kilometer-scale crustal doming prior to the eruption of the Emeishan flood basalts. Earth and Planetary Science Letters, 213: 391-405.

He B, Xu Y G, Huang X L, et al. 2007. Age and duration of the Emeishan flood volcanism, SW China: geochemistry and SHRIMP zircon U-Pb dating of silicic ignimbrites, post-volcanic Xuanwei Formation and clay tuff at the Chaotian section. Earth and Planetary Science Letters, 255: 306-323.

He B, Xu Y G, Zhong Y T, et al. 2010. The Guadalupian-Lopingian boundary mudstones at Chaotian (SW China) are clastic rocks rather than acidic tuffs: implication for a temporal coincidence between the end-Guadalupian mass extinction and the Emeishan volcanism. Lithos, 119: 10-19.

Henderson P. 1984. Rare Earth Element Geochemistry. Amsterdam: Elsevier Science Publishers B.V.

Herbert C. 1980. Depositional development of the Sydney Basin. A Guide to the Sydney Basin: Geological Survey of New South Wales, Bulletin, 26: 11-52.

Hess J C, Lippolt H J. 1986. $^{40}Ar/^{39}Ar$ ages of tonstein and tuff sanidines - new calibration points for the improvement of the upper Carboniferous time scale. Chemical Geology (Isotope Geoscience Section), 59: 143-154.

Hess J C, Lippolt H J, Burger K. 1988. New time-scale calibration points in the Upper Carboniferous from Kentucky, Donetz basin, Poland, and West Germany [abs]. International Journal of Radiation Applications and Instrumentation (Part D, Nuclear Tracks and Radiation Measurements), 17: 435-436.

Hess J C, Lippolt H K, Burger K. 1999. High-precision $^{40}Ar/^{39}Ar$ spectrum dating on sanidine from the Donets Basin, Ukraine: evidence for correlation problems in the Upper Carboniferous. Journal of the Geological Society, 156: 527-583.

Hill P A. 1988a. Tonsteins of Hat Creek, British Columbia: a preliminary study. International Journal of Coal Geology, 10: 155-175.

Hill P A. 1988b. The vertical distribution of minerals in coal zones A, B, C, D, Hat Creek, British Columbia. International Journal of Coal Geology, 10: 141-153.

Hoehne K. 1959. Grundsatzliche Erkenntnisse uber die Tonsteinbildung in Kohlcnflozen und neue Tonsteinvorkommen in Ost-USA, Westkanada und Nordmexiko [Fundamental perceptions concerning tonstein formation in coal seams and new tonstein occurrences in eastern USA, western Canada, and northern Mexico]. Geologic, 8: 280-302.

Hofmann A W. 1988. Chemical differentiation of the earth: the relationship between mantle, continental crust, and oceanic crust. Earth and Planetary Science Letters, 90: 297-314.

Holmes G G. 1983. Bentonite and fullers earth in New South Wales. Geological Survey of New South Wales, 45: 138.

Hong Z F. 1993. Chemical Compositions of Sedimentary Rocks from southern Sichuan Province. Sedimentary Environments and Coal Accumulation of Late Permian Coal Formation in southern Sichuan, China. Guiyang: Guizhou Science and Technology Press: 82-94.

Hower J C, Riley J T, Thomas G A. 1991. Chlorine in Kentucky coals. Journal of Coal Quality, 10: 152-158.

Hower J C, Andrews W M, Jr., Hiett J K, et al. 1994. Coal quality trends for the fire clay coal bed, southeastern Kentucky. Journal Geological Quarterly, 13: 13-26.

Hower J C, Ruppert L F, Eble C F. 1999. Lanthanide, yttrium, and zirconium anomalies in the fire clay coal bed, eastern Kentucky. International Journal of Coal Geology, 39: 141-153.

Hower J C, Dai S, Seredin V V, et al. 2013a. A note on the occurrence of yttrium and rare earth elements in coal combustion products. Coal Combustion & Gasification Products, 5: 39-47.

Hower J C, Groppo J G, Joshi P, et al. 2013b. Location of cerium in coal-combustion fly ashes: implications for recovery of lanthanides. Coal Combustion & Gasification Products, 5: 73-78.

Hower J C, Eble C F, O'Keefe J M K, et al. 2015b. Petrology, palynology, and geochemistry of gray hawk coal (Early Pennsylvanian, Langsettian) in eastern Kentucky, USA. Minerals, 5: 592-622.

Hower J C, Groppo J G, Henke K R, et al. 2015a. Notes on the potential for the concentration of rare earth elements and yttrium in coal combustion fly ash. Minerals, 5: 356-366.

Hower J C, Eble C F, Dai S, et al. 2016a. Distribution of rare earth elements in eastern Kentucky coals: indicators of multiple modes of enrichment? International Journal of Coal Geology, 160-161: 73-81.

Hower J C, Granite E J, Mayfield D B, et al. 2016b. Notes on contributions to the science of rare earth element enrichment in coal and coal combustion by-products. Mineral, 6 (2) : 32.

Hower J C, Debora B, Michael F. 2018. Rare earth minerals in a "no tonstein" section of the Dean (Fire Clay) coal, Knox County, Kentucky. International Journal of Coal Geology, 193: 73-86.

Huff W D, Kolata D R. 1989. Correlation of K-bentonite beds by chemical fingerprinting using multivariate statistics. Quantitative Dynamic Stratigraphy, Englewood: 567-577.

Huemer H. 1997. Multistage evolution of a volcanic suite in the eastern Mecsek Mountains, southern Hungary. Mineralogy and Petrology, 59: 101-120.

Huff W D, Morgan D J. 1990. Stratigraphy, mineralogy and tectonic setting of Silurian K-bentonites in southern England and Wales. Sciences Géologiques, Bulletins et Mémoires, 88: 33-42.

Huff W D, Türkmenoglu A G. 1981. Chemical characteristics and origin of Ordovician K-bentonites along the Cincinnati Arch. Clays and clay Minerals, 29: 113-123.

Huff W D, Bergstrom S M, Kolata D R. 1992. Gigantic Ordovician volcanic ash-fall in North America and Europe: biological, tectonomagnetic and event-stratigraphic significance. Geology, 20: 875-878.

Huff W D, Bergstrom S M, Kolata D R, et al. 1998. The lower Silurian Osmundsberg K-bentonite. Part Ⅱ: mineralogy, geochemistry, chemostratigraphy, and tectonomagmatic significance. Geological Magazine, 135: 15-26.

International Centre for Diffraction Data, Kabekkodu S. 2016. PDF-4/Minerals 2016 (Database). International Centre for Diffraction Data, Newtown Square, PA, USA. Google Scholar. https://www.icdd.com/pdp-4-mineralsl.

Isozaki Y, Yao J, Matsuda T, et al. 2004. Stratigraphy of the Middle-Upper Permian and Lowermost Triassic at Chaotian, Sichuan, China-Record of Late Permian double mass extinction event. Proceedings of the Japan Academy Series, 80: 10-16.

Isozaki Y, Ota A. 2007. Fusuline biotic turnover across the Guadalupian Lopingian (Middle Upper Permian) boundary in mid-oceanic carbonate buildups: biostratigraphy of accreted limestone, Japan. Journal Asian Earth Sciences, 26: 353-368.

Isozaki Y, Aljinović D. 2009. End-Guadalupian extinction of the Permian gigantic bivalve Alatoconchidae: end of gigantism in tropical seas by cooling. Palaeogeography, Palaeoclimatology, Palaeoecology, 284: 11-21.

Isozaki Y. 2009. Illawarra Reversal: the fingerprint of a superplume that triggered Pangean breakup and the end-Guadalupian (Permian) mass extinction. Gondwana Research, 15: 421-432.

Jia B, Wu Y. 1996. Recognition and geological significance of the Permo-Carboniferous volcaniclastic rocks from Daqingshan Coalfield, Inner Mongolia, China. Scienta Geologica Sinica, 5 (4) : 469-482.

Jian P, Kröner A, Windley B F, et al. 2012. Episodic mantle melting-crustal reworking in the Late Neoarchean of the northwestern North China Craton: zircon ages of magmatic and metamorphic rocks from the Yinshan Block. Precambrian Research, 222-223: 230-254.

Jost A B, Mundil R, He B, et al. 2014. Constraining the cause of the end-Guadalupian extinction with coupled records of carbon and calcium isotopes. Earth Planetary Sciences Letters, 396: 201-212.

Kalkreuth W, Holz M, Kern M, et al. 2006. Petrology and chemistry of Permian coals from the Paraná Basin: 1. Santa Terezinha, Leão-Butiá and Candiota Coalfields, Rio Grande do Sul, Brazil. International Journal of Coal Geology, 68: 79-116.

Keller W D. 1968. Fling clay and a flint-clay facies. Clays and clay Minerals, 16: 113-128.

Keller W D. 1981. The sedimentology of flint clay. Journal of Sedimentary Research, 51: 233-244.

Kempe U, Lehmann B, Wolf D, et al. 2008. U-Pb SHRIMP geochronology of Th-poor, hydrothermal monazite: an example from the Llallagua tin-porphyry deposit, Bolivia. Geochimica Cosmochimica Acta, 72: 4352-4366.

Kendrick D T. 1985. Vertical distribution of selected trace elements within the Fruitland Number Eight coal seam near Farmington, New Mexico. Socorro: New Mexico Institute of Mining and Technology: 181.

Ketris M P, Yudovich Y E. 2009. Estimations of Clarkes for carbonaceous biolithes: world average for trace element contents in black shales and coals. International Journal of Coal Geology, 78: 135-148.

Kiipli T, Hints R, Kallaste T, et al. 2017. Immobile and mobile elements during the transition of volcanic ash to bentonite-an example from the early Palaeozoic sedimentary section of the Baltic Basin. Sedimentary Geology, 347: 148-159.

Kilby W E. 1986. Some chemical and mineralogical characteristics of Tonsteins and bentonites in northeast British Columbia Ministry of Energy. Mines and Petroleum Resources, Geological Fieldwork, 930: 94A.

Kimpe W F M. 1966. Occurrence, development and distribution of upper Carboniferous Tonsteins in the paralic West German and Dutch Coalfields, and their use as stratigraphicalmarker horizons. Mededelingen van de Geologische Stichting, Nieuwe Serie, 18: 3-10.

Kisch H J. 1966. Chlorite-illite tonstein in high-rank coals from Queensland, Australia: notes on regional epigenetic grade and coal rank. American Journal of Science, 264: 386-397.

Kisch H J. 1968. Coal rank and lowest grade regional metamorphism in the southern Bowen Basin, Queensland, Australia. Geologie en Mijnbouw, 47: 28-36.

Knight J A, Burger K, Bieg G. 2000. The pyroclastic Tonsteins of the Sabero Coalfield, north-western Spain, and their relationship to the stratigraphy and structural geology. International Journal of Coal Geology, 44: 187-226.

Kokowska-Pawłowska M, Nowak J. 2013. Phosphorus minerals in tonstein; coal seam 405 at Sośnica-Makoszowy coal mine, upper Silesia, southern Poland. Acta Geologica Polonica, 63: 271-281.

Kramer W, Weatherall G, Offler R. 2001. Origin and correlation of tuffs in the Permian Newcastle and Wollombi Coal measures, NSW, Australia, using chemical fingerprinting. International Journal of Coal Geology, 47: 115-135.

Krenn E, Finger F. 2007. Formation of monazite and rhabdophane at the expense of allanite during alpine low temperature retrogression of metapelitic basement rocks from Crete, Greece: microprobe data and geochronological implications. Lithos, 95: 130-147.

Kunk M J, Rice C L. 1994. High-precision $^{40}Ar/^{39}Ar$ age spectrum dating of sanidine from the middle Pennsylvanian fire clay tonstein of the Appalachian Basin. Geological Society of America, Special Papers, 294: 105-113.

Kutzner R. 1987. Coal petrography in the Ruhr hard coal industry. International Journal of Coal Geology, 9: 45-75.

Lapot W. 1992. Petrographic diversity of tonsteins from the upper Silesian Coal Basin（GZW）. Prace Naukowe Uniwersytetu Śląskiego, 1326: 1-110（in Polish with english summary）.

Lapot W. 1993. Now tonstein horizon in the Poreba Beds（Namurian A）from the upper Silesian Coal Basin. Geological Quarterly, 37: 59-66.

Large D J, Kelly S, Spiro B, et al. 2009. Silica-volatile interaction and the geological cause of the Xuan Wei lung cancer epidemic. Environmental Science & Technology, 43: 9016-9021.

Le Bas M J, Le Maitre R W, Wooley A R. 1992. The construction of the total alkali-silica chemical classification of volcanic rocks. Mineralogy and Petrology, 46: 1-22.

Le Maitre R W. 2002. Igneous Rocks: A Classification and Glossary of Terms. 2nd ed. Cambridge: Cambridge University Press: 236.

Leat P T, Jackson S E, Thorpe R S, et al. 1986. Geochemistry of bimodal basalt-sub-alkaline/peralkaline provinces within the southern British Caledonides. Journal of the Geological Society, 141: 259-273.

Li C. 2017. Analyses in the geological characteristics and exploration perspective of Wudaogou tungsten deposit, Jilin Province. Jilin: Jilin University.

Li D, Tang Y, Deng T, et al. 2008. Mineralogy of the no. 6 coal from the Qinglong Coalfield, Guizhou Province, China. Energy Exploration & Exploitation, 26: 347-353.

Li J. 2006. Permian geodynamic setting of northeast China and adjacent regions: closure of the Paleo-Asian Ocean and subduction of the Paleo-Pacific Plate. Journal of Asian Earth Sciences, 26(3-4): 207-224.

Li Z, Moore T A, Weaver S D. 2001. Leaching of inorganics in the Cretaceous Greymouth coal beds, south Island, New Zealand. International Journal of Coal Geology, 47: 235-253.

Lippolt H J, Hess J C. 1985. $^{40}Ar/^{39}Ar$ dating of sanidines from Upper Carboniferous Tonsteins. 10th Congres International de Stratigraphic et Geologic du Carbonifere, Madrid: 175-181.

Liu S, Hu R, Gao S, et al. 2010. Zircon U-Pb age and Sr-Nd-Hf isotope geochemistry of Permian granodiorite and associated gabbro in the Songliao Block, NE China and implications for growth of juvenile crust. Lithos, 114(3): 423-436.

Liu Y, Li W, Feng Z, et al. 2017. A review of the Paleozoic tectonics in the eastern part of Central Asian Orogenic Belt. Gondwana Research, 43: 123-148.

Loughnan F C. 1969. Chemical Weathering of the Silicate Minerals. Amsterdam: Elsevier: 153.

Loughnan F C. 1971a. Refractory flint clays of the Sydney Basin. Journal of Australian Ceramic Society, 7: 34-43.

Loughnan F C. 1971b. Kaolinite claystones associated with the Wongawilli seam in the southern part of the Sydney Basin. Australian Journal of Earth Sciences, 18: 293-302.

Loughnan F C. 1975. Laterites and flint clays in the Early Permian of the Sydney Basin, Australia, and their palaeoclimatic implications. Journal of Sedimentary Research, 45: 591-598.

Loughnan F C. 1978. Flint clays, Tonsteins and the kaolinite clayrock facies. Clay Minerals, 13: 387-400.

Loughnan F C, Ward C R. 1971. Pyrophyllite-bearing flint clay from the Cambewarra area, New South Wales. Clay Minerals, 9: 83-95.

Loughnan F C, Corkery R W. 1975. Oriented-kaolinite aggregates in flint clays and kaolin tonsteins of the Sydney Basin, New South Wales. Clay Minerals, 10: 471-473.

Loughnan F C, Ray A S. 1978. The Reid's mistake formation at Swansea Head, New South Wales. Journal of the Geological Society of Australia, 25: 473-481.

Luo Y, Zheng M. 2016. Origin of minerals and elements in the Late Permian coal seams of the Shiping mine, Sichuan, southwestern China. Fortschritte der Mineralogie, 6: 74.

Lyons P C, Outerbridge W F, Triplehorn D M, et al. 1992. An Appalachian isochron - a kaolinized carboniferous air-fall volcanic-ash deposit (tonstein). Geological Society of America Bulletin, 104: 1515-1527.

Lyons P C, Spears D A, Outerbridge W F, et al. 1994. Euramerican Tonsteins: overview, magmatic origin, and depositional-tectonic implications. Palaeogeography, Palaeoclimatology, Palaeoecology, 106: 113-134.

Lyons P C, Krogh T E, Kwok Y Y, et al. 2006. Radiometric ages of the fire clay tonstein [Pennsylvanian (upper carboniferous), Westphalian, Duckmantian]: a comparison of U-Pb zircon single-crystal ages and $^{40}Ar/^{39}Ar$ sanidine single-crystal plateau ages. International Journal of Coal Geology, 67: 259-266.

Ma D S. 2004. Magmatic Geochemistry. Beijing: Science Press: 331-368.

Mardon S M, Hower J C. 2004. Impact of coal properties on coal combustion by-product quality: examples from a Kentucky power plant. International Journal of Coal Geology, 59: 153-169.

Martinec P, Dopita M. 1997. Upper carboniferous coal Tonsteins and related pyroclastic rocks in the upper Silesian Coal Basin (Czech Republic). Prace-Panstwowego Instytutu Geologicznego, 157(PART 2): 279-280.

Marvin R F, Bohor B F, Mehnert H H. 1986. Tonsteins from New Mexico - Touchstones for dating coal beds. Isochron/West, 45: 17-18.

Mayland H, Williamson L A. 1970. Tonstein bands in the north-western Coalfields of England and Wales. Compte Rendu 6e Congrès international de stratigraphie et de géologie du Carbonifère, 111: 1165-1168.

McCabe P J. 1984. Depositional Environments of Coal and Coal-Bearing Strata. Oxford: Blackwell Scientific Publications: 13-42.

McDonough W F, Sun S S. 1995. The composition of the earth. Chemical Geology, 120: 223-254.

McLennan S M, Hemming S, McDaniel D K, et al. 1993. Geochemical approaches to sedimentation, provenance, and tectonics. Geological Society of America, Special Papers, 284: 21-40.

Metcalfe I, Crowley J L, Nicoll R S, et al. 2015. High-precision U-Pb CA-TIMS calibration of middle Permian to lower Triassic sequences, mass extinction and extreme climate-change in eastern Australian Gondwana. Gondwana Research, 28: 61-81.

Michaelsen P, Henderson R A, Crosdale P J, et al. 2001. Age and significance of the Platypus Tuff Bed, a regional reference horizon in the upper Permian Moranbah Coal measures, north Bowen Basin. Australian Journal of Earth Sciences, 48(2): 183-192.

Moore L R. 1964. The microbiology, mineralogy and genesis of a tonstein. Proceedings of the Yorkshire Geological Society, 34: 235-292.

Moore L R. 1968. Some Sediments Closely Associated with Coal Seams. Edinburgh and London: Oliver and Boyd: 105-123.

Mumford J L, He X Z, Chapman R S, et al. 1987. Lung cancer and indoor air pollution in Xuan Wei, China. Science, 235: 217-220.

Newell W L. 1975. Geologic Map of the Frakes Quadrangle and Part of the Eagan Quadrangle, southeastern Kentucky. Center for Intergrated Data Analytic Wisconin Science Center.

Ota A, Isozaki Y. 2006. Fusuline biotic turnover across the Guadalupian-Lopingian (middle-upper Permian) boundary in mid-oceanic carbonate buildups: biostratigraphy of accreted limestone in Japan. Journal Asian Earth Sciences, 26: 353-368.

Otte M U, Pfisterer W. 1982. Routine-Untersuchungsmethoden zur Erfassung und Bestimmung der Kaolin-Kohlentonsteine im Ruhrkarbon. Vortron 134. Hauptversammlung Deutsche Geologische Gesellschaft Bochum (unpublished report).

Outerbridge W F. 1996. The Pennsylvanian fire clay tonstein of the Appalachian Basinits distribution, biostratigraphy, and mineralogy: discussion. Bulletin of the Geological Society America, 108: 120-121.

Outerbridge W F. 2003. Isopach map and regional correlations of the fire clay tonstein, Central Appalachian Basin. U.S. Geological Survey Open-File Rptort, 351: 21.

Passey S R. 2014. The habit and origin of siderite spherules in the Eocene coal-bearing Prestfjall Formation, Faroe Islands. International Journal of Coal Geology, 122: 76-90.

Patterson S H, Hosterman J W. 1958. Geology of the clay deposits in the Olive Hill district, Kentucky. Proceedings of the 7th National Conference, New York: 178-194.

Pearce J A, Baker P E, Harvey P K, et al. 1995. Geochemical evidence for subduction fluxes, mantle melting and fractional crystallisation beneath the south Sandwich Island Arc. Journal of Petrology, 36: 1073-1109.

Perejon A, Hayward M A. 2015. Reductive lithium insertion into B-cation deficient niobium perovskite oxides. Dalton Transactions, 44: 10636-10643.

Permana A K, Ward C R, Li Z, et al. 2013. Distribution and origin of minerals in high-rank coals of the south Walker Creek area, Bowen Basin, Australia. International Journal of Coal Geology, 116-117: 185-207.

Pettijohn F J. 1975. Sedimentary Rocks. 3rd ed. New York: Harper and Row: 628.

Pevear D R, Williams V E, Mustoe G E. 1980. Kaolinite, smectite, and K-rectorite in bentonites: relation to coal rank at Tulameen, British Columbia. Clays and clay Minerals, 28: 241-254.

Pollastro R M. 1983. The formation of illite at the expense of illite/smectite: mineralogical and morphological support for a hypothesis [abs]. New York: State University of New York: 82.

Pollock S M, Goodarzi F, Riediger C L. 2000. Mineralogical and elemental variation of coal from Alberta, Canada: an example from the No. 2 seam, Genesee Mine. International Journal of Coal Geology, 43: 259-286.

Price N B, Duff P M D. 1969. Mineralogy and chemistry of Tonsteins from Carboniferous sequences in Great Britain. Sedimentology, 13: 45-69.

Pupin J P. 1980. Zircon and granite petrology. Contributions to Mineralogy and Petrology, 73: 207-220.

Püspöki Z, Forgács Z, Kovács E, et al. 2012. Stratigraphy and deformation history of the Jurassic coal bearing series in the eastern Mecsek (Hungary). International Journal of Coal Geology, 102: 35-51.

Querol X, Whateley M K G, Fernandez-Turiel J L, et al. 1997. Geological controls on the mineralogy of the Beypazari lignite, central Anatolia, Turkey. International Journal of Coal Geology, 33: 255-271.

Rao P D, Walsh D E. 1997. Nature and distribution of phosphorus minerals in Cook Inlet coals, Alaska. International Journal of Coal Geology, 33: 19-42.

Rard J A. 1985. Chemistry and thermodynamics of europium and some if its simpler inorganic compounds and aqueous species. Chemical Reviews, 85: 555-582.

Raymond R, Jr., Andrejeko M J. 1983. Proceedings of Workshop on Mineral Matter in Peat: Its Occurrence, Form and Distribution. Los Alamos National Laboratory Report LA9907 OBE 5, Los Alamos: 242.

Raymond A C, Murchison D G. 1988. Effect of volcanic activity on level of organic maturation in Carboniferous rocks of East Five, Midland Valley of Scotland. Fuel, 67: 1164-1166.

Raymond A C, Liu S Y, Murchison D G, et al. 1989. The influence of microbial degradation and volcanic activity on a Carboniferous wood. Fuel, 68: 66-73.

Read D, Cooper D C, McArthur J M. 1987. The composition and distribution of nodular monazite in the lower Palaeozoic rocks of Great Britan. Mineralogical Magazine, 51: 271-280.

Reinink-Smith L M. 1982. The mineralogy, geochemistry and origin of bentonite partings in the Eocene Skookumchuck Formation, Centralia Mine, southwestern Washington. Bellingham: Western Washington University: 179.

Reinink-Smith L M. 1990. Mineral assemblages of volcanic and detrital partings in Tertiary coal beds, Kenai Peninsula, Alaska. Clays and Clay Minerals, 38: 97-108.

Ren D Y, Xu D W, Zhao F H. 2004. A preliminary study on the enrichment mechanism and occurrence of hazardous trace elements in the Tertiary lignite from the Shenbei Coalfield, China. International Journal of Coal Geology, 57: 187-196.

Ren Y S, Ju N, Zhao H L. 2012. Geochronology and geochemistry of metallogenetic porphyry bodies from the Nongping Au-Cu deposit in the eastern Yanbian area, NE China: implications for metallogenic environment. Acta Geologica Sinica, 86(3): 619-629.

Renne P R, Deino A L, Hilgen F J, et al. 2013. Time scales of critical events around the Cretaceous-Paleogene boundary. Science, 339: 648-687.

Rice C L, Belkin H E, Kunk M J, et al. 1990. Distribution, stratigraphy, mineralogy, and $40^{Ar}/39^{Ar}$ age spectra of the middle Pennsylvanian fire clay tonstein of the Central Appalachian Basin. Geological Society America, Abstract Programs, 22: A320-A321.

Rice C L, Belkin H E, Henry T W. 1996. The Pennsylvanian fire clay tonstein of the Appalachian Basin-its distribution, biostratigraphy, and mineralogy: reply. Bulletin of the Geological Society America, 108: 121-125.

Richardson G, Francis E H. 1971. Fragmental clayrock (FCR) in coal-bearing sequences in Scotland and the north of England. Geological Society of America, Special Paper, 38: 229-259.

Rivard C, Pelletier M, Michau N, et al. 2013. Berthierine-like mineral formation and stability during the interaction of kaolinite with metallic iron at 90 °C under anoxic and oxic conditions. American Mineralogist, 98: 163-180.

Rivas S M, Alva V L, Arenas A J, et al. 1989. Mineralogy and economic significance of bentonite occurrences in the upper Hunter Valley. Sydney: Australasian Institute of Mining and Metallurgy: 123-127.

Rivas S M, Alva V L, Arenas A J, et al. 2006. Berthierine and chamosite hydrothermal: genetic guides in the Pena Colorada magnetite-bearing ore deposit, Mexico. Earth Planets Space, 58: 1389-1400.

Robl T L, Bland A E. 1977. Distribution of aluminum in shales associated with the major economic coal seams of eastern Kentucky. Third Coal Refuse Disposal and Utilization Seminar, Lexington: 97-101.

Rogers G S. 1914. The occurrence and genesis of a persistent parting in a coal bed of the Lance Formation. American Journal of Science, 87: 299-304.

Roncal-Herrero T, Rodríguez-Blanco J D, Oelkers E H, et al. 2011. The direct precipitation of rhabdophane ($REEPO_4 \cdot nH_2O$) nano-rods from acidic aqueous solutions at 5-100℃. Journal of Nanoparticle Reserch, 13: 4049-4062.

Roslin A, Esterle J S. 2015. Electrofacies analysis using high-resolution wireline geophysical data as a proxy for inertinite-rich coal distribution in Late Permian Coal Seams, Bowen Basin. International Journal of Coal Geology, 152: 10-18.

Rozelle P L, Khadilkar A B, Pulati N, et al. 2016. A study on removal of rare earth elements from U.S. coal byproducts by ion exchange. Metallurgical and Materials Transactions E, 3: 6-17.

Rudnick R L, Barth M, Horn I, et al. 2000. Rutile-bearing refractory eclogites: missing link between continents and depleted mantle. Science, 287: 278-281.

Ruffell A H, Hesselbo S P, Wach G D, et al. 2002. Fuller's earth (bentonite) in the Lower Cretaceous (upper Aptian) of Shanklin, Isle of Wight, southern England. Proceedings of the Geologists Association, 113: 281-290.

Ruppert L F, Moore T A. 1993. Differentiation of volcanic ash-fall and water-borne detrital layers in the Eocene Senakin coal bed, Tanjung Formation, Indonesia. Organic Geochemistry, 20: 233-247.

Ruppert L F, Stanton R W, Cecil C B, et al. 1991. Effects of detrital influx in the Pennsylvanian upper Freeport peat swamp. International Journal of Coal Geology, 17: 95-116.

Ruppert L F, Hower J C, Eble C F. 2005. Arsenic-bearing pyrite and marcasite in the fire clay coal bed, middle Pennsylvanian Breathitt Formation, eastern Kentucky. International Journal of Coal Geology, 63: 27-35.

Ryan P, Hillier S. 2002. Berthierine/chamosite, corrensite, and discrete chlorite from evolved verdine and evaporite-associated facies in the Jurassic Sundance Formation, Wyoming. American Mineralogist, 87: 1607-1615.

Sakulpitakphon T, Hower J C, Schram W H. 2004. Tracking mercury from the mine to the power plant: geochemistry of the Manchester coal bed, Clay County, Kentucky. International Journal of Coal Geology, 57: 127-141.

Salter D L. 1964. New occurrences of tonsteins in England and Wales. Geological Magazine, 101: 517-519.

Sarna-Wojcicki A M, Shipley S, Waitt R B, et al. 1987. Aerial distribution, thickness, mass, volume and grainsize of air-fall ash from the six major eruptions of 1980. Washington Geological Survey, Professor Paper: 577-600.

Schandl E S, Gorton M P. 2004. A textural and geochemical guide to the identification of hydrothermal monazite: criteria for selection of samples for dating epigenetic hydrothermal ore deposits. Econmic Geology, 99: 1027-1035.

Schmitz M D, Kuiper K F. 2013. High-precision geochronology. Elements, 9: 25-30.

Schmitz-Dumont W. 1894. Die Saarbrucker Tonsteine: Wilhelmshaven, Tonindustrie-Zeitung. Leipzig: Verlag von Johann Ambrosius Barth: 714.

Schuller A. 1951. Zur Nomencklature und genese der Tonsteine. Neues Jahrbuch fur Mineralogie, 5: 97-109.

Schuller A, Hoehne K. 1956. Petrographie, chemisus und facies der tonstein des Saargebietes. Andean Geology, 5: 695-755.

Seiders V M. 1965. Volcanic origin of flint clay in the fire clay coal bed, Breathitt Formation, Eastern Kentucky. Geological Survey Research, Chapter D; U.S. Geological Survey Professional Paper, 525: D52-D54.

Self S, Schmidt A, Mather T A. 2014. Emplacement characteristics, time scales, and volcanic gas release rates of continental flood basalt eruptions on earth. Geological Society of America, Special Paper, 505: 16.

Senkayi A L, Dixon J B, Hossner L R, et al. 1984. Mineralogy and genetic relationships of tonstein, bentonite and lignitic strata in the Eocene Yegua Formation of east-central Texas. Clays and Clay Minerals, 32: 259-271.

Senkayi A L, Ming D W, Dixon J B, et al. 1987. Kaolinite, opal-CT, and clinoptilolite in altered tuffs interbedded with lignite in the Jackson Group, Texas. Clays and Clay Minerals, 35: 281-290.

Seredin V V. 1997. Elemental metals in metalliferous coal-bearing strata. Proceedings ICCS'97, DCMK Tagungsberichte, Essen: 405-408.

Seredin V V. 2004b. Metalliferous Coals: Formation Conditions and Outlooks for Development. Coal Resources of Russia. Ⅵ. Moscow: Geoinformmark: 452-519 (in Russian).

Seredin V V. 2004a. The Au-PGE mineralization at the Pavlovsk brown coal deposit, Primorye. Geology of Ore Deposits, 46: 36-63.

Seredin V V. 2007. Distribution and formation conditions of noble metal mineralization in coal-bearing basins. Geology of Ore Deposits, 49: 1-30.

Seredin V V, Finkelman R B. 2008. Metalliferous coals: a review of the main genetic and geochemical types. International Journal of Coal Geology, 76: 253-289.

Seredin V V. 2012. From coal science to metal production and environmental protection: a new story of success. International Journal of Coal Geology, 90-91: 1-3.

Seredin V V, Dai S F. 2012. Coal deposits as potential alternative sources for lanthanides and yttrium. International Journal of Coal Geology, 94: 67-93.

Seredin V V, Dai S F, Sun Y, et al. 2013. Coal deposits as promising sources of rare metals for alternative power and energy-efficient technologies. Applied Geochemistry, 31: 1-11.

Seredin V V, Dai S F. 2014. The occurrence of gold in fly ash derived from high-Ge coal. Mineralinm Deposita, 49: 1-6.

Shao L, Jones T, Gayer R, et al. 2003. Petrology and geochemistry of the high-sulphur coals from the Upper Permian carbonate coal measures in the Heshan Coalfield, southern China. International Journal of Coal Geology, 55: 1-26.

Shellnutt J G. 2014. The Emeishan large igneous province: a synthesis. Geoscience Frontiers, 5: 369-394.

Shellnutt J G, Jahn B M. 2010. Formation of the late Permian Panzhihua plutonic-hypabyssal-volcanic igneous complex: implications for the genesis of Fe-Ti oxide deposits and A-type granites of SW China. Earth Planetary Sciences Letters, 289(3-4): 509-519.

Shellnutt J G, Wang C Y, Zhou M, et al. 2009. Zircon Lu-Hf isotopic compositions of metaluminous and peralkaline A-type granitic plutons of the Emeishan large igneous province(SW China): constraints on the mantle source. Journal Asian Earth Science, 35(1): 45-55.

Shellnutt J G, Denyszyn S, Mundil R. 2012. Precise age determination ofmafic and felsic intrusive rocks from the Permian Emeishan large igneous province(SW China). Gondwana Research, 22: 118-126.

Shellnutt J G, Zhou M. 2007. Permian peralkaline, peraluminous and metaluminous A-type granites in the Panxi district, SW China: their relationship to the Emeishan mantle plume. Chemical Geology, 243(3-4): 286-316.

Siddaiah N S, Kumar K. 2007. Discovery of volcanic ash bed from the basal Subathu Formation(late Palaeocene-Middle Eocene) near Kalka, Solan District(Himachal Pradesh), northwest Sub-Himalaya, India. Current Science, 92: 118-125.

Smith M P, Henderson P, Campbell L. 2000. Fractionation of the REE during hydrothermal processes: constraints from the Bayan Obo Fe-REE-Nb deposit, Inner Mongolia, China. Geochimicaet Cosmochimica Acta, 64: 3141-3160.

Spears D A. 1970. A kaolinite mudstone(tonstein) in the British Coal measures. Journal Sedimentary Research, 40: 386-394.

Spears D A. 1971. The mineralogy of the Stafford tonstein. Proceedings of the Yorkshire Geological Society, 38: 497-516.

Spears D A. 2006. Clay mineralogy of onshore UK Carboniferous mudrocks. Clay Minerals, 41: 395-416.

Spears D A. 2012. The origin of Tonsteins, an overview, and links with seatearths, fireclays and fragmental clay rocks. International Journal of Coal Geology, 94: 22-31.

Spears D A, Duff P M D. 1984. Kaolinite and mixed-layer illite-smectite in Lower Cretaceous bentonites from the Peace River Coalfield, British Columbia. Canadian Journal of Earth Sciences, 21: 465-476.

Spears D A, Kanaris-Sotiriou R. 1979. A geochemical and mineralogical investigation of some British and other European Tonsteins. Sedimentology, 26: 407-425.

Spears D A, Lyons P C. 1995. An update on British Tonsteins. London: Geological Society, Special Publication, 82: 137-146.

Spears D A, Rice D M. 1973. An upper Carboniferous tonstein of volcanic origin. Sedimentology, 20: 281-294.

Spears D A, Teale C T. 1986. The mineralogy and origin of some Silurian bentonites, Welsh Borderland, U.K. Sedimentology, 33: 757-765.

Spears D A, Duff P M D, Caine P M. 1988. The West Waterberg tonstein, south Africa. International Journal of Coal Geology, 9: 221-233.

Spears D A, Kanaris-Sotiriou R, Riley N, et al. 1999. Namurian bentonites in the Pennine Basin, U.K.-origin and magmatic affinities. Sedimentology, 46: 385-401.

Spry A. 1969. Metamorphic Textures. Oxford :Pergamon: 350.

Srodon J. 1976. Mixed-layer smectite/illites in the bentonites and Tonsteins of the upper Silesian Coal Basin: Polska Academia Nauk Oddzial Krakowie; Komisja Nauk Mineralogicnych. Prace Mineralogiczne, 49: 84.

Staub J R, Cohen A D. 1978. Kaolinite-enrichment beneath coals: a modern analog, Snuggedy swamp, south Carolina. Journal Sedimentary Research, 48: 203-210.

Strauss P G. 1971. Kaolin-rich rocks in the east Midlands Coalfields of England. 6th Congres International de Stratigraphic ct Geologic du Carbonifere, Sheffield: 1519-1532.

Sun S, McDonough W F. 1989. Chemical and Isotopic Systematics of Oceanic Basalts: Implications for Mantle Composition and Processes. London: Geological Society, Special Publication, 42: 313-345.

Susilawati R, Ward C R. 2006. Metamorphism of mineral matter in coal from the Bukit Asam deposit, south Sumatra, Indonesia. International Journal of Coal Geology, 68: 171-195.

Sverjensky D A. 1984. Europium redox equilibria in aqueous solution. Earth Planetary Sciences Letters, 67: 70-78.

Szynkiewicz D A. 2000. Wiek wegla brunatnego na tle pozycji geologicznej badanych probek(KWB bBelchatowQ). Przeglad Geologiczny, 48: 1038-1044.

Tang J, Xu W L, Wang F, et al. 2013. Geochronology and geochemistry of Neoproterozoic magmatism in the Erguna Massif, NE China: petrogenesis and implications for the breakup of the Rodinia supercontinent. Precambrian Research, 224: 597-611.

Taunton A E, Welch S A, Banfield J F. 2000. Microbial controls on phosphate and lanthanide distributions during granite weathering and soil formation. Chemical Geology, 169(3): 371-382.

Taylor S R, McLennan S M. 1985. The Continental Crust: Its Composition and Evolution. London: Blackwell: 312.

Tatsumi Y, Hamilton D L, Nesbitt R W. 1986. Chemical characteristics of fluid phase released from a subducted lithosphere and origin of arc magmas: evidence from high-pressure experiments and natural rocks. Journal of Volcanology and Geothermal Research, 29: 293-309.

Tian L. 2005. Coal Combustion Emissions and Lung Cancer in Xuan Wei, China. Berkeley: University of California.

Tian L, Dai S, Wang J, et al. 2008. Nanoquartz in late Permian C1 coal and the high incidence of female lung cancer in the Pearl River Origin area: a retrospective cohort study. BMC Public Health, 8: 398.

Timofeev P P, Admakin L A. 2002. Overview of studies and the modern knowledge of Tonsteins(on the occasion of the 150th anniversary since the beginning of their investigations). Lithology Mineral Resources, 37: 228-238.

Triplehorn D. 1990. Applications of Tonsteins to coal geology: some examples from western United States. International Journal of Coal Geology, 16: 157-160.

Triplehorn D M, Bohor B F. 1981. Altered volcanic ash partings in the C coal, Ferron sandstone member of the Mancos shale, Emery County, Utah. US. Geological Survey Open-File Report, 81-775: 43.

Triplehorn D M, Finkelman R B. 1989. Replacement of glass shards by aluminum phosphates in a Middle Pennsylvanian tonstein from eastern Kentucky. Geological Society of America, Abstract With Programs, 21: A52.

Triplehorn D M, Turner D L, Naeser C W. 1977. K-Ar and fission track dating of ash partings in Tertiary coals from the Kenai Penninsula, Alaska: a radiometric age for the Homerian-Clamgulchian Stage boundary. Geological Society of America Bulletin, 88(1156): 160.

Triplehorn D M, Turner D L, Naeser C W. 1984. Radiometric age of the Chickaloon Formation, south-central Alaska: location of the Paleocene-Eocene boundary. Geological Society of America Bulletin, 95: 740-742.

Triplehorn D M, Outerbridge W F, Lyons P C. 1989. Six new altered volcanic ash beds(Tonsteins) in the middle Pennsylvanian of the Appalachian Basin, Virginia, West Virginia, Kentucky, and Ohio. Geological Society of America, Abstracts with Programs, 21(6): A134.

Triplehorn D M, Stanton R W, Ruppert L F, et al. 1991. Volcanic ash dispersed in the Wyodak-Anderson coal bed, Powder River Basin, Wyoming. Organic Geochemistry, 17: 567-575.

Tschernowjanz M G. 1992. Tonsteine. Moscow: Nedra: 145.

Turner D L, Triplehorn D M, Nacscr C W, et al. 1980. Radiometric dating of ash partings in Alaskan coal beds and upper Tertiary Paleobotanical stages. Geology, 8: 92-96.

Turner D L, Triplehorn D M, Frizzell V A, et al. 1983. Radiometric dating of ash partings in coals of the Eocene Puget Group,

Washington: implication for paleobotanical studies. Geology, 11: 527-531.

Valentim B, Flores D, Guedes A, et al. 2016. Vermicular kaolinite relics in fly ash derived from Bokaro and Jharia coals (Jharkhand, India). International Journal of Coal Geology, 162: 151-157.

Van A V. 2001. Influence of volcanism on the accumulation of organic matter in sedimentary strata. Proceedings of the International Scientific-Technical Conference, Tomsk: 28-29.

Van der Flier-Keller E. 1993. Earth elements in western Canadian coals. Energy Sources, 15: 623-638.

Wagner M. 1984. Clay kaolinite (paratonstein) rocks from the Belchatow brown coal deposits. Kwartalnik Geologiczny, 28: 701-716.

Wainman C C, McCabe P J. 2017. Overcoming challenges in nonmarine stratigraphy using a multidisciplinary approach: an example from Mesozoic Basins of eastern Australia. 19th EGU General Assembly, EGU2017, Proceedings From the Conference, Vienna: 4296.

Wainman C C, McCabe P J, Crowley J L, et al. 2015. U-Pb zircon age of the Walloon Coal measures in the Surat Basin, southeast Queensland: implications for paleogeography and basin subsidence. Australian Journal of Earth Sciences, 62: 807-816.

Wall F, Mariano A N. 1996. Rare Earth Minerals in Carbonatites: A Discussion Centred on the Kangankunde Carbonatite, Malawi. London: Chapman & Hall: 193-225.

Wang F L, Wang C Y, Zhao T P. 2015. Boron isotopic constraints on the Nb and Ta mineralization of the syenitic dikes in the ~260 Ma Emeishan large igneous province (SW China). Ore Geology Reviews, 65: 1110-1126.

Wang X B. 2009. Geochemistry of Late Triassic coals in the Changhe Mine, Sichuan Basin, southwestern China: evidence for authigenic lanthanide enrichment. International Journal of Coal Geology, 80: 167-174.

Wang X B, Dai S F, Chou C L, et al. 2012. Mineralogy and geochemistry of late Permian coals from the Taoshuping Mine, Yunnan Province, China: evidences for the sources of minerals. International Journal of Coal Geology, 96-97: 49-59.

Wang P P, Yan X Y, Guo W M, et al. 2016. Geochemistry of trace elements in coals from the Yueliangtian Mine, western Guizhou, China: abundances, modes of occurrence, and potential industrial utilization. Energy & Fuels, 30: 10268-10281.

Ward C R. 1989. Minerals in bituminous coals of the Sydney Basin (Australia) and the Illinois Basin (U.S.A.). International Journal of Coal Geology, 13: 455-479.

Ward C R. 1991. Mineral matter in low-rank coals and associated strata of the Mae Moh Basin, northern Thailand. International Journal of Coal Geology, 17: 69-93.

Ward C R. 2002. Analysis and significance of mineral matter in coal seams. International Journal of Coal Geology, 50: 135-168.

Ward C R. 2016. Analysis, origin and significance of mineral matter in coal: an updated review. International Journal of Coal Geology, 165: 1-27.

Ward C R, Roberts F I. 1990. Occurrence of spherical halloysite in bituminous coals of the Sydney Basin, Australia. Clays and Clay Minerals, 38 (5): 501-506.

Ward C R, Corcoran J F, Saxby J D, et al. 1996. Occurrence of phosphorus minerals in Australian coal seams. International Journal of Coal Geology, 30: 185-210.

Ward C R, Spears D A, Booth C A, et al. 1999. Mineral matter and trace elements in coals of the Gunnedah Basin, New South Wales, Australia. International Journal of Coal Geology, 40: 281-308.

Ward C R, Matulis C E, Taylor J C, et al. 2001b. Quantification of mineral matter in Argonne Premium Coals using interactive Rietveld-based X-ray diffraction. International Journal of Coal Geology, 46: 67-82.

Ward C R, Crouch A, Cohen D R. 2001a. Identification of potential for methane ignition by rock friction in Australian coal mines. International Journal of Coal Geology, 45: 91-103.

Ward C R, Bocking M A, Ruan C. 2001c. Mineralogical analysis of coals as an aid to seam correlation in the Gloucester Basin, New South Wales, Australia. International Journal of Coal Geology, 47: 31-49.

Warwick P D, Stanton R W. 1988. Petrographic characteristics of the Wyodak-Anderson coal bed (Paleocene), Powder River Basin, Wyoming, U.S.A. Organic Geochemistry, 12: 389-399.

Watson E B, Harrison T M. 1983. Zircon saturation revisited: temperature and composition effects in a variety of crustal magma types. Earth Planetary Sciences Letters, 64: 295-304.

Weaver C E. 1963. Interpretative value of heavy minerals from bentonites. Journal Sedimentary Research, 33: 343-349.

Wesolowski D J. 1992. Aluminum speciation and equilibria in aqueous solution: Ⅰ. The solubility of gibbsite in the system Na-K-Cl-OH-AI(OH)$_4$ from 0-100℃. Geochimica Cosmochimica Acta, 56: 1065-1092.

Wignall P. 2001. Large igneous provinces and mass extinctions. Earth Scirnce Reviews, 53: 1-33.

Wignall P B, Sun Y, Bond D P G, et al. 2009. Volcanism, mass extinction, and carbon isotope fluctuations in the middle Permian of China. Science, 324: 1179-1182.

Williams J F. 1891. The igneous rocks of Arkansas. Arkansas Geological Survey Annual Report, 2: 457.

Williamson I A. 1970. Tonsteins-their nature, origins and uses. Mineralogical Magazine, 122(2): 119-225.

Wilson C J N, Walker G P L. 1981. Violence in Pyroclastic Flow Eruptions//Self S, Sparks RSI. Tephra Studies. NATO Advenced Study Institutes Series, Dordrecht, 75: 441-448.

Wilson A A, Sergeant G A, Young B R, et al. 1966. The Rowhurst tonstein, north Staffordshire, and the occurrence of crandallite. Proceedings of the Yorkshire Geological Society, 35: 421-427.

Winchester J A, Floyd P A. 1977. Geochemical discrimination of different magma series and their differentiation products using immobile elements. Chemical Geology, 20: 325-343.

Wolff J A. 1984. Variation in Nb/Ta during differentiation of phonolitic magma, Tenerife, Canary Islands. Geochimica et Cosmochimica Acta, 48: 1345-1348.

Wu F Y, Sun D Y, Ge W C, et al. 2011. Geochronology of the Phanerozoic granitoids in northeastern China. Journal of Asian Earth Sciences, 41(1): 1-30.

Wu T, Jahn B, Nechaev V, et al. 2017. Geochemical characteristics and petrogenesis of adakites in the Sikhote-Alin area, Russian Far East. Journal of Asian Earth Sciences, 145: 512-529.

Xiao L, Xu Y G, Mei H J, et al. 2004. Distinct mantle sources of low-Ti and high-Ti basalts from the western Emeishan large igneous province, SW China: implications for plume-lithosphere interaction. Earth Planetary Sciences Letters, 228: 525-546.

Xu W, Ji W, Pei F, et al. 2009. Triassic volcanism in eastern Heilongjiang and Jilin Provinces, NE China: Chronology, geochemistry, and tectonic implications. Journal of Asian Earth Sciences, 34(3): 392-402.

Xu W, Pei F, Wang F, et al. 2013. Spatial-temporal relationships of Mesozoic volcanic rocks in NE China: constraints on tectonic overprinting and transformations between multiple tectonic regimes. Journal of Asian Earth Sciences ,74(18): 167-193.

Xu Y G, Chung S L, Jahn B M, et al. 2001. Petrologic and geochemical constraints on the petrogenesis of Permian Triassic Emeishan flood basalts in southwestern China. Lithos, 58: 145-168.

Xu Y G, Chung S L, Shao H, et al. 2010. Silicic magmas from the Emeishan large igneous province, southwest China: petrogenesis and their link with the end-Guadalupian biological crisis. Lithos, 119(1-2): 47-60.

Yang J H, Cawood P A, Du Y S. 2015. Voluminous silicic eruptions during late Permian Emeishan igneous province and link to climate cooling. Earth Planetary Sciences Letters, 432: 166-175.

Yudovich Y E. 1981. Regional Geochemistry of Sedimentation Mass(In Russian: Regional'Naja Geohimija Osadochnyh Tolshh). Leningrad: Nauka: 276.

Yudovich Y E, Ketris M P. 2002. Inorganic Matter of Coals. Ekaterinbourg: NISO UrO RAN: 420(in Russian).

Zaritsky P V. 1971. Kaolinitic Claystone Partings in Donetz Coal Seams and their Significance in Correlation. Moscow: Nauka Press: 151-162.

Zaritsky P V. 1985. A review of the study of Tonsteins in the Donetz Basin. 10th Congres International de Stratigraphic et Geologie du Carbonifere, Madrid: 235-241.

Zeng R, Zhuang X, Koukouzas N, et al. 2005. Characterization of trace elements in sulphur-rich late Permian coals in the Heshan Coalfield, Guangxi, south China. International Journal of Coal Geology, 61: 87-95.

Zhang W C, Rezaee M, Bhagavatula A, et al. 2015. A review of the occurrence and promising recovery methods of rare earth elements from coal and coal by-products. International Journal of Coal Preparation and Utilization, 35: 295-330.

Zhao L, Graham I. 2016. Origin of the alkali Tonsteins from southwest China: implications for alkaline magmatism associated with the waning stages of the Emeishan large igneous province. Australian Journal of Earth Sciences, 63: 123-128.

Zhao L, Ward C R, French D, et al. 2012. Mineralogy of the volcanic influenced Great Northern coal seam in the Sydney Basin, Australia. International Journal of Coal Geology, 94: 94-110.

Zhao L, Ward C R, French D, et al. 2013. Mineralogical composition of Late Permian coal seams in the Songzao Coalfield, southwestern China. International Journal of Coal Geology, 116-117: 208-226.

Zhao L, Ward C R, French D, et al. 2015. Major and trace element geochemistry of coals and intra-seam claystones from the Songzao Coalfield, SW China. Mineral, 5: 870-893.

Zhao L, Dai S F, Graham I T, et al. 2016c. New insights into the lowest Xuanwei Formation in eastern Yunnan Province, SW China: implications for Emeishan large igneous province felsic tuff deposition and the cause of the end-Guadalupian mass extinction. Lithos, 264: 375-391.

Zhao L, Dai S F, Graham I T, et al. 2016b. Clay mineralogy of coal-hosted Nb-Zr-REE-Ga mineralized beds from Late Permian strata, eastern Yunnan, SW China: implications for palaeotemperature and origin of the micro-quartz. Minerals, 6: 45.

Zhao L, Sun J H, Guo W M, et al. 2016a. Mineralogy of the Pennsylvanian coal seam in the Datanhao mine, Daqingshan Coalfield, Inner Mongolia, China: genetic implications for mineral matter in coal deposited in an intermontane basin. International Journal of Coal Geology, 167: 201-221.

Zhao L, Dai S F, Graham I T, et al. 2017a. Cryptic sediment-hosted critical element mineralization from eastern Yunnan Province, southwestern China: mineralogy, geochemistry, relationship to Emeishan alkaline magmatism and possible origin. Ore Geology Reviews, 80: 116-140.

Zhao L, Zhu Q, Jia S, et al. 2017b. Origin of minerals and critical metals in an argillized tuff from the Huayingshan Coalfield, southwestern China. Minerals, 7: 92.

Zhelinskiy V M, Mitronov D V. 1990. About the role of volcanism in the formation of thick coal beds of Elginskoe deposit of south-Yakuskiy basin. Lythology of petroleumbearing and coal-bearing deposits of Yakutia. Composite Book of Scientific Works, Yakutsk: 110-116 (in Russian).

Zheng B S, Ding Z H, Huang R G, et al. 1999. Issues of health and disease relating to coal use in southwest China. International Journal of Coal Geology, 40: 119-132.

Zheng L, Yang Z, Tong Y, et al. 2010. Magnetostratigraphic constraints on two-stage eruptions of the Emeishan continental flood basalts. Geochemistry, Geophysics, Geosystems, 11 (12): 1-19.

Zhong H, Zhu W G, Chu Z Y, et al. 2007. Shrimp U-Pb zircon geochronology, geochemistry, and Nd-Sr isotope study of contrasting granites in the Emeishan large igneous provinces, SW China. Chemical Geology, 236 (1-2): 112-133.

Zhong Y T, He B, Mundil R, et al. 2014. CA-TIMS zircon U Pb dating of felsic ignimbrite from the Binchuan section: implications for the termination age of Emeishan large igneous province. Lithos, 204: 14-19.

Zhou Y P, Ren Y L. 1981. Gallium distribution in coal of Late Permian Coalfields, southwestern China, and its geochemical characteristics in the oxidized zone of coal seams. International Journal of Coal Geology, 1: 235-260.

Zhou Y P, Ren Y L, Bohor B F. 1982. Origin and distribution of Tonsteins in late Permian coal seams of southwestern China. International Journal of Coal Geology, 2: 49-77.

Zhou Y P, Burger K, Tang D. 1989. A study on tonsteins in late Permian Coalfields of south-western China. XI. International Congrès international de stratigraphie et de géologie du Carbonifère, 5: 299-313.

Zhou Y P, Ren Y L, Tang D, et al. 1994. Characteristics of zircons from volcanic ashderived Tonsteins in late Permian Coalfields of eastern Yunnan, China. International Journal of Coal Geology, 25: 243-264.

Zhou Y P, Bohor B F, Ren Y L. 2000. Trace element geochemistry of altered volcanic ash layers (Tonsteins) in late Permian coal-bearing formations of eastern Yunnan and western Guizhou Province, China. International Journal of Coal Geology, 44: 305-324.

Zhou M F, Malpas J, Song X Y, et al. 2002. A temporal link between the Emeishan large igneous province (SW China) and the end-Guadalupian mass extinction. Earth Planetary Sciences Letters, 196: 113-122.

Zhuang X G, Su S C, Xiao M G, et al. 2012. Mineralogy and geochemistry of the late Permian coals in the Huayingshan coal-bearing area, Sichuan Province, China. International Journal of Coal Geology, 94: 271-282.

Zielinski R A. 1985. Element mobility during alteration of silicic ash to kaolinite-a study of tonstein. Sedimentology, 32: 567-579.

Ziemniak S E, Jones M E, Combs K E S. 1993. Solubility behavior of titanium(Ⅳ) oxide in alkaline media at elevated temperatures. Journal of Solution Chemistry, 22: 601-623.

Zou J H, Liu D, Tian H M, et al. 2014. Anomaly and geochemistry of rare earth elements and yttrium in the late Permian coal from the Moxinpo mine, Chongqing, southwestern China. International Journal of Coal Science & Technology, 1: 23-30.

Zou J H, Tian H M, Li T. 2016. Geochemistry and mineralogy of tuff in Zhongliangshan mine, Chongqing, southwestern China. Minerals, 6(2): 47.